21世纪高等院校电子信息类本科规划教材

单片机原理与应用

李林功 吴飞青 王一刚 丁晓 编著

第2版

机械工业出版社
China Machine Press

图书在版编目（CIP）数据

单片机原理与应用／李林功等编著. —2 版. —北京：机械工业出版社，2014.3
（21 世纪高等院校电子信息类本科规划教材）

ISBN 978-7-111-45995-8

Ⅰ. 单…　Ⅱ. 李…　Ⅲ. 单片微型计算机−高等学校−教材　Ⅳ. TP368.1

中国版本图书馆 CIP 数据核字（2014）第 036670 号

　　本书系统介绍了 MCS-51 系列单片机的基本工作原理、指令系统、汇编语言程序设计、中断、定时器／计数器、串行通信、系统扩展、接口技术、应用系统设计、实践指导等内容。全书图片表格多、应用举例多、联系实际多、程序注释详细，较好地体现了应用型本科教学的特点。

　　本书可作为高等院校应用型本、专科电子信息工程、通信工程、电气工程、自动化、计算机应用、机电一体化等专业的教学用书，也可作为工程技术人员、单片机爱好者的技术参考书。

机械工业出版社（北京市西城区百万庄大街 22 号　　邮政编码　100037）
责任编辑：谢晓芳
印　　刷：北京市荣盛彩色印刷有限公司
2014 年 3 月第 2 版第 1 次印刷
185mm×260mm·15 印张
标准书号：ISBN 978-7-111-45995-8
定　　价：35.00 元

前　言

单片机又称微控制器，它是把中央处理器（CPU）、存储器、中断系统、定时器/计数器、串行接口、输入/输出接口等功能部件集成在一块大规模集成电路芯片上的微型计算机。它具有功能强、价格低、体积小、易扩展、可靠性高、使用灵活等特点，被广泛应用于工业控制、航空航天、军事、医疗、家用电器、智能仪器仪表等领域。

单片机种类繁多，性能各异，有 4 位单片机、8 位单片机、16 位单片机和 32 位单片机等。但由于 8 位单片机资源丰富、性价比高，目前应用最为广泛。本书以 MCS-51 系列单片机为例介绍单片机的原理及应用技术。

为体现应用型本科教学特点，本书内容安排遵从"循序渐进，联系实际"的原则。在保证基本原理、基础知识的系统性、完整性的基础上，重点通过结合生活实际和应用实际的例题、习题、实践环节培养、提高学生的知识运用能力、开拓创新能力和产品设计开发能力。

本书将实践项目集中安排在第 11 章中以突出其重要性。实践内容循序渐进，每个实践项目都从基础内容入手，又扩展到比较深入的领域，为不同的读者和不同的教学需求提供了广阔的选择余地和发展空间。

第 2 版删除了第 1 版中不太常用的章节，使内容更加紧凑、简洁；调整了部分内容的次序，逻辑关系更加清晰，讲解、学习更加顺畅；修订了第 1 版中的错误，更换了部分例题、习题，内容更加精炼，更加实用有趣；各章都增加了 C51 应用实例，为读者学习、应用提供了参考，为教学提供了更大的选择空间。

全书共分 11 章，第 1 章介绍单片机的基础知识；第 2 章介绍 MCS-51 单片机的内部结构及外部引脚；第 3～4 章介绍 MCS-51 单片机的指令系统及汇编语言程序设计；第 5～7 章介绍 MCS-51 单片机的中断、定时器/计数器、串行通信功能；第 8 章介绍 MCS-51 单片机的系统扩展；第 9 章介绍 MCS-51 单片机的接口技术；第 10 章介绍单片机应用系统的设计方法，并以"温度监控系统"实例，详细阐述单片机应用系统设计、开发的方法和步骤；第 11 章介绍单片机应用实践项目。为方便读者阅读，书后附有 ASCII 表、MCS-51 单片机指令详解表、C51 简介等内容。

本书第 2 版由浙江大学宁波理工学院李林功、吴飞青、王一刚、丁晓修订完成。

在本书的编写、修订、出版过程中，借鉴了许多优秀教材的宝贵经验，得到了机械工业出版社华章分社多位编辑的帮助和支持，在此一并表示诚挚的感谢。

由于编者水平有限，书中错误和不妥之处在所难免，敬请读者不吝指正。

编者

目 录

前言

第1章 单片机概述 ·················· 1
1.1 单片机的基本概念 ·············· 1
1.2 单片机的发展 ················· 2
1.3 单片机的特点 ················· 3
1.4 单片机的应用 ················· 3
习题 ······················· 4

第2章 MCS-51单片机硬件结构 ········ 5
2.1 基本结构 ··················· 5
2.2 封装及引脚 ·················· 6
2.3 I/O口结构及功能 ·············· 8
2.3.1 P0口 ·················· 9
2.3.2 P1口 ·················· 10
2.3.3 P2口 ·················· 10
2.3.4 P3口 ·················· 11
2.3.5 端口输出电路 ············· 12
2.3.6 端口输入电路 ············· 15
2.4 存储器配置 ·················· 17
2.4.1 程序存储器 ·············· 18
2.4.2 数据存储器 ·············· 18
2.5 时钟及时序 ·················· 22
2.5.1 时钟电路 ··············· 22
2.5.2 指令时序 ··············· 23
2.6 复位 ····················· 25
2.7 低功耗工作方式 ··············· 25
2.8 C51应用举例 ················· 26
习题 ······················· 27

第3章 MCS-51单片机指令系统 ······· 29
3.1 MCS-51单片机指令分类 ·········· 29
3.2 MCS-51单片机指令格式 ·········· 29
3.3 MCS-51单片机寻址方式 ·········· 31
3.3.1 立即寻址 ··············· 31
3.3.2 寄存器寻址 ·············· 31

3.3.3 寄存器间接寻址 ·········· 32
3.3.4 直接寻址 ·············· 32
3.3.5 变址寻址 ·············· 33
3.3.6 相对寻址 ·············· 33
3.3.7 位寻址 ··············· 34
3.4 数据传送类指令 ············· 35
3.5 算术运算类指令 ············· 40
3.6 逻辑运算类指令 ············· 43
3.7 控制转移类指令 ············· 46
3.8 位操作类指令 ·············· 48
3.9 C51常用语句 ·············· 49
习题 ····················· 53

第4章 MCS-51单片机汇编语言程序
     设计 ················· 55
4.1 概述 ··················· 55
4.1.1 计算机程序设计语言 ······ 55
4.1.2 汇编语言语句种类及格式 ··· 56
4.1.3 常用伪指令 ············ 57
4.1.4 汇编语言程序设计方法 ····· 58
4.2 顺序程序设计 ·············· 59
4.3 分支程序设计 ·············· 60
4.4 循环程序设计 ·············· 64
4.5 子程序设计 ··············· 66
4.6 常用程序举例 ·············· 69
4.7 C51应用举例 ············· 72
习题 ····················· 73

第5章 MCS-51单片机中断系统 ······ 75
5.1 中断的概念 ··············· 75
5.2 中断源 ·················· 75
5.3 中断控制 ················ 76
5.4 中断响应 ················ 78
5.5 中断处理 ················ 79
5.6 中断返回 ················ 79
5.7 外部中断源扩展 ············ 80
5.8 中断应用举例 ············· 81
5.9 C51应用举例 ············· 82
习题 ····················· 83

第6章　MCS-51 单片机定时器/
　　　计数器 ……………………… 85
6.1　定时器/计数器结构 ………… 85
6.2　定时器/计数器工作方式 …… 87
　6.2.1　工作方式 0 …………… 87
　6.2.2　工作方式 1 …………… 88
　6.2.3　工作方式 2 …………… 88
　6.2.4　工作方式 3 …………… 88
6.3　定时器/计数器应用举例 …… 89
6.4　单片机音乐 ………………… 93
6.5　C51 应用举例 ……………… 97
习题 ………………………………… 99

第7章　MCS-51 单片机串行通信 …… 100
7.1　概述 ………………………… 100
7.2　串行通信接口 ……………… 101
7.3　串行通信工作方式 ………… 103
　7.3.1　工作方式 0 …………… 103
　7.3.2　工作方式 1 …………… 103
　7.3.3　工作方式 2 …………… 104
　7.3.4　工作方式 3 …………… 104
　7.3.5　多机通信 ……………… 105
7.4　串行通信波特率设置 ……… 106
7.5　串行通信应用举例 ………… 107
7.6　C51 应用举例 ……………… 112
习题 ………………………………… 114

第8章　MCS-51 单片机系统扩展 …… 116
8.1　概述 ………………………… 116
8.2　程序存储器扩展 …………… 119
　8.2.1　程序存储器扩展原理 … 120
　8.2.2　程序存储器扩展举例 … 121
8.3　数据存储器扩展 …………… 125
　8.3.1　数据存储器扩展原理 … 125
　8.3.2　数据存储器扩展举例 … 127
8.4　同时扩展 ROM 和 RAM …… 128
8.5　闪速存储器及其扩展 ……… 129
　8.5.1　FLASH 存储器的分类 … 129
　8.5.2　并行 FLASH 存储器及其
　　　　 扩展 ………………… 129
　8.5.3　串行 FLASH 存储器及其
　　　　 扩展 ………………… 131
8.6　输入/输出接口扩展 ……… 135

　8.6.1　用串行口扩展并行口 … 136
　8.6.2　并行 I/O 接口扩展 …… 139
习题 ………………………………… 140

第9章　MCS-51 单片机接口技术 …… 141
9.1　键盘接口 …………………… 141
　9.1.1　键盘概述 ……………… 141
　9.1.2　独立式按键 …………… 143
　9.1.3　矩阵式键盘 …………… 144
　9.1.4　键盘控制器 …………… 148
9.2　显示器接口 ………………… 149
　9.2.1　LED 数码管显示器结构 … 149
　9.2.2　LED 数码管显示器工作原理 … 150
　9.2.3　液晶显示器 …………… 154
9.3　A/D 转换器接口 …………… 163
　9.3.1　概述 …………………… 163
　9.3.2　A/D 转换应用 ………… 164
9.4　D/A 转换器接口 …………… 166
　9.4.1　概述 …………………… 166
　9.4.2　D/A 转换应用 ………… 167
9.5　步进电动机控制 …………… 171
　9.5.1　步进电动机工作原理 … 171
　9.5.2　步进电动机与单片机接口 … 172
　9.5.3　步进电动机应用举例 … 173
9.6　C51 应用举例 ……………… 174
习题 ………………………………… 179

第10章　单片机应用系统设计 ……… 181
10.1　单片机应用系统构成 …… 181
　10.1.1　输入通道 …………… 181
　10.1.2　输出通道 …………… 182
　10.1.3　通信接口 …………… 182
　10.1.4　人机对话通道 ……… 182
10.2　单片机应用系统设计方法 … 183
　10.2.1　需求分析 …………… 184
　10.2.2　可行性分析 ………… 184
　10.2.3　体系结构设计 ……… 184
　10.2.4　硬件设计 …………… 184
　10.2.5　软件设计 …………… 185
　10.2.6　综合调试 …………… 185
　10.2.7　系统安装 …………… 186
10.3　温度监控系统设计 ……… 186
　10.3.1　温度监控系统的需求分析 …… 186

VI

10.3.2 温度监控系统的可行性分析 … *186*

10.3.3 温度监控系统的体系结构 …… *186*

10.3.4 温度监控系统的硬件设计 …… *186*

10.3.5 温度监控系统的软件设计 …… *190*

10.3.6 温度监控系统调试 ………… *204*

10.3.7 系统安装 ……………… *205*

习题 ……………………………… *205*

第 11 章 单片机应用实践 ………… *206*

11.1 汇编语言程序调试 ………… *206*

11.2 彩灯 ……………………… *207*

11.3 抢答器 …………………… *208*

11.4 数字秒表 ………………… *208*

11.5 双机通信 ………………… *209*

11.6 存储器扩展 ……………… *209*

11.7 按键与显示 ……………… *210*

11.8 波形发生器 ……………… *211*

11.9 数字温度计 ……………… *211*

11.10 交通灯 ………………… *212*

附录 A C51 简介 ……………… *213*

附录 B MCS-51 单片机指令
系统表 ………………… *225*

附录 C ASCII（美国标准信息
交换码）表 ………… *230*

参考文献 ……………………… *231*

第1章　单片机概述

　　单片机是将中央处理器、存储器、定时器/计数器、中断系统、输入/输出接口等工作部件集成在一块集成电路芯片上的微型计算机。单片机先后经历了4位、8位、16位、32位等几个发展阶段，具有体积小、功能强、可靠性高、价格便宜等优点，被广泛应用于工业、农业、军事、航空航天、日常生活等各个领域。可以说，单片机的应用无处不在。

1.1　单片机的基本概念

　　随着大规模集成电路技术的飞速发展，20世纪70年代后，人们能够把中央处理器（Central Processing Unit，CPU）、存储器（Memory）、输入/输出（Input/Output，I/O）接口及常用的功能模块（如定时器/计数器、中断系统、串行接口等）集成在一块集成电路芯片上，这就形成了单片微型计算机，简称单片机，如图1-1所示。单片机常作为控制部件嵌入到应用系统中，所以也称为嵌入式微控制器或嵌入式单片微机。

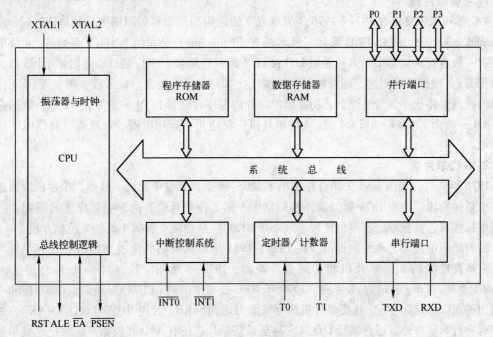

图1-1　单片机逻辑结构

　　在图1-1中，CPU是单片机的核心部件。它由运算器和控制器组成，主要完成算术、逻辑运算和控制功能。

　　存储器是具有记忆功能的电子部件，分为程序存储器ROM（Read Only Memory）和数据存储器RAM（Random Access Memory）两类。程序存储器用于存储程序、表格等相对固定的信息；数据存储器用于存储程序运行期间所用到的数据信息。

　　输入/输出接口是CPU与相应的外设（如：键盘、鼠标、显示器、打印机等）进行信息交换的桥梁，其主要功能是协调、匹配CPU与外设的工作。

串行端口实现单片机和其他设备之间的串行数据传送，它既可作为双工异步通用收发器使用，又可与同步移位寄存器连接，实现同步数据传送。

定时器/计数器用于实现定时或计数，用户根据定时或计数结果对操作对象进行控制。

中断控制系统是单片机为满足各种实时控制需要而设置的，是重要的输入输出方式。Intel 8051 单片机中有 5 个中断源，它们又可以分为高级和低级两个优先级别。

时钟电路主要由振荡器和分频器组成，为系统各工作部件提供时间基准。

串口、中断、定时/计数是单片机重要的内部资源，为 CPU 控制外部设备、实现信息交流提供了强有力的支持。

系统总线（BUS）是计算机各工作部件之间传送信息的公共通道。总线按照其功能可分为：数据总线 DB（Data Bus）、地址总线 AB（Address Bus）和控制总线 CB（Control Bus）三类，分别传送数据信息、地址信息和控制信息。

1.2　单片机的发展

自单片机诞生以来，发展迅速，应用广泛。先后经历了 4 位机、8 位机、16 位机和 32 位机几个代表性的发展阶段。

1. 4 位单片机

4 位单片机主要是在 1974 ~ 1976 年发展起来的。典型代表有美国国家半导体 NS（National Semiconductor）公司的 COP402 系列，日本松下（Panasonic）公司的 MN1400 系列等。4 位单片机内部一般含有 4 位 CPU，多种通用 I/O 接口（如并行端口、串行端口、定时器/计数器、中断系统等），根据不同用途，还可配备专用接口（如打印机、键盘、显示器、声卡等）。4 位单片机的特点是体积小、价格便宜、功能简单，片内程序存储器 ROM 一般为 2 ~ 8KB，数据存储器 RAM 一般为 128 × 4 ~ 512 × 4 位。4 位单片机广泛应用于家用电器、计算器、高档电子玩具等领域。

2. 8 位单片机

1976 年 9 月，美国 Intel 公司首先推出了 MCS-48 系列 8 位单片机。从此，单片机发展进入了一个新的阶段。但在 1978 年以前，各厂家生产的 8 位单片机，由于受集成度的限制，一般没有串行接口，并且寻址范围也比较小（小于 8KB），从性能上看属于低档 8 位单片机。

随着集成电路工艺水平的提高，在 1978 ~ 1983 年集成电路的集成度提高到几万只管/片，因而一些高性能的 8 位单片机相继问世。例如，1978 年摩托罗拉（Motorola）公司推出的 MC6801 系列，Zilog 公司的 Z8 系列，1979 年 NEC 公司推出的 μPD78XX 系列，1980 年 Intel 公司推出的 MCS-51 系列等。这类单片机的寻址能力达到 64KB，片内 ROM 容量达 4 ~ 8KB，片内除带有并行 I/O 口外，还有串行 I/O 口，甚至某些单片机还有 A/D 转换器。通常把这类单片机称为高档 8 位单片机。

随着应用需求的不断增长，各生产厂家在高档 8 位单片机的基础上，又相继推出了超 8 位单片机。如 Intel 公司的 8X252，Zilog 公司的 SUPER8，Motorola 公司的 MC68HC 等。它们不但进一步扩大了片内 ROM 和 RAM 的容量，同时还增加了通信功能、DMA 传输功能和高速 I/O 功能等。自 1985 年以后，各种高性能、大存储容量、多附加功能的超 8 位单片机不断涌现，它们代表了单片机的发展方向之一，在单片机应用领域发挥着越来越重要的作用。

8 位单片机由于功能强，价格适中，软硬件资源丰富，被广泛用于工业控制、家用电器、仪器仪表等领域。

3. 16 位单片机

1983 年以后，集成电路的集成度可达十几万只管/片，16 位单片机开始问世。这一阶段的代表产品有 Intel 公司推出的 MCS-96/98 系列，美国国家半导体公司推出的 HPC 系列，Motorola 公司推出的 M68HC16 系列和 NEC 公司推出的 783XX 系列等。

16 位单片机在功能上又上了一个新的台阶，如 MCS-96 系列单片机的集成度为 12 万只管/片，片内含有 16 位 CPU、5 个 8 位并行 I/O 口、4 个全双工串行口、4 个 16 位定时器/计数器、8 级中断处理系统，多种 I/O 功能，如高速输入/输出 HSIO、脉冲宽度调制 PWM 输出、特殊用途的监视定时器等。16 位单片机功能强大，常用于高速复杂的控制系统。

4. 32 位单片机

近年来，随着集成电路技术的不断发展和实际应用需要的快速增长，各个计算机生产厂家相继进入高性能 32 位单片机研制、生产阶段。如 Motorola 公司推出的 M68300 系列，日立公司推出的 SH 系列等。32 位单片机不仅包含有存储器和 I/O 接口，而且还包含有专门的通信链路接口，能按计算方法的特点直接连成各种阵列，满足快速响应的要求。32 位单片机可用于信号处理、仪表、通信、数据处理、图像处理、高速控制和语音处理等许多领域。虽然 32 位单片机在性能上有很大改进，但由于控制领域对 32 位单片机的需求并不十分迫切，所以 32 位单片机的应用目前并不广泛。

1.3 单片机的特点

单片机的发展历史虽然不长，但已在许多领域中得到了广泛的应用，这是因为单片机具有卓越的性能和突出的特点。

1）体积小，成本低，使用灵活，易于产品化。这使得能用单片机方便地组成各种智能化的控制设备和仪器，实现机电一体化。

2）面向控制。单片机的硬件结构和指令系统都带有强烈的控制色彩，可以用单片机有针对性地解决从简单到复杂的各类控制任务。

3）抗干扰能力强。单片机能适用的温度范围宽，在各种恶劣的环境下都能可靠地工作。

4）网络功能。用单片机可以方便地构成多机或分布式控制系统。使整个控制系统的效率和可靠性大为提高。也可以将单片机作为网络的终端。

5）外部扩展能力强。在单片机内部的各种功能部件不能满足应用需要时，均可在外部进行扩展（如扩展 ROM、RAM，I/O 接口，定时器/计数器，中断系统等），由于它与许多通用的微机接口芯片兼容，给应用系统设计带来极大的方便和灵活性。

6）可靠性高。为了满足各种复杂应用需求，单片机芯片是按工业测试环境要求设计的。产品在 120℃温度条件下经 44 小时老化处理，还要通过电气测试及最终质量检验，以适应各种恶劣的工作环境。

1.4 单片机的应用

单片机应用广泛，主要的应用领域有：

1）工业控制。单片机作为控制器广泛用于工业测控、航空航天、机器人、汽车、船舶等实时控制系统中。单片机的实时数据处理能力和控制功能，可使系统保持在最佳状态，提高系统的工作效率和产品质量。如汽车点火控制、反锁制动、牵引、转向等都是采用单片机实现的。

2）仪器仪表。这是目前单片机应用最多、最活跃的领域。在各类仪器仪表中引入单片机，使仪器仪表数字化、智能化、微型化，并可以提高测量的自动化程度和精度，简化仪器仪表的硬件结构，提高其性价比。

3）计算机外部设备与智能接口。如微型打印机内部采用 8031 单片机控制，带有小型汉字库，能打印汉字，可与一般 4 位或 8 位微机配接，通信方式简单，使用方便。硬盘驱动器以 8048 单片机为主控部件，控制主轴电动机的启动和停止，实现高精度步进电动机的精确定位，使硬盘驱动器小型化、智能化。

4）电子商务设备。如自动售货机、电子收款机等。

5）家用电器。洗衣机、电冰箱、电视机、收录机、照相机、摄像机等家用电器配上单片机后，增加了功能，提高了性能，备受人们喜爱。

6）网络及通信。在比较复杂的系统中，常采用分布式多机系统。多机系统一般由若干台功能各异的单片机组成，各自完成特定的任务，它们通过串行接口相互联系、协调工作。单片机在这种系统中往往作为一个终端机，安装在系统的某些节点上，对现场信息进行实时的测量和控制。单片机的高可靠性和强抗干扰能力，使它可以置于恶劣环境的前端工作。

习题

简答题

1. 何谓单片机？

2. 试举出几个单片机的应用实例。

第2章 MCS-51 单片机硬件结构

MCS-51 单片机是单片机的典型代表，其 DIP 封装具有 40 条引脚，设有 P0、P1、P2、P3 四个端口，它们除可以作 I/O 口使用外，P0 口常用做数据口和低位地址口、P2 口常用做高位地址口、P3 口还有第二功能。MCS-51 单片机的程序存储器中有 7 个中断入口，是专门保留给系统专用的，用户不能更改；数据存储器中设有工作寄存器区、位寻址区和数据缓冲区，特别是它的一些特殊功能寄存器对使用者至关重要。

2.1 基本结构

MCS-51 单片机种类繁多，性能各异，但其内部结构基本相同，如图 2-1 所示。

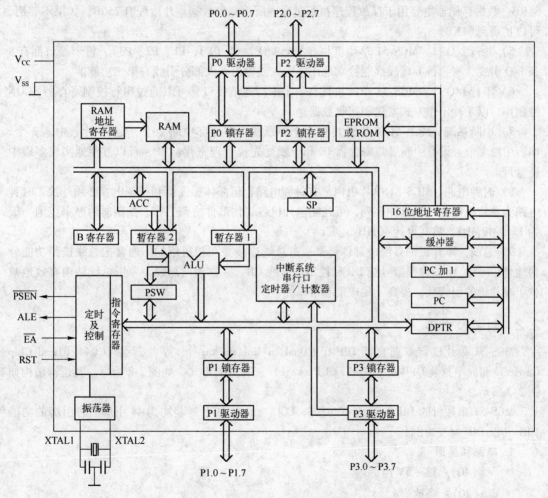

图 2-1　MCS-51 单片机内部结构

MCS-51 单片机主要由运算器、控制器、定时器/计数器、存储器、并行 I/O 口、串行 I/O 口、中断控制系统、时钟电路和总线等工作部件组成。

1）运算器。运算器主要包括算术逻辑单元（Arithmetic and Logic Unit，ALU）、累加器（Accumulator，ACC）、B 寄存器、状态寄存器（Program Status Word，PSW）、暂存器 1 和暂存器 2 等部件。它的主要功能是进行算术运算和逻辑运算。

2）控制器。控制器包括程序计数器（Program Counter，PC）、指令寄存器（Instruction Register，IR）、指令译码器（Instruction Decoder，ID）、数据指针（Data Pointer，DPTR）、堆栈指针（Stack Pointer，SP）、缓冲器及定时与控制矩阵等。它的主要任务是控制、协调各功能部件正确工作。

3）定时器/计数器。MCS-51 单片机片内有两个 16 位的定时器/计数器，即定时器 0 和定时器 1。定时器模式控制字 TMOD 控制定时器的工作方式；定时器控制寄存器 TCON 反映定时器的工作状态；初值寄存器规定计数范围。定时器/计数器常用于定时控制、延时等待及对外部事件的计数和检测等场合。

4）存储器。MCS-51 单片机采用程序存储器和数据存储器互相独立的哈佛（Harvard）结构。程序存储器用于存储程序、表格等信息。片内配有 4KB 容量，如果不够用，可以扩展到 64KB。数据存储器主要用于存放程序执行过程中所用到的数据。片内配有 256B，如果不够用，可以扩展到 64KB。

5）并行 I/O 口。MCS-51 单片机共有 4 个 I/O 端口（P0、P1、P2、P3），每个端口都有 8 条 I/O 引线，每一条 I/O 线都能独立地用做输入或输出。大部分引线有第二功能。

6）串行 I/O 口。MCS-51 单片机具有一个串行通信接口，可以通过串行控制寄存器 SCON 控制串口以 4 种工作方式发送和接收数据。

7）中断系统。MCS-51 单片机共有 5 个中断源，即外部中断 2 个，定时/计数中断 2 个，串行中断 1 个。设有中断屏蔽寄存器 IE 和中断优先权管理寄存器 IP，可以方便地实现多级中断管理。

8）时钟电路。MCS-51 单片机内部有时钟电路，但晶体振荡器和微调电容必须外接。时钟电路为单片机产生时钟脉冲序列，可控制单片机各工作部件协调工作。振荡器的频率范围一般为 1.2 ~ 12MHz，最高可达 40MHz。

9）总线。单片机的各组成部件都是通过总线连接并互相通信的。通常把总线按照功能分为地址信号线 AB、数据信号线 DB 和控制信号线 CB，常称为三总线。采用总线结构有效地减少了单片机的引脚数，提高了集成度和可靠性。

2.2　封装及引脚

MCS-51 单片机有双列直插 DIP40（Dual In-line Package）、贴片封装 LCC44（Lead Chip Carrier）和扁平封装 QFP44（Quad Flat Package）三种封装形式，如图 2-2 所示。其逻辑结构如图 2-3 所示。

MCS-51 单片机的 DIP 封装为 40 引脚，LCC 封装和 QFP 封装均为 44 引脚。各引脚的功能如下（以 DIP 封装为例）。

1. 电源和晶振

- V_{CC}(40)：接 +5V 电源。
- V_{SS}(20)：接地。
- XTAL1(19)：接外部石英晶体的一端。在单片机内部，它是一个反相放大器的输入端，这个放大器构成了片内振荡器。当采用外部时钟时，对 CHMOS 单片机，该引脚作为外部振荡信号的输入端；对 HMOS 单片机，该引脚接地。

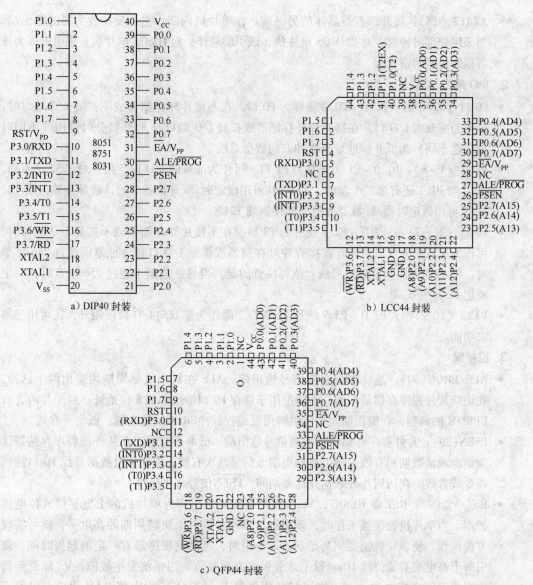

a) DIP40 封装

b) LCC44 封装

c) QFP44 封装

图 2-2 MCS-51 单片机的封装形式

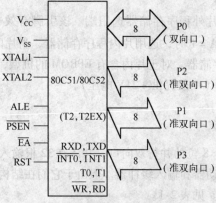

图 2-3 引脚逻辑结构图

- XTAL2（18）：接外部石英晶体的另一端。在单片机内部，它是反相放大器的输出端。当采用外部时钟时，对 CHMOS 单片机，该引脚悬浮；对 HMOS 单片机，该引脚作为外部振荡信号的输入端。

2. I/O 端口

- P0 口（32~39）：P0.0~P0.7 统称为 P0 口。在不接片外存储器或不扩展 I/O 端口时，可作为准双向 I/O。在接有片外存储器或扩展 I/O 端口时，P0 口分时复用（不同时刻用途不同）为低 8 位地址总线和双向数据总线。

- P1 口（1~8）：P1.0~P1.7 统称为 P1 口，可作为准双向 I/O 口使用。对于 52 子系列，P1.0 与 P1.1 还有第二个功能，即 P1.0 可用做定时器/计数器 2 的计数脉冲输入端 T2，P1.1 可用做定时器/计数器 2 的外部控制端 T2EX。

- P2 口（21~28）：P2.0~P2.7 统称为 P2 口，在不接片外存储器或不扩展 I/O 端口时，可作为准双向 I/O 口使用。在接有片外存储器或扩展 I/O 口且寻址范围超过 256 字节时，P2 口用做高 8 位地址总线。值得注意的是，当寻址范围不超过 256 字节时，一定要把 P2 口置 0。

- P3 口（10~17）：P3.0~P3.7 统称为 P3 口。除作为准双向 I/O 口使用外，还可用于第二功能。

3. 控制线

- ALE/$\overline{\text{PROG}}$（30）：地址锁存有效信号输出端。ALE 在每个机器周期内输出两个脉冲。在访问片外程序存储器期间，下降沿用于锁存 P0 口输出的低 8 位地址。对于片内含有 EPROM 的机型，在编程期间，该引脚用做编程脉冲$\overline{\text{PROG}}$的输入端。低电平有效。

- $\overline{\text{PSEN}}$（29）：片外程序存储器读选通信号输出端，低电平有效。在从外部程序存储器读取指令或常数期间有效，每个机器周期该信号两次有效，以便通过数据总线 P0 口读回指令或常数。在访问片外数据存储器期间，$\overline{\text{PSEN}}$信号将不出现。

- RST/V_{PD}（9）：RST 即 RESET，V_{PD}为备用电源。该引脚为单片机的上电复位或掉电保护端。当单片机振荡器工作时，该引脚上出现持续两个机器周期的高电平，就可实现复位操作，使单片机恢复到初始状态。上电时，考虑到振荡器有一定的起振时间，该引脚上高电平必须持续 10ms 以上才能保证有效复位。当系统发生故障，V_{CC}降低到低电平规定值或掉电时，该引脚可接备用电源 V_{PD}（+5V）为内部 RAM 供电，以保证 RAM 中的数据不丢失。

- $\overline{\text{EA}}$/V_{PP}（31）：$\overline{\text{EA}}$为片外程序存储器选端。该引脚有效（低电平）时，只能选用片外程序存储器。当$\overline{\text{EA}}$=1 时，选用片内程序存储器，当片内程序存储器空间不够用时，自动转向片外程序存储器。对于片内含有 EPROM 的机型，在编程期间，此引脚作为编程电源 V_{PP}的输入端（一般提供 +21V 电压）。

2.3 I/O 口结构及功能

　　MCS-51 单片机共有四个 8 位的并行双向口，共计有 32 根输入/输出（I/O）线。各端口的每一位均有锁存器、输出驱动器和输入缓冲器。但由于它们在结构上有一定的差异，所以各端口的性质和功能也各不相同。见表 2-1。

表2-1　并行双向口的性质和功能

端口	P0	P1	P2	P3
位数	8	8	8	8
性质	双向	准双向	准双向	准双向
功能	I/O、第二功能	I/O、第二功能	I/O、第二功能	I/O、第二功能
字节地址	80H	90H	A0H	B0H
位地址	80H ~ 87H	90H ~ 97H	A0H ~ A7H	B0H ~ B7H
驱动能力	8 个 TTL	4 个 TTL	4 个 TTL	4 个 TTL
第二功能	低 8 位地址（经过 373 锁存输出）8 位数据、作 I/O 时接上拉电阻	CTC2 中 P1.0 = T2 P1.1 = T2EX	高 8 位地址	P3.0 = $\overline{RXD}$, P3.1 = TXD P3.2 = $\overline{INT0}$, P3.3 = $\overline{INT1}$ P3.4 = T0, P3.5 = T1 P3.6 = $\overline{WR}$, P3.7 = $\overline{RD}$

2.3.1　P0 口

1. 结构

P0 口是一个三态双向口，可作为地址/数据分时复用口，也可作为普通 I/O 口。其一位结构如图 2-4 所示，P0 口由 8 个这样的电路组成。锁存器起输出锁存作用，8 个锁存器构成了特殊功能寄存器 P0；场效应管（FET）VT1、VT2 组成输出驱动器，以增强带负载能力；三态门 1 是引脚输入缓冲器；三态门 2 用于读锁存器控制；与门 3、反相器 4 及多路开关构成了输出控制电路。

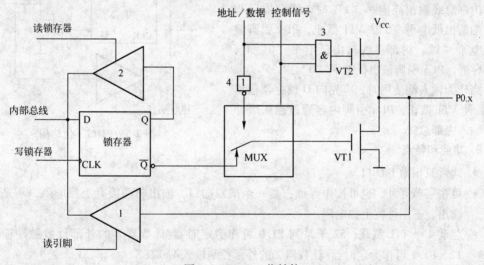

图 2-4　P0 口一位结构

2. 工作过程

当输出地址或数据时，控制信号被置成高电平"1"，反相器 4 与 VT1 接通。当地址或数据为"1"时，VT1 截止，与门 3 输出高电平"1"，VT2 导通，P0.x 引脚为高电平"1"；当地址或数据为"0"时，VT1 导通，与门 3 输出低电平"0"，VT2 截止，P0.x 引脚为低电平"0"。

当 P0 口作为 I/O 口使用时，控制信号被置成低电平"0"，锁存器反相输出端与 VT1 接通。由于控制信号为低电平，VT2 截止，漏极开路输出。当锁存器反相输出端输出"0"时，VT1 截止，这个时候，需要在 P0.x 引脚上外接上拉电阻，使得 P0.x 引脚为高电平"1"；当锁存器反相输出端输出"1"时，VT1 导通，P0.x 引脚为低电平"0"。

当从 P0.x 引脚输入时，为保证电路的安全及正确输入引脚信号，必须先向 D 锁存器输出"1"，使 VT1 截止，即置端口为高阻态，P0.x 引脚地址数据才能通过输入缓冲器 1 正确输入到内部总线。

3. P0 口功能特点

- P0 口可做普通 I/O 口使用，又可用做地址/数据总线口。
- P0 口既可按字节寻址，又可按位寻址。
- 当作为通用 I/O 口输出时，是开漏输出，应外接上拉电阻。
- 当作为地址/数据总线口时，P0 是真正双向口，而作通用 I/O 口时，只是一个准双向口。
- P0 口能驱动 8 个 TTL 负载。
- 当作为输入端口使用时，需要先置"1"。

2.3.2 P1 口

1. 结构

P1 口为准双向口，其一位的内部结构如图 2-5 所示。它在结构上与 P0 口的区别在于输出
驱动部分。P1 口的输出驱动部分由场效应管 VT1
与内部上拉电阻组成。当其输出高电平时，可以
提供上拉电流负载，不必像 P0 口那样需要外接
上拉电阻。

2. 工作过程

内部总线输出高电平"1"时，锁存器反相
输出端输出低电平"0"，VT1 截止，P1.x 引脚输
出高电平"1"；内部总线输出低电平"0"时，
VT1 导通，P1.x 引脚输出低电平"0"。

当作为输入端使用时，应先向 D 锁存器输出
"1"，使 VT1 截止，P1.x 引脚内容通过输入缓冲
器 1 输入内部总线。

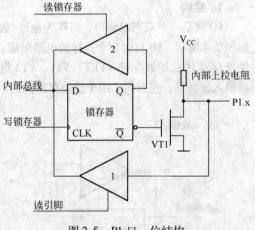

图 2-5   P1 口一位结构

3. 功能和特点

- 通常只用做 I/O 口。
- 可按字节寻址，也可按位寻址；是一个准双向口，输出驱动接有上拉电阻，不是开漏
  输出，不用外接上拉电阻。
- 驱动 4 个 TTL 负载；52 子系列 P1.0 可作为定时器/计数器 2 的外部计数脉冲输入端
  T2，P1.1 可作为定时器/计数器 2 的外部控制输入端 T2EX。
- 当作为输入端使用时，需要先置"1"。

2.3.3 P2 口

1. 结构

P2 口也是准双向口，其一位的内部结构如图 2-6 所示。从图中可以看出，它在结构上与
P1 的区别在于多了一个多路转换开关和反相器，所以它具有通用 I/O 接口或高 8 位地址总线
输出两种功能。

2. 工作过程

当作为准双向通用 I/O 口使用时，控制信号使转换开关接向左侧锁存器，锁存器 Q 端经反
相器 3 接 VT1，其工作原理与 P1 口相同。

当作为外部扩展存储器的高 8 位地址总线使用时，控制信号使转换开关接向右侧地址线，

由程序计数器 PC 送来的高 8 位地址 PCH，或数据指针寄存器 DPTR 送来的高 8 位地址 DPH 经反相器 3 和 VT1，原样呈现在 P2 口的引脚上，可输出高 8 位地址 A8 ~ A15。

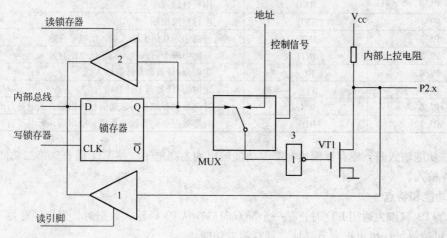

图 2-6　P2 口一位结构

3. 功能和特点

- 当 P2 口用做通用 I/O 口时，是一个准双向口。
- 从 P2 口输入数据时，先向锁存器写"1"。
- 可位寻址，也可按字节寻址；可输出地址高 8 位。
- 能驱动 4 个 TTL 负载。

2.3.4　P3 口

1. 结构

与 P1 口不同，P3 口是一个多功能口。其一位的内部结构如图 2-7 所示。它的输出驱动由与非门 3 和 VT1 组成。输入电路比 P0 口，P1 口，P2 口多了一个缓冲器 4。

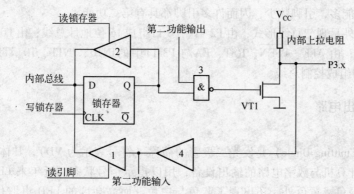

图 2-7　P3 口一位结构

2. 工作过程

当作为准双向通用 I/O 口使用时，第二功能输出置 1，锁存器的输出经过与非门 3 和 VT1 传送到引脚 P3.x，其工作状态和 P1 口类似。

当使用第二功能输出时，锁存器输出高电平"1"，第二功能经过与非门 3 和 VT1 传送到引脚 P3.x。P3 口的第二功能见表 2-2。

表 2-2 P3 口的第二功能

引脚		第二功能
P3.0	RXD	串行口输入端
P3.1	TXD	串行口输出端
P3.2	$\overline{INT0}$	外部中断 0 请求输入端，低电平有效
P3.3	$\overline{INT1}$	外部中断 1 请求输入端，低电平有效
P3.4	T0	定时器/计数器 0 计数输入端
P3.5	T1	定时器/计数器 1 计数输入端
P3.6	$\overline{WR}$	外部数据存储器写选通信号输出端，低电平有效
P3.7	$\overline{RD}$	外部数据存储器读选通信号输出端，低电平有效

第二功能输入时，锁存器输出与第二功能输出均为高电平，使 VT1 截止。第二功能信号经缓冲器 4 输入。

3. 功能和特点

- 当 P3 口作为通用 I/O 时，是一个准双向口，从 P3 口输入数据时，先向锁存器写"1"。
- 可位寻址，也可按字节寻址，具有第二功能。
- 能驱动 4 个 TTL 负载。

综上所述，MCS-51 单片机的引脚功能可归纳如下：

- 4 个并行 I/O 口均由内部总线控制，端口的功能复用会自动识别，不用用户选择。
- P0 是 8 位、漏极开路的双向 I/O 口，可分时复用为数据总线和低 8 位地址总线，可驱动 8 个 LSTTL 负载。作地址/数据总线口时，P0 是一真正双向口，而作通用 I/O 口时，只是一个准双向口。
- P1 是 8 位、准双向 I/O 口，具有内部上拉电阻，可驱动 4 个 LSTTL 负载。
- P2 是 8 位、准双向 I/O 口，具有内部上拉电阻，可驱动 4 个 LSTTL 负载，可用作高 8 位地址总线。
- P3 是 8 位、准双向 I/O 口，具有内部上拉电阻，可驱动 4 个 LSTTL 负载。P3 口的所有口线都具有第二功能。
- 单片机功能多，引脚数少，因而许多引脚都具有第二功能。
- 单片机对外呈现三总线形式，由 P2 口、P0 口组成 16 位地址总线；由 P0 口分时复用为数据总线；由 ALE、$\overline{PSEN}$、RST、$\overline{EA}$ 与 P3 口中的 $\overline{INT0}$、$\overline{INT1}$、T0、T1、$\overline{WR}$、$\overline{RD}$ 共 10 个引脚组成控制总线。

2.3.5 端口输出电路

1. LED 驱动

LED（Light Emitting Diode）是发光二极管的简称（符号表示为 VD），其体积小、耗电量低，常作为微型计算机与数字电路的输出设备，用以指示信号状态。近年来 LED 技术发展很快，除了红色、绿色、黄色外，还出现了蓝色与白色，而高亮度的 LED 更取代了传统灯泡，成为交通标志（红绿灯）的发光组件；就连汽车的尾灯，也开始流行使用 LED 车灯。

一般地，LED 具有二极管的特色，反向偏压时，LED 不发光；正向偏压时，LED 发光。以红色 LED 为例，正向偏压时 LED 两端有 1.7V 左右的压降，才能导通发光，一般比二极管大一些。随着通过 LED 的正向电流的增加，LED 将更亮，LED 的寿命也将缩短，因此电流以 10~20mA 为宜。Intel 8051 的 P1 口、P2 口与 P3 口内有 30kΩ 上拉电阻，因此想从 P1、P2 口或 P3 口流出 10~20mA 电流，恐怕有困难。如果从外面流入 8051，电流就可以大一点，如图 2-8

所示。当输出低电平时（输出端的 FET 导通），输出端电压接近 0V，若 LED 顺向时，两端电压为 1.7V，则限流电阻 R 两端电压为 3.3V。如果希望流过 LED 的电流限制为 10mA，则此限流电阻为 330Ω。若想要 LED 亮一点，则限流电阻可以小一点。也可以通过三极管或驱动电路驱动 LED。如果将 7 个 LED 按照一定规则排列，则可以构成 LED 数码管，参见 9.2 节内容。

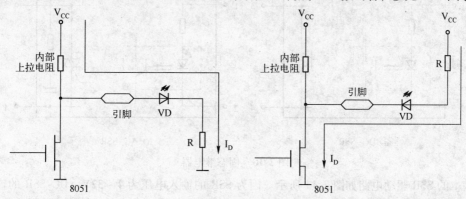

图 2-8　LED 驱动

2. 继电器

如果需要利用 8051 来控制不同电压或较大电流的负载时，则可通过继电器（RELAY）来实现。若要驱动继电器，只有 8051 输出口的电流恐怕不够，况且驱动继电器线圈这种电感性负载，还要有些保护才行。可使用晶体管来控制继电器，以一个 12V 继电器为例，如图 2-9 所示。

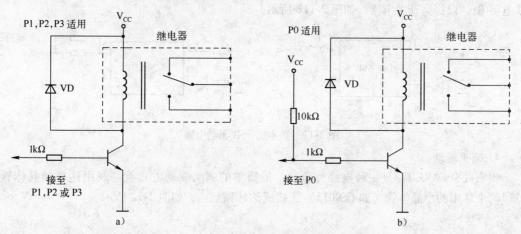

图 2-9　继电器驱动

图 2-9 中的晶体管是当成开关来用的，也就是 8051 输出高电平时，晶体管工作于饱和状态。8051 输出低电平时，晶体管工作于截止状态。其中的二极管 VD 提供继电器线圈电流的放电路径，以保护晶体管。由于线圈属于电感性负载，当晶体管截止时，集电极电流为 0，而原本线圈上的电流不可能瞬间为 0，所以二极管 VD 就提供一个放电路径，就不会破坏晶体管了。另外，若要由 P0 输出到此电路，还需连接一个 10kΩ 的上拉电阻，如图 2-9b 所示。

3. 固态继电器驱动

固态继电器（SSR）是采用固体元件组装而成的一种新型无触点开关器件，它有两个输入端用以引入控制电流，有两个输出端用以接通或切断负载电流。器件内部有一个光电耦合器将输入与输出隔离。输入端（1、2 脚）与光电耦合器的发光二极管相连，因此，需要的控制电流很小，用 TTL、CMOS 等集成电路或晶体管就可直接驱动。输出端用功率晶体管做开关元件的固态继电器称为直流固态继电器（DC-SSR），如图 2-10a 所示，主要用于直流大功率控制场合。输出端用双向可控硅做开关元件的固态继电器称为交流固态继电器（AC-SSR），如图 2-10b 所示，主要用于交流大功率驱动场合。

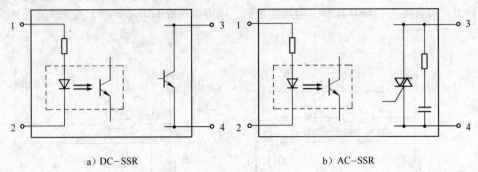

a）DC-SSR   b）AC-SSR

图 2-10   固态继电器

基本的 SSR 驱动电路如图 2-11 所示。因为 SSR 的输入电压为 4～32V，DC-SSR 的输入电流小于 15mA，AC-SSR 的输入电流小于 500mA。因此，要选用适当的电压 V_{CC} 和限流电阻 R。DC-SSR 可用 OC 门或晶体管直接驱动，AC-SSR 可加接一晶体管驱动。DC-SSR 的输出断态电流一般小于 5mA，输出工作电压为 30～180V。图 2-11a 所接为感性负载，对一般电阻性负载可直接加负载设备。AC-SSR 可用于 220V、380V 等常用市电场合，输出断态电流一般小于 10mA，一般应让 AC-SSR 的开关电流至少为断态电流的 10 倍。负载电流若低于该值，则应并联电阻 R_P，以提高开关电流，如图 2-11b 所示。

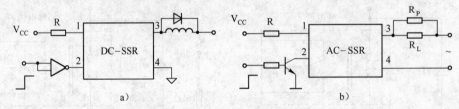

a）   b）

图 2-11   基本的 SSR 驱动电路

4. 喇叭驱动

喇叭（SPEAKER）是一种电感性负载，最简单的喇叭驱动方式就是利用达林顿晶体管，或以两个常用的小晶体管（如 CS9013）连接成达林顿架构，如图 2-12 所示。

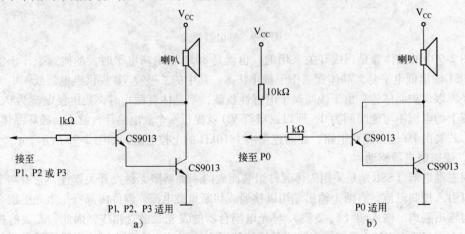

a）   b）

图 2-12   喇叭驱动

图中的 1kΩ 电阻为限流电阻，在此利用晶体管的高电流增益（若单个晶体管的 β 值超过 35，则整体电流增益将超过 1000 倍），以达到电路快速饱和的目的。不过，若要由 P0 输出到此电路，还需连接一个 10kΩ 的上拉电阻，如图 2-12b 图所示。

5. 光电耦合器驱动

单片机控制光电耦合器的接口电路有多种形式，当系统有空闲引脚时，可直接连接。空闲引脚较少时，可以用 74LS374 等锁存器并行扩展 I/O 口，或者扩展可编程并行 I/O 口。图 2-13 是单片机通过光电耦合器驱动继电器的电路图。它的工作状况分析如下。

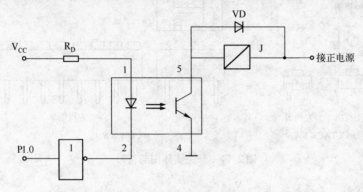

图 2-13　单片机通过光电耦合驱动继电器的电路

（1）当单片机的输出引脚为高电平时，光电耦合器的发光二极管承受正向电压，导通，有电流流过，发光。光电耦合器的光敏三极管受到光照，进入导通状态，接通外部电路。

（2）当单片机的输出引脚为低电平时，光电耦合器的发光二极管承受反向电压，截止，无电流流过，不发光。光电耦合器的光敏三极管未受到光照，进入截止状态，其集电极处于高电位。继电器线圈失电，断开外部电路。

由于单片机的输出驱动能力较小，单片机的引脚需通过放大电路为光电耦合器提供发光二极管的驱动电流（约 10mA）。由于光电耦合器的光敏三极管的输出电流也较小（0～20mA），对于较大功率负载，需在光电耦合器的后面增添放大电路。

通常采用单片机输出引脚的低电平来控制光电耦合器的导通。这是因为，单片机在复位操作期间，其输出引脚将自动为高电平，若采用高电平来控制光电耦合器的导通，则有可能在复位操作期间出现误导通。

2.3.6　端口输入电路

外部输入设备大概可概括为两类，一类是按钮开关，另一类为单刀开关。电子电路或微型计算机所使用的按钮开关，大多采用 TACK Switch，若为常开接点，则按下按钮时，其接点接通（on）、放开时，接点恢复为不通（off）；反之，若为常闭接点，则按下按钮时，其接点不通（off）、放开时，接点恢复为导通（on），其实体图与符号如图 2-14a 所示。

电子电路或计算机所使用的单刀开关，大多采用指拨开关（DIP Switch），若为 4P 的 DIP Switch，则有 4 组单刀开关；若为 8P 的 DIP Switch，则有 8 组单刀开关。通常会在 DIP Switch 上标有记号或 "ON" 字样，若将开关拨到记号或 "ON" 的一边，则接点接通（on）、拨到另一边则为不通（off），其实体图与符号如图 2-14b 所示。

若要以开关作为输入电路，通常会接一个电阻到 V_{CC} 或 GND，如图 2-15 所示。

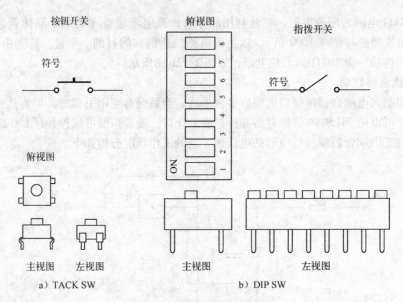

图 2-14　开关实体图与符号

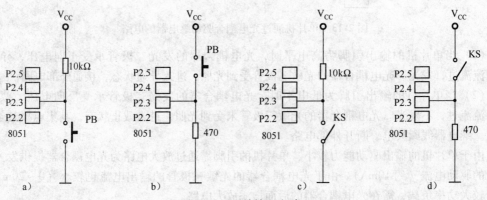

图 2-15　开关输入电路

在图 2-15a 中，平时按钮开关（PB）为断开状态，其中 10kΩ 的电阻连接到 V_{CC}，使输入引脚保持为高电平信号；若按下按钮开关，则经由开关接地，输入引脚将变为低电平信号；放开开关时，输入引脚将恢复为高电平信号，如此将可产生一个负脉冲。在图 2-15b 中，平时按钮开关（PB）为断开状态，其中 470Ω 的电阻接地，使输入引脚保持为低电平信号；若按下按钮开关，则经由开关接 V_{CC}，输入引脚将变为高电平信号；放开开关时，输入引脚将恢复为低电平信号，如此将可产生一个正脉冲。

在图 2-15c 中，若开关（KS）为 off 状态，其中 10kΩ 的电阻连接到 V_{CC}，使输入引脚保持为高电平信号；若将开关切换到 on 的状态，则经由开关接地，输入引脚将变为低电平信号，如此将可随需要产生不同的电平。在图 2-15d 中，若开关为 off 态，其中 470Ω 的电阻接地，使输入引脚保持为低电平信号；若将开关切换到 on 状态，则经由开关接 V_{CC}，输入引脚将变为高电平信号。

通常按钮开关使用在产生边沿触发的场合，而单刀开关使用在产生电平触发的场合。

BCD 指拨开关是一种能产生 BCD 码的特殊开关，如图 2-16 所示。

每一位都有公共端 com 与 8、4、2、1 等 4 个输出端，通常是把公共端连接到 V_{CC}，而在其他 4 个输出端各接一个电阻（470Ω 即可）到接地端。按 BCD 指拨开关上方的按钮，则数字增加；按下方的按钮，则数字减少。有些 BCD 指拨开关是在其右边（或左边），以轮盘的方式切换数字。数字是从 0 ~ 9 变化。

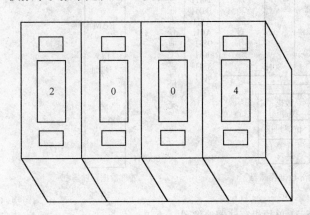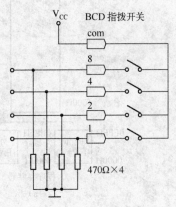

图 2-16 BCD 指拨开关

BCD 指拨开关的使用方式非常简单，直接和输入端口连接即可，如图 2-17 所示。

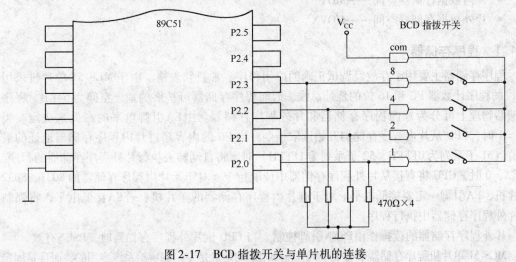

图 2-17 BCD 指拨开关与单片机的连接

2.4 存储器配置

MCS-51 单片机的存储器采用的是程序存储器与数据存储器截然分开的哈佛（Harvard）结构，即程序存储器和数据存储器各有自己的寻址方式、寻址空间和控制系统。这种结构对于单片机"面向控制"的应用特点是十分有利的。图 2-18 为 MCS-51 单片机存储器映像图。从图中可以看出：

物理上分成 4 个存储器空间：

- 片内程序存储器、片外程序存储器
- 片内数据存储器、片外数据存储器

逻辑上分成 3 个地址空间：

- 片内、片外统一编址的 64KB 程序存储器空间
- 片内 256B 的数据存储器空间
- 片外 64KB 的数据存储器空间

在访问这 3 个不同的逻辑空间时，应采用不同的寻址方式和不同形式的指令。

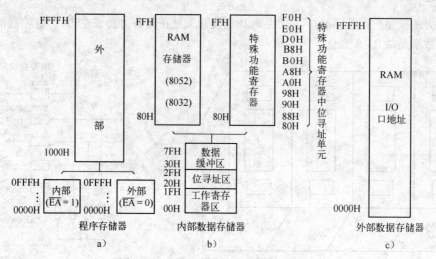

图 2-18　MCS-51 单片机存储器映像图

- 片内外程序存储器空间——MOVC
- 片内数据存储器空间——MOV
- 片外数据存储器空间——MOVX

2.4.1　程序存储器

　　程序存储器主要用于存放经调试正确的应用程序、常数和表格。由于 MCS-51 单片机采用 16 位的程序计数器 PC 和 16 位的地址总线，因而程序存储器可扩展的地址空间为 64KB。程序存储器物理上可分为片内程序存储器和片外程序存储器。由EA引脚电平的高低来决定。当 $\overline{EA}$ =1 时，CPU 从片内程序存储器开始读取指令。当 PC 的内容超过片内程序存储器地址的最大值（51 子系列为 0FFFH，52 子系列为 1FFFH）时，将自动转去执行片外程序存储器的程序。当$\overline{EA}$ =0 时，CPU 将直接从片外程序存储器中读取指令。对于无片内程序存储器的 8031、8032 单片机，$\overline{EA}$引脚一定要接低电平。对于有片内程序存储器的单片机，若$\overline{EA}$接低电平，将强制从片外程序存储器中执行程序。

　　片外程序存储器的读操作由$\overline{PSEN}$引脚控制。当 CPU 读片外程序存储器时，$\overline{PSEN}$有效。

　　MCS-51 单片机程序存储器中有 7 个具有特殊用途的地址是专门保留给系统专用的，而且是固定不变的，用户不能更改。这些入口地址见表 2-3。

　　0000H 是系统的起始地址，即当单片机启动或复位时，PC 的值为 0000H，即指向该单元。一般在该单元中存放一条跳转指令，转移到应用程序。0003H、000BH、0013H、001BH、0023H 和 002BH 对应 6 个中断源的中断入口地址，即 CPU 相应中断后，就从这些固定的入口处执行中断服务程序。通常也是在这些入口处存放转移指令，跳转到相应的中断服务程序。其中，002BH 是 52 系列单片机才有的 T2 中断入口地址。

表 2-3　单片机复位/中断入口地址

入口地址	名称
0000H	程序计数器 PC 起始地址
0003H	外部中断INT0中断入口地址
000BH	定时器 T0 溢出中断入口地址
0013H	外部中断INT1中断入口地址
001BH	定时器 T1 溢出中断入口地址
0023H	串行口接收/发送中断入口地址
002BH	定时器 T2 溢出中断入口地址

2.4.2　数据存储器

　　MCS-51 单片机的数据存储器分为内部数据存储器和外部数据存储器两部分。片内 RAM 的地址空间分布如图 2-19 所示。片内 RAM 共为 256 字节，地址范围为 00H ~ FFH，分为两大部分：低 128 字节（00H ~ 7FH）为真正的 RAM 区，高 128 字节（80H ~ FFH）为特殊功能寄存器区（SFR）。而对于 52 系列来说，多了一个地址范围与 SFR 相同的 RAM 区，只不过 SFR 可以直接寻址（有些可按位寻址），而 52 系列的 80H ~ FFH 这个 RAM 区域只可以间接寻址。

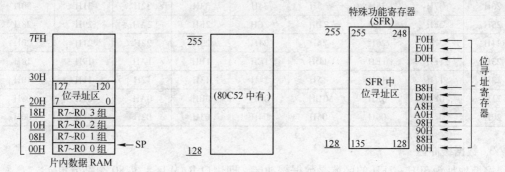

图 2-19　片内 RAM 的地址空间分布

片内 RAM 的低 128 字节，按功能可分为三个区域：工作寄存器区、位寻址区和数据缓冲区。

1. 工作寄存器区

地址为 00H ~ 1FH 的单元为工作寄存器区。工作寄存器也称通用寄存器。工作寄存器分成 4 组，每组都有 8 个寄存器，用 R0 ~ R7 来表示。程序中每次只能用一组寄存器，使用哪一组作为当前工作寄存器，由程序状态寄存器 PSW 中的 PSW.3（RS0）和 PSW.4（RS1）两位来选择，其对应关系见表 2-4。

表 2-4　工作寄存器组对应关系

RS1	RS0	工作寄存器组（地址）
0	0	0 组（00H ~ 07H）
0	1	1 组（08H ~ 0FH）
1	0	2 组（10H ~ 17H）
1	1	3 组（18H ~ 1FH）

通过软件设置 RS0 和 RS1 两位的状态，就可任意选择工作寄存器。未被选用的寄存器可用做缓冲器。这个特点使 MCS-51 单片机具有快速现场保护功能，对于提高程序效率和加快响应中断的速度是很有好处的。

2. 位寻址区

20H ~ 2FH 单元是位寻址区，其字节地址和位地址的对应关系见表 2-5。这 16 个单元（共计 $16 \times 8 = 128$ 位）的每一位都赋予了一个位地址。这里要特别注意区分位地址和字节地址。字节地址范围为 20H ~ 2FH，位地址范围为 00H ~ 7FH。位寻址区的每一位都可当做一个软件触发器使用。通常可以把各种程序状态标志、位控制变量存于位寻址区内。

表 2-5　字节地址和位地址的对应关系

字节地址	位地址							
	D7	D6	D5	D4	D3	D2	D1	D0
2FH	7FH	7EH	7DH	7CH	7BH	7AH	79H	78H
2EH	77H	76H	75H	74H	73H	72H	71H	70H
2DH	6FH	6EH	6DH	6CH	6BH	6AH	69H	68H
2CH	67H	66H	65H	64H	63H	62H	61H	60H
2BH	5FH	5EH	5DH	5CH	5BH	5AH	59H	58H
2AH	57H	56H	55H	54H	53H	52H	51H	50H
29H	4FH	4EH	4DH	4CH	4BH	4AH	49H	48H
28H	47H	46H	45H	44H	43H	42H	41H	40H

（续）

字节地址	位地址							
	D7	D6	D5	D4	D3	D2	D1	D0
27H	3FH	3EH	3DH	3CH	3BH	3AH	39H	38H
26H	37H	36H	35H	34H	33H	32H	31H	30H
25H	2FH	2EH	2DH	2CH	2BH	2AH	29H	28H
24H	27H	26H	25H	24H	23H	22H	21H	20H
23H	1FH	1EH	1DH	1CH	1BH	1AH	19H	18H
22H	17H	16H	15H	14H	13H	12H	11H	10H
21H	0FH	0EH	0DH	0CH	0BH	0AH	09H	08H
20H	07H	06H	05H	04H	03H	02H	01H	00H

3. 数据缓冲区

字节地址为 30H～7FH 的区域是数据缓冲区，即用户 RAM 区，共 80 个字节单元。

由于工作寄存器区、位寻址区、数据缓冲区统一编址，使用同样的指令访问。这三个区域的单元既有自己独特的功能，又可统一调度使用。因此，前两个区未使用的单元也可作为用户 RAM 单元使用，使容量较小的片内 RAM 得以充分利用。52 子系列片内 RAM 有 256 个单元，前两个区的单元数与地址都和 51 子系列的一致，用户 RAM 区却为 30H～FFH，有 208 个单元。

应当注意，通常也将堆栈设置在用户 RAM 区。堆栈是一块按"先进后出"或"后进先出"原则组织的存储空间。并且有特殊的数据传输指令，即'PUSH'和'POP'，还有一个专门为其服务的堆栈指针 SP，每当执行一次 PUSH 指令时，SP 就在当前值的基础上自动加 1，每当执行一次 POP 指令，SP 就在当前值的基础上自动减 1。

开机时，SP 的初始值为 07H，这样就使堆栈从 08H 单元开始操作，而 08H～1FH 这个区域正是 8051 单片机的第二、三、四工作寄存器区，经常要被使用。这就会造成数据的混乱。为此，用户在初始化程序中要根据片内 RAM 各功能区的使用情况给 SP 赋一个合适的初值以规定堆栈的初始位置。实际上，RAM 里没有专门的区域指定给堆栈，通常需要人为地把它放在 RAM 的合适区域里。如在程序开始时，用一条 MOV SP, #5FH 指令，就把堆栈设置在从内存单元 60H 开始的单元中。

4. 特殊功能寄存器区

MCS-51 单片机片内 RAM 从 80H～FFH 中分布了 21 个特殊功能寄存器 SFR（52 单片机有 26 个）。包括 4 个端口、中断控制、定时/计数器控制、串行控制、SP、DPTR、PSW 等，主要用于片内功能单元的管理、控制、状态指示等，见表 2-6。

表 2-6 SFR 字节地址和位地址

寄存器符号	MSB←位地址/位定义→LSB								字节地址
* B	F7	F6	F5	F4	F3	F2	F1	F0	F0H
* ACC	E7	E6	E5	E4	E3	E2	E1	E0	E0H
* PSW	D7	D6	D5	D4	D3	D2	D1	D0	D0H
	CY	AC	F0	RS1	RS0	OV	—	P	
* IP	BF	BE	BD	BC	BB	BA	B9	B8	B8H
	—	—	—	PS	PT1	PX1	PT0	PX0	

（续）

寄存器符号	MSB←位地址/位定义→LSB								字节地址
* P3	B7	B6	B5	B4	B3	B2	B1	B0	B0H
	P3.7	P3.6	P3.5	P3.4	P3.3	P3.2	P3.1	P3.0	
* IE	AF	AE	AD	AC	AB	AA	A9	A8	A8H
	EA	—	—	ES	ET1	EX1	ET0	EX0	
* P2	A7	A6	A5	A4	A3	A2	A1	A0	A0H
	P2.7	P2.6	P2.5	P2.4	P2.3	P2.2	P2.1	P2.0	
SBUF									(99H)
* SCON	9F	9E	9D	9C	9B	9A	99	98	98H
	SM0	SM1	SM2	REN	TB8	RB8	TI	RI	
* P1	97	96	95	94	93	92	91	90	90H
	P1.7	P1.6	P1.5	P1.4	P1.3	P1.2	P1.1	1.0	
TH1									(8DH)
TH0									(8CH)
TL1									(8BH)
TL0									(8AH)
TMOD	GATE	C/T	M1	M0	GATE	C/T	M1	M0	(89H)
* TCON	8F	8E	8D	8C	8B	8A	89	88	88H
	TF1	TR1	TF0	TR0	IE1	IT1	IE0	IT0	
PCON	SMOD	—	—	—	GF1	GF0	PD	IDL	(87H)
DPH									(83H)
DPL									(82H)
SP									(81H)
* P0	87	86	85	84	83	82	81	80	80H
	P0.7	P0.6	P0.5	P0.4	P0.3	P0.2	P0.1	P0.0	

　　对这部分单元，可以采用直接寻址来访问。有些 SFR 还可以位寻址（地址末位为 0 或 8 的单元）。还有一些为保留单元，用户不能对这些字节进行读/写操作，若对其进行访问，将得到一个不确定的随机数，没有意义。复位时，多数 SFR 都有固定的初值。如 SP = 07H，P0 ~ P3 = FFH，SBUF 为随机数，其他均为 00H。下面介绍一些常用的特殊功能寄存器。

　　1）程序计数器（Program Counter，PC）。程序计数器 PC 是一个 16 位计数器，用来存放下一条要执行的指令地址。它控制着程序的运行轨迹。当单片机开始执行程序时，给 PC 存入第一条指令所在的地址，每取出一个指令字节，PC 的内容就自动加 1，以指向下一字节的地址，使指令能顺序执行。当程序遇到转移指令、子程序调用指令、中断时，PC 按转移地址转到指定的地方。

　　2）累加器 A。累加器 ACC（Accumulator）为 8 位寄存器，是算术运算和数据传送中使用频率最高的存储单元。常用于存放操作数和中间结果。

　　3）寄存器 B。B 寄存器主要用在乘除运算中。在乘法中，用于存放乘数、积的高 8 位，而在除法中，用于存放除数、余数。也可作为通用寄存器使用。

　　4）程序状态字 PSW（Program Status Word）。程序状态字 PSW 是一个 8 位的标志寄存器，它保存指令执行结果的特征信息，以供程序查询和判别。它的格式及各位的意义如下：

CY	AC	F0	RS1	RS0	OV	—	P

进位标志位 CY（PSW.7）。最高位有进位（加法时）或有借位（减法时），则 CY = 1，否则 CY = 0，可由软件置位或清零。

辅助进位（或称半进位）标志位 AC（PSW.6）。当两个 8 位数运算时，若 D3 位向 D4 位有进位（或借位）时，AC = 1，否则 AC = 0。在 BCD 码运算时，要用该标志进行十进制调整。

用户自定义标志位 F0（PSW.5）。用户可根据自己的需要对 F0 赋予一定的含义，通过软件置位或清零，并根据 F0 = 1 或 0 来决定程序的执行方式，或反映系统某一种工作状态。

工作寄存器组选择位 RS1、RS0（PSW.4、PSW.3）。可用软件置位或清零，用于选定当前使用的 4 个工作寄存器组中的某一组。

溢出标志位 OV（PSW.2）。做加减法时 OV = $C_7 \oplus C_6$，即 D7 位和 D6 位的进位位的异或运算，由硬件自动形成。OV = 1 反映运算结果超出了累加器可以表示的数值范围。

- 乘法：积 > 255 时 OV = 1，否则 OV = 0。
- 除法：B 中除数为 0，OV = 1，否则 OV = 0。

奇偶标志位 P（PSW.0）。若累加器 A 中 1 的个数为奇数，则 P = 1，否则 P = 0。该标志对串行通信的数据传输非常有用，通过奇偶校验可检验传输的正确性。

5）数据指针寄存器 DPTR（Data Pointer）。DPTR 是一个 16 位的专用寄存器，其高位字节寄存器用 DPH 表示、低位字节寄存器用 DPL 表示。它既可作为一个 16 位寄存器 DPTR 来用，也可作为两个独立的 8 位寄存器 DPH 和 DPL 来用。DPTR 主要用来存放 16 位地址，可通过它访问 64KB 外部数据存储器或外部程序存储器空间。

6）堆栈指针 SP（Stack Pointer）。堆栈是指用户在单片机内部 RAM 中开辟的、遵循"先进后出"原则的一个存储区。堆栈操作时，用 SP 来间接指示堆栈中数据存取的位置，常称 SP 为堆栈指针。堆栈有两种操作方式，一种是向下生长（即压入数据时向地址减小的方向发展），另一种为向上生长（即压入数据时向地址增加的方向发展）。MCS-51 的堆栈是向上生长的，堆栈指针 SP 的初始值称为栈底。在堆栈操作过程中，SP 始终指向堆栈的栈顶有效单元。入栈操作（PUSH）时首先将 SP 的内容自动增 1，将 SP 间接指示的栈区片内 RAM 存储单元地址向上调整一次，再把数据压入由 SP 最新指示的片内 RAM 单元中；出栈操作（POP）时，首先将当前栈顶的内容弹出到相应位置，然后把 SP 的内容自动减 1。

MCS-51 单片机外部数据存储器一般由静态 RAM 构成，其容量大小由用户根据需要而定，最大可扩展到 64KB，寻址范围为 0000H ~ FFFFH。CPU 通过 MOVX 指令，用间接寻址方式，访问外部数据存储器。R0、R1 和 DPTR 都可作间接寄存器，用寄存器 R0、R1 间接寻址的范围为低 256 个字节，用 DPTR 则可寻址 64KB 范围。

外部 RAM 和扩展的 I/O 接口是统一编址的，所有的扩展 I/O 口都要占用 64KB 外部 RAM 中的地址单元。

2.5 时钟及时序

2.5.1 时钟电路

单片机工作时，是在统一的时钟脉冲控制下有序进行的。这个脉冲是由单片机控制器中的时钟电路产生的。时钟电路由振荡器和分频器组成，如图 2-20 所示。振荡器产生基本的振荡信号，然后进行分频，得到相应的时钟。振荡电路有两种方式：内部振荡和外部振荡。

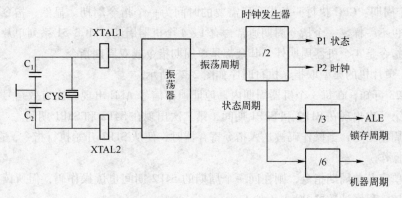

图 2-20　时钟电路组成

1. 内部振荡方式

MCS-51 单片机片内有一个用于构成振荡器的高增益反相放大器，引脚 XTAL1 和 XTAL2 分别是此放大器的输入端和输出端。把放大器与作为反馈元件的晶体振荡器和陶瓷电容连接，就构成了自激振荡器，其输出就是时钟脉冲。电路如图 2-21 所示。晶振频率一般为 1.2～12MHz 之间。

2. 外部振荡方式

外部振荡方式就是把外部已有的时钟信号引入单片机内，对于 HMOS 型单片机，电路如图 2-22 所示。对于 CHMOS 型单片机，XTAL1 接片外振荡脉冲输入端，XTAL2 悬空。

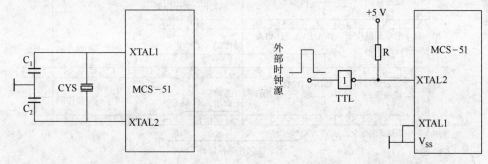

图 2-21　内部振荡电路　　　　　　　图 2-22　外部振荡电路

振荡信号通过内部时钟电路，经过分频，得到相应的时钟信号，如图 2-20 所示。

2.5.2　指令时序

CPU 执行指令是在时钟脉冲控制下一步一步进行的，由于指令的功能和长短各不相同，因此，指令执行所需的时间也不一样。MCS-51 单片机的时序定时单位共有 4 种，从小到大依次是振荡周期、状态周期、机器周期和指令周期。

1）振荡周期：晶体振荡器的振荡周期。

2）状态周期：振荡信号经二分频后形成的时钟脉冲信号，用 S 表示。一个状态周期中的两个振荡周期作为两个节拍分别称为节拍 P1 和节拍 P2。在 P1 有效时，通常完成算术逻辑操作；在 P2 有效时，一般进行内部寄存器之间的传输。

3）机器周期：通常将完成一个基本操作所需的时间称为机器周期。一个机器周期包含 6 个状态周期，用 S1、S2、…、S6 表示；共 12 个节拍，依次可表示为 S1P1、S1P2、S2P1、S2P2、…、S6P1、S6P2。

4）指令周期：CPU 执行一条指令所需要的时间为一个指令周期。显然，指令不同，对应的指令周期也不一样。一个指令周期通常含有 1～4 个机器周期。MCS-51 系列单片机除了乘法指令、除法指令是 4 个机器周期外，其余都是单周期指令或双周期指令。

MCS-51 单片机的典型取指、执行时序如图 2-23 所示。

由图 2-23 可知，在每一个机器周期内，地址锁存信号 ALE 出现二次有效信号，即两次高电平信号。第一次出现在 S1P2 和 S2P1 期间，第二次出现在 S4P2 和 S5P1 期间。

对于单周期指令，当操作码被送入指令寄存器时，便从 S1P2 开始执行指令，在 S6P2 结束时完成指令操作。

如果是单字节单周期指令，则在同一个周期的 S4P2 期间也读操作码，但所读的这个字节操作码被丢掉，程序计数器 PC 也不加 1。

如果是双字节单周期指令，则在 S4 期间读指令的第二个字节。

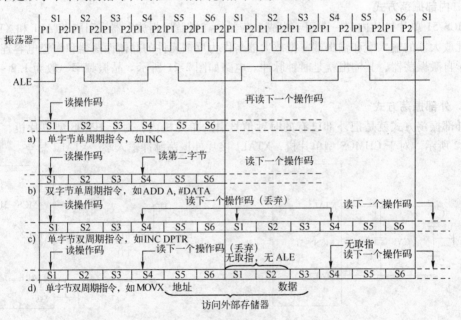

图 2-23　MCS-51 单片机的典型取指、执行时序

对于单字节双周期指令，一个机器周期内发生 4 次读操作码的操作，由于是单字节指令，后 3 次读操作都无效。但当是访问外部数据存储器指令（如 MOVX）时，时序有所不同。它也是单字节双周期指令，在第一个机器周期里有 2 次读指令操作，后一次无效，从 S5 开始送出外部数据存储器的地址，紧接着读或写数据，读写数据期间与 ALE 无关，ALE 不产生有效信号，所以第二个周期不产生取指令操作。

此外还应说明，时序图中只表示了取指令操作的有关时序，而没有说明执行指令的时序。实际上每条指令都有具体的数据操作，如算术和逻辑操作一般发生在 P1 期间，片内存储器之间的数据传送操作发生在 P2 期间。

2.6　复位

复位是单片机的初始化操作，它的主要功能是把机器恢复到起始状态。表 2-7 给出了 MCS-51 单片机的初始化状态。除单片机在开机时要复位外，在运行过程中，当由于程序出错或操作错误使系统死机时，也可以按复位键重新启动，使机器进入初始化状态。

表 2-7　MCS-51 单片机的初始化状态

特殊功能寄存器	复位状态	特殊功能寄存器	复位状态
A	00H	TMOD	00H
B	00H	TCON	00H
PSW	00H	TH0	00H
SP	07H	TL0	00H
DPL	00H	TH1	00H
DPH	00H	TL1	00H
P0 ~ P3	FFH	SBUF	×××××××B
IP	×××0000B	SCON	00H
IE	0××00000B	PCON	0×××××××B

要使单片机有效复位，则需要在单片机的 RST 引脚上产生并保持 24 个振荡脉冲周期（2 个机器周期）以上的高电平，即在 RST 引脚上输入脉宽超过 2 个机器周期的正脉冲复位信号。产生复位信号的电路叫复位电路。MCS-51 单片机通常采用上电自动复位、按键手动复位两种方式，如图 2-24 所示。

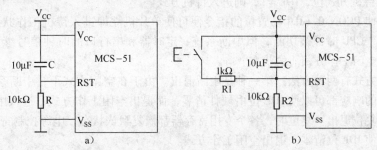

图 2-24　复位方式电路

图 2-24a 是常用的上电复位电路，利用电容器充电来实现复位。当加电时，电容 C 两端的压降不能突变。电阻 R 上产生高电位，RST 引脚为高电平，复位开始。当电容 C 充电到一定程度后，RST 的电位降到逻辑低电平，复位结束。可见复位的时间与充电的时间常数有关，充电时间越长复位时间越长，增大电容或电阻都可以增加复位时间。

图 2-24b 是按键式复位电路。它的上电复位功能与图 2-24a 相同，但它还可以通过按键实现复位。按下按键后，通过两个电阻形成分压，由于 R2 >> R1，故使 RST 端产生高电平。按键闭合的时间决定了复位的时间。

2.7　低功耗工作方式

MCS-51 单片机的 CHMOS 器件有两种低功耗方式：待机（休眠）方式和掉电保护方式。它们是由电源控制寄存器 PCON(97H) 中的 PD、IDL 两位来控制的，如图 2-25 所示。

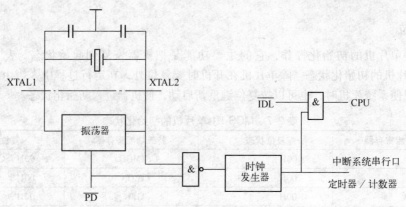

图 2-25   低功耗方式

PCON 控制寄存器的格式如下：

MSB							LSB
SMOD	—	—	—	GF0	GF1	PD	IDL

1）SMOD：波特率倍增位，在串行通信时使用。若使用定时器 T1 产生波特率且该位置 1 时，则在串行口工作于方式 1、2、3 时，波特率乘 2。

2）GF1：通用标志位。

3）GF0：通用标志位。

4）PD：掉电方式位，PD = 1，则进入掉电方式。

5）IDL：待机方式位，IDL = 1，则进入待机方式。

执行一条使 PCON.0（IDL）置位的指令便可使单片机立即进入待机工作状态，单片机进入待机方式时，CPU 时钟被切断，但中断系统、定时器和串行口的时钟信号继续保持，所有 SFR 保持进入空闲工作方式前的状态。

退出空闲方式有两种方法：第一种是中断退出。由于在空闲方式下，中断系统还在工作，所以任何中断的响应都可以使 IDL 位由硬件清零，而退出空闲工作方式，进入中断服务程序。第二种是硬件复位退出。复位时，各个专用寄存器都恢复默认状态，电源控制寄存器 PCON 也不例外，复位使 IDL 位清零，退出空闲工作方式。

执行一条使 PCON.1（PD）置位的指令便可使单片机立即进入掉电状态，此时振荡器停止工作，芯片的所有功能均停止，但片内 RAM 和 SFR 内容保持不变。掉电电压可以降到 V_{cc} = 2V。退出掉电方式的唯一方法是硬件复位。

2.8 C51 应用举例

1. 单片机控制 LED 指示灯闪烁

在 P1.0 输出一定频率的高低电平，驱动 LED 闪烁。

```
#include < reg51.h >              // 包含单片机寄存器的头文件
/****************************************
延时函数
****************************************/
void delay(void)                 // 两个 void 意思分别为无返回值,没有参数传递
{
  unsigned int i;                // 定义无符号整数 i,最大取值范围 65535
  for(i = 0;i < 20000;i + +)      // 做 20000 次空循环
```

```
        ;                              // 什么也不做,等待一个机器周期
}
/************************************************************
主函数(C语言规定必须有也只能有1个主函数)
*************************************************************/
void main(void)
{
  while(1)                            // 无限循环
   {
      P1 = 0xfe;                       // P1 = 1111 1110B, P1.0 输出低电平
      delay();                         // 延时一段时间
      P1 = 0xff;                       // P1 = 1111 1111B, P1.0 输出高电平
      delay();                         // 延时一段时间
   }
}
```

2. 用右移运算实现流水灯

P1 口连接 8 个 LED, 各 LED 的阳极连接在一起, 接高电平, 形成公共端。P1 口某个位输出低电平时, 对应的 LED 点亮。

```
#include < reg51.h >                   // 包含单片机寄存器的头文件
/*****************************
延时函数
*****************************/
void delay(void)
{
unsigned int n;                        // 定义无符号整型变量n,取值范围0～65535
  for(n = 0;n < 30000;n + +)
      ;
}
/*****************************
主函数
*****************************/
void main(void)
{
  unsigned char i;                     // 定义无符号字符类型变量i,取值范围0～255
  while(1)
    {
      P1 = 0xff;                        // LED 全部灭
      delay();
      for(i = 0;i < 8;i + +)            // 设置循环次数为8
       {
        P1 = P1 > >1;                   // 每次 P1 口的内容循环右移1位,高位补0
         delay();                       // 调用延时函数
       }
    }
}
```

习题

一、填空题

1. MCS-51 单片机有 4 个存储空间, 它们分别是: _____、_____、_____、_____。

2. MCS-51 单片机的一个机器周期包括_____个状态周期, _____个振荡周期。设外接

12MHz 晶振，则一个机器周期为_____ μs。

3. 程序状态字 PSW 主要起_____作用。

4. 在 8051 单片机内部，其 RAM 高端 128 个字节的地址空间称为_____区，但其中仅有_____个字节有实际意义。

5. 通常单片机上电复位时 PC = _____ H、SP = _____ H、通用寄存器采用第_____组，这一组寄存器的地址范围是_____ H。

二、简答题

1. MCS-51 单片机的引脚按照功能分为几类？分别说明。

2. 简述 MCS-51 单片机 00H-7FH 片内 RAM 的功能划分。

3. 请写出程序状态字 PSW 各位的意义。

4. 单片机的复位电路有哪些形式？试画图说明工作原理。

5. 根据图 2-12 所示电路，编写对应的 C51 程序。

第 3 章　MCS-51 单片机指令系统

MCS-51 单片机设有传送、算术运算、逻辑运算、控制转移、位操作共 5 类 111 条指令，用户可以通过立即寻址、寄存器寻址、寄存器间接寻址、直接寻址、变址寻址、相对寻址、位寻址 7 种寻址方式规定操作数。深入理解不同寻址方式的特点及功能，全面掌握各条指令的格式、功能及使用方法是灵活运用指令系统的关键。

3.1　MCS-51 单片机指令分类

所谓指令，是指规定单片机完成一个特定功能的命令。单片机可以执行的全部命令的集合叫指令系统。目前，单片机种类繁多、功能各异，不同种类的单片机，其指令系统也不相同。MCS-51 单片机指令系统有 111 条指令。按其空间特性、时间特性和功能特性分类如下。

1. 按指令所占的字节数可分为

1）单字节指令（49 条）

2）双字节指令（46 条）

3）三字节指令（16 条）

2. 按指令的执行时间可分为

1）单周期指令（65 条）

2）双周期指令（44 条）

3）四周期指令（2 条）

3. 按指令的功能可分为

1）数据传送类指令（29 条）

2）算术运算类指令（24 条）

3）逻辑运算类指令（24 条）

4）控制转移类指令（17 条）

5）位操作类指令（17 条）

3.2　MCS-51 单片机指令格式

MCS-51 单片机汇编语言指令包含 4 个区段。

> ［标号:］操作码助记符［目的操作数］[,源操作数］[;注释]

- 标号是一条指令的标志，是可选字段，与操作码之间用 ":" 隔开；设置标号的目的主要是为了方便调用或转移。
- 操作码规定指令的功能，是一条指令的必选字段，如果没有操作码，就不能成为指令。它与操作数之间用 "空格" 隔开。
- 操作数是指令操作的对象。分为目的操作数和源操作数两类，它们之间用 "," 分隔。操作数是可选字段。一条指令可以有 0、1、2、3 个操作数。
- 注释是对指令功能的说明解释。以 ";" 开始。

例如：

```
BL:ADD  A,#10H        ;将累加器 A 的内容与 10H 相加,结果存入累加器 A
```

BL 为标号，是这条指令的标志，其值是该条指令的首地址；ADD 为操作码，说明要进行加法运算；目的操作数为累加器 A，源操作数为 #10H；";"后面为注释部分。

标号是个特殊的符号，有如下规定：

- 标号由 1 ~ 8 个字母或数字组成，也可以使用一个下划线符号"_"。
- 第一个字符必须是字母。
- 指令助记符或系统中保留使用的字符串不能作为标号。
- 标号后面需要有一个冒号。
- 一条语句可以有标号，也可以没有标号。标号的有无取决于本程序中其他语句是否需要访问这条语句。

为清晰、准确地表述指令的格式及功能，下面对 MCS-51 单片机指令中常用的符号进行说明。

1）A（ACC）——累加器。

2）B——专用寄存器，用于乘法和除法指令中。

3）C——进位标志或进位位，或布尔处理机中的累加位（器）。

4）DPTR——数据指针寄存器，可用作 16 位地址寄存器。

5）Rn（n = 0 ~ 7）——当前寄存器组的 8 个工作寄存器 R0 ~ R7，由 PSW 中的 RS1、RS0 的值决定当前使用的寄存器组。

6）Ri（i = 0 或 1）——可用于间接寻址的两个寄存器 R0、R1。

7）#data——8 位立即数，即出现在指令中且直接参与操作的操作数。

8）#data16——16 位立即数。

9）rel——以补码形式表示的 8 位相对偏移量，范围为 - 128 ~ 127，主要用在相对寻址的指令中。

10）addr16 和 addr11——分别表示 16 位直接地址和 11 位直接地址。即存放操作数的存储器地址。

11）direct——表示内部数据存储器单元的地址或特殊功能寄存器 SFR 的地址，对 SFR 而言，既可使用它的物理地址，也可直接使用它的名字。

12）bit——表示内部 RAM 和 SFR 中的某些具有位寻址功能的位地址。SFR 中的位地址可以直接出现在指令中，为了阅读方便，往往也可用 SFR 的名字和所在的数位表示。如：表示 PSW 中的奇偶校验位，可写成 D0H，也可写成 PSW.0 的形式。

13）@ ——间接寻址中工作寄存器的前缀符号。

14）(X)——X 单元中的内容。

15）((X))——以 X 单元的内容为地址的存储器单元内容，即 (X) 作地址，该地址单元的内容用 ((X)) 表示。

16）$ —当前指令的首地址。

17）/——"/"表示对该位操作数取反，但不影响该位的原值。

18）→——"→"表示操作流程，将箭尾一方的内容送入箭头所指的另一方单元中。

19）若寄存器为源操作数，则表示寄存器中的内容；若寄存器为目的操作数，则表示寄存器本身。

3.3　MCS-51 单片机寻址方式

所谓寻址方式，通常是指寻找操作数的方法，或者说通过什么方式找到操作数。寻址方式是否灵活方便是衡量一个指令系统好坏的重要指标。MCS-51 单片机有立即寻址、寄存器寻址、寄存器间接寻址、直接寻址、变址寻址、相对寻址、位寻址七种寻址方式。

3.3.1　立即寻址

立即寻址方式是指操作数包括在指令中，紧跟在操作码的后面，作为指令的一部分与操作码一起存放在程序存储器中，可以立即得到并执行，不需要经过别的途径去寻找，故称为立即寻址。汇编指令中，在一个数的前面冠以 "#" 符号作为前缀，就表示该操作数为立即数。

【例 3-1】　立即寻址

```
MOV  A,#52H      ; A←52H,该指令的机器码为 74H 52H
MOV  DPTR,#5678H ; DPTR←5678H,该指令的机器码为 90H 56H 78H
```

指令执行过程如图 3-1 所示。

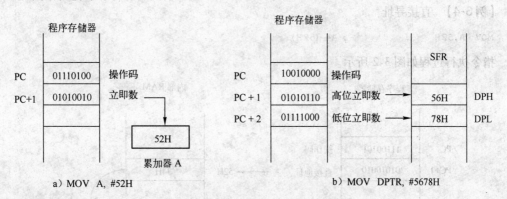

图 3-1　立即寻址示意图

注意：如果立即数的第一个字符为字母，在#后面必须加 0。如#0C3H。

3.3.2　寄存器寻址

在指令中指定寄存器的名字，寄存器的内容为操作数，此即寄存器寻址。

【例 3-2】　寄存器寻址

```
MOV  A,R0      ; A←R0
```

该指令的功能是把寄存器 R0 中的内容传送到累加器 A 中，如 R0 中的内容为 30H，则执行该指令后 A 的内容也为 30H。

可用于寄存器寻址的寄存器有：

1）四组工作寄存器 R0～R7 共 32 个，但每次只能使用当前寄存器组中的 8 个。

2）部分特殊功能寄存器 A、B、SP、DPTR 等。

3.3.3 寄存器间接寻址

在指令中指定寄存器的名字，寄存器的内容为操作数的存储器地址，此即寄存器间接寻址。寄存器间接寻址的标志为寄存器名字前加"@"符号。不同的存储空间要用不同的寄存器，规定如下：

- 片内 128B 间接用 Ri，即@R1，@R0
- 片外 64KB 间接用 DPTR，即@DPTR
- 片外低 256B 可用@DPTR 或@R1，@R0

注意：寄存器间接寻址方式不能用于对特殊功能寄存器 SFR 的寻址，堆栈操作（PUSH，POP）为隐含的 SP 间接寻址。

【例 3-3】 寄存器间接寻址

```
MOV  DPTR,#3456H        ; DPTR ←3456H
MOVX A,@DPTR            ; A ←((DPTR))
```

程序中是把 DPTR 寄存器的内容作为地址，从这个地址单元中取出内容传送给 A，假设（3456H）=99H，指令运行后 A = 99H。

3.3.4 直接寻址

在指令中直接给出操作数的存储器地址，操作数在存储器中。

【例 3-4】 直接寻址

```
MOV  A,52H             ; A←(52H)
```

指令执行过程如图 3-2 所示。

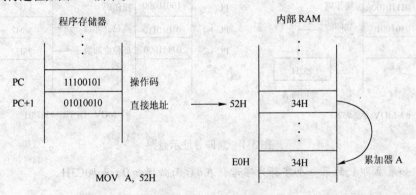

图 3-2 直接寻址示意图

指令中 52H 为操作数的存储器地址。该指令的功能是把片内 RAM 地址为 52H 单元的内容送到 A 中。该指令的机器码为 E5H 52H。

直接寻址可访问片内 RAM 的低 128 个单元（00H ~ 7FH），同时也是访问高 128 个单元的特殊功能寄存器 SFR 的唯一方法。由于 52 子系列的片内 RAM 有 256 个单元，其高 128 个单元与 SFR 的地址是重叠的。为了避免混乱，52 系列单片机规定：直接寻址指令不能访问片内 RAM 的高 128 个单元（80H ~ FFH），若要访问这些单元只能用寄存器间接寻址方式，而要访问 SFR 只能用直接寻址指令。另外，访问 SFR 可在指令中直接使用该寄存器的名字来代替地址，如 MOV A，80H，与 MOV A，P0 是等效的，因为 P0 口的地址为 80H。

注意： *如果直接地址第一个符号是字母时，需在其前面加"0"。如："0B0H"。*

3.3.5　变址寻址

基址寄存器加变址寄存器的间接寻址，简称变址寻址。

变址寻址是以数据指针寄存器 DPTR 或程序计数器 PC 作为基址寄存器，以累加器 A 作为变址寄存器，并以两者内容相加形成的 16 位地址作为操作数地址，读写操作数。变址寻址指令具有以下三个特点：

1）指令操作码内隐含有作为基地址寄存器用的数据指针寄存器 DPTR 或程序计数器 PC，其中 DPTR 或 PC 中应预先存放有操作数的相应基地址。

2）指令操作码内也含有累加器 A，累加器 A 中应预先存放被寻址操作数地址对基地址的偏移量，该偏移量应是一个 00H ~ 0FFH 范围内的无符号数。

3）在执行变址寻址指令时，单片机先把基地址和地址偏移量相加，以形成操作数的有效地址。

MCS-51 单片机共有三条变址指令：

```
MOVC  A, @A + PC        ; A←(A + PC)
MOVC  A, @A + DPTR      ; A←(A + DPTR)
JMP   @A + DPTR         ; PC←A + DPTR
```

前两条指令是查表指令，是在程序存储器中取操作数；第三条指令是要获得程序的跳转地址，实现程序的转移。

【例 3-5】　变址寻址

```
MOV   A, #22H
MOV   DPTR, #63A0H
MOVC  A, @A + DPTR      ; A←(A + DPTR)
```

指令执行过程如图 3-3 所示。

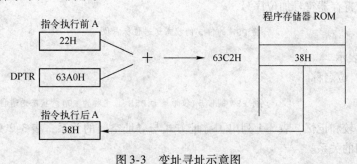

图 3-3　变址寻址示意图

3.3.6　相对寻址

相对寻址以程序计数器 PC 的当前值作为基地址，与指令中给出的相对偏移量 rel 进行相加，把所得之和作为程序的转移地址。在使用相对寻址时要注意以下两点：

1）当前 PC 值是指相对转移指令的存储地址加上该指令的字节数。如：JZ rel 是一条累加器 A 为零就转移的双字节指令。若该指令的存储地址为 2050H，则执行该指令时的当前 PC 值即为 2052H。即当前 PC 值是相对转移指令取指结束时的值。

2）偏移量 rel 是有符号的单字节数，以补码表示，其取值范围是 - 128 ~ + 127（00H ~

FFH）。负数表示从当前地址向地址小的方向转移，正数表示从当前地址向地址大的方向转移。所以，相对转移指令满足条件后，转移的目标地址为

目标地址 = 当前 PC 值 + rel = 指令存储地址 + 指令字节数 + rel

【例 3-6】 相对寻址

```
SJMP  08H                ; PC←PC + 2 + 08H
```

这是一条转移指令，设 PC 当前值 = 2000H，PC + 2 = 2002H。因此程序转向 PC + 2 + rel = 2000H + 2 + 08H = 200AH 单元。如图 3-4 所示。

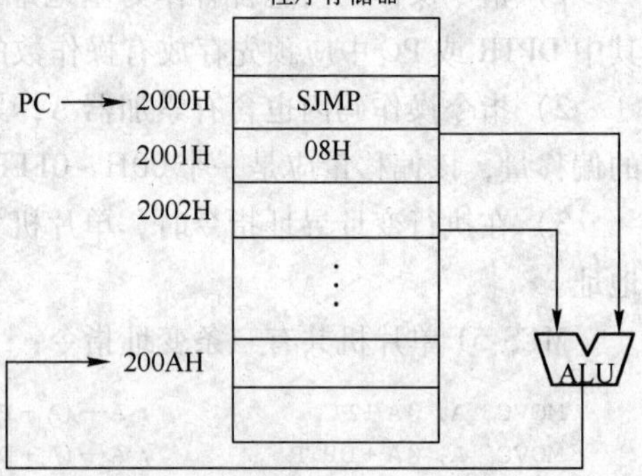

3.3.7　位寻址

位寻址是在位操作指令中直接给出位操作数的地址，可以对片内 RAM 中的（20H ~ 2FH）128 位（位地址：00H ~ 7FH）和特殊功能寄存器 SFR 中的一些寄存器中的位进行寻址。

为了使程序设计方便，MCS-51 指令系统为用户提供了多种位地址的表示方式，归纳为 4 种形式：

1）直接使用位地址

【例 3-7】 直接位地址

```
MOV  C,0D5H              ; 将 PSW 的位 5 (位地址为 D5H) 的状态送进位标志位
```

2）单元地址加位序号

【例 3-8】 单元地址加位序号

```
MOV  C,0D0H.5            ; 将 PSW (单元地址为 0D0H) 的位 5 (位地址为 D5H) 的状态送进位标志位
```

3）特殊功能寄存器符号加位序号

【例 3-9】 寄存器符号加位序号

```
MOV  C,PSW.5            ; 将 PSW 的位 5 的状态送进位标志位
```

4）位名称表示

【例 3-10】 位名称

```
MOV  C, F0              ; 将 PSW 的位 5 (位地址为 D5H、位名称为 F0) 的状态送进位标志位
```

图 3-4　相对寻址示意图

为了方便比较和记忆，表 3-1 列出了寻址方式与寻址空间的关系，表 3-2 列出了存储空间与寻址方式之间的关系。

表 3-1　寻址方式与寻址空间的关系

	寻址方式	利用的变量	寻址空间
1	立即寻址	#data	程序存储器
2	寄存器寻址	R0 ~ R7、A、B、DPTR	工作寄存器和部分 SFR
3	寄存器间接寻址	@R0、@R1、SP	片内 RAM 低 128B
		@R0、@R1、@DPTR	片外 RAM 或外部 I/O 口
4	直接寻址	direct	片内 RAM 低 128B 和 SFR
5	变址寻址	@A + PC、@A + DPTR	程序存储器
6	相对寻址	PC + 偏移量	程序存储器相对 PC 当前值的前 128 字节和后 127 字节
7	位寻址	bit	片内位寻址区和部分 SFR

表 3-2 存储空间与寻址方式的关系

内部 00H ~ 1FH 工作寄存器	寄存器寻址、直接寻址、间接寻址
内部 20H ~ 2FH 位空间	位寻址、直接寻址、间接寻址
内部 30H ~ 7FH 用户 RAM	直接寻址、间接寻址
内部 80H ~ FFH 特殊功能寄存器 SFR	直接寻址、位寻址（部分）
外部 RAM	间接寻址
外部 ROM 程序存储器	变址寻址、相对寻址

3.4 数据传送类指令

数据传送类指令有 29 条，是指令系统中使用最频繁的一类指令，几乎所有的应用程序都要用到这类指令。数据传送类指令的主要功能是把源操作数传送到目标地址。指令执行后，源操作数保持不变，目的操作数被源操作数替代。交换指令实现源操作数和目的操作数的交换。

数据传送类指令用到的助记符有：MOV，MOVX，MOVC，XCH，XCHD，PUSH，POP，SWAP。

- 一般格式：MOV ［目的操作数］，［源操作数］
- 一般功能：目的操作数←源操作数中的数据
- 源操作数可以是：A、Rn、direct、@Ri、#data
- 目的操作数可以是：A、Rn、direct、@Ri

数据传送指令一般不影响标志位，但堆栈操作可能会修改程序状态字 PSW。另外，如果目的操作数为 ACC，也将会影响奇偶标志 P。

1. 以累加器 A 为目的操作数的传送指令（4 条）

指令	功能	标志位				解释
		P	OV	AC	CY	
MOV A, direct	A←(direct)	√	×	×	×	直接地址单元中的内容送到累加器 A
MOV A, #data	A←#data	√	×	×	×	立即数送到累加器 A
MOV A, Rn	A←Rn	√	×	×	×	Rn 中的内容送到累加器 A
MOV A, @Ri	A←(Ri)	√	×	×	×	Ri 内容指向的地址单元中的内容送到累加器 A

这类指令的功能是把源操作数送到累加器 A。寻址方式有直接寻址、立即寻址、寄存器寻址和寄存器间接寻址。

【例 3-11】 设外部 RAM(2023H) = 0FH，执行以下程序段。

```
MOV  DPTR,#2023H      ; DPTR←2023H
MOVX A,@DPTR          ; A←(DPTR)
MOV  30H,A            ; (30H)←A
MOV  A,#00H           ; A←00H
MOVX @DPTR,A          ; (DPTR)←A
```

程序段执行后，DPTR = 2023H，（30H）= 0FH，A = 00H，（2023H）= 00H，表示把片外 RAM 2023H 单元的内容 0FH 送到内部 RAM 的 30H 单元，然后把外部 RAM 2023H 单元和累加器 A 清 0。

若采用 R0 和 R1 间接寻址，必须把高 8 位地址先送到 P2 口，上述程序段将改为

```
MOV  P2,#20H            ; P2←20H
MOV  R0,#23H            ; R0←23H
MOVX A,@R0              ; A←(2023H)
MOV  30H,A              ; (30H)←A
MOV  A,#00H             ; A←00H
MOVX @R0,A              ; (2023H)←A
```

2. 以寄存器 Rn 为目的操作数的传送指令（3 条）

指令	功能	标志位				解释
		P	OV	AC	CY	
MOV　Rn, direct	Rn←(direct)	×	×	×	×	直接地址单元中的内容送到寄存器 Rn
MOV　Rn, #data	Rn←#data	×	×	×	×	立即数送到寄存器 Rn
MOV　Rn, A	Rn←A	×	×	×	×	累加器 A 中的内容送到寄存器 Rn

这类指令的功能是把源操作数送到所选定的工作寄存器 Rn 中。寻址方式有直接寻址、立即寻址和寄存器寻址。

注意：没有 MOV　Rn, Rn；MOV　Rn, @Ri；MOV　@Ri, Rn 指令。

【例 3-12】 设内部 RAM(30H) = 40H，(40H) = 10H，(10H) = 00H，P1 = 0CAH，分析以下程序执行后，各单元、寄存器、P2 口的内容。

```
MOV  R0,#30H           ; R0←30H
MOV  A,@R0             ; A←(R0)
MOV  R1,A              ; R1←A
MOV  B,@R1             ; B←(R1)
MOV  @R1,P1            ; (R1)←P1
MOV  P2,P1             ; P2←P1
MOV  10H,#20H          ; (10H)←20H
```

执行上述指令后，R0 = 30H；R1 = A = 40H；B = 10H；(40H) = P1 = P2 = 0CAH；(10H) = 20H。

3. 以直接地址为目的操作数的传送指令（5 条）

指令	功能	标志位				解释
		P	OV	AC	CY	
MOV　direct, direct	direct←(direct)	×	×	×	×	直接地址单元中的内容送到直接地址单元
MOV　direct, #data	direct←#data	×	×	×	×	立即数送到直接地址单元
MOV　direct, A	direct←A	×	×	×	×	累加器 A 的内容送到直接地址单元
MOV　direct, Rn	direct←Rn	×	×	×	×	寄存器 Rn 的内容送到直接地址单元
MOV　direct, @Ri	direct←(Ri)	×	×	×	×	寄存器 Ri 中的内容指定的存储单元中的数据，送到直接地址单元

这组指令的功能是把源操作数送到由直接地址 direct 所选定的片内 RAM 中。有直接寻址、立即寻址、寄存器寻址和寄存器间接寻址 4 种方式。

【例 3-13】 直接地址传送

```
MOV  30H,A             ; 累加器 A 的内容送到地址为 30H 的存储器单元
MOV  50H,R0            ; R0 的内容送到地址为 50H 的存储器单元
```

4. 以间接地址为目的操作数的传送指令 (3 条)

指令	功能	标志位				解释
		P	OV	AC	CY	
MOV　@Ri，direct	(Ri)←(direct)	×	×	×	×	直接地址单元中的内容送到以 Ri 中的内容为地址的 RAM 单元
MOV　@Ri，#data	(Ri)←#data	×	×	×	×	立即数送到以 Ri 中的内容为地址的 RAM 单元
MOV　@Ri，A	(Ri)←A	×	×	×	×	累加器 A 中的内容送到以 Ri 中的内容为地址的 RAM 单元

　　这组指令的功能是把源操作数,送到以 Ri 中的内容为地址的片内 RAM 中。有直接寻址、立即寻址和寄存器寻址 3 种方式。

【例 3-14】　间接地址传送

```
MOV  @R0,A           ;累加器 A 的内容送到以 R0 的内容为地址的存储器单元
MOV  @R0,#66H        ;立即数送到以 R0 的内容为地址的存储器单元
```

5. 查表指令 (2 条)

指令	功能	标志位				解释
		P	OV	AC	CY	
MOVC　A，@A+DPTR	A←(A+DPTR)	√	×	×	×	DPTR 的内容加上 A 的内容,作为存储器地址,将该地址单元中的内容送到累加器 A
MOVC　A，@A+PC	PC←(PC)+1 A←(A+PC)	√	×	×	×	PC 的内容加上 1,再加上 A 的内容作为存储器地址,将该地址单元中的内容送到累加器 A

　　这组指令是对存放于程序存储器中的数据表格进行查找传送,用于变址寻址方式。

【例 3-15】　编一查表程序将内部 RAM40H 单元内的数 (0~9) 的平方存入内部 RAM50H 单元。

　　先作一个 0~9 的平方表,存入 TAB 中。然后用查表指令实现上述功能。

```
MOV  A,40H            ;40H 单元的数送到 A
MOV  DPTR,#TAB        ;DPTR 指向表头
MOVC A,@A+DPTR        ;查表
MOV  50H,A            ;查表得到的平方值存入 50H
SJMP $               ;循环等待
TAB: DB 0,1,4,9,……81
```

6. 累加器 A 与片外数据存储器的传送指令 (4 条)

指令	功能	标志位				解释
		P	OV	AC	CY	
MOVX　@DPTR，A	(DPTR)←A	√	×	×	×	累加器 A 中的内容送到数据指针指向的片外 RAM 地址中
MOVX　A，@DPTR	A←(DPTR)	√	×	×	×	数据指针指向的片外 RAM 地址中的内容送到累加器 A

（续）

指令	功能	标志位				解释
		P	OV	AC	CY	
MOVX A, @Ri	A←(Ri)	√	×	×	×	寄存器 Ri 指向的片外 RAM 地址中的内容送到累加器 A
MOVX @Ri, A	(Ri)←A	√	×	×	×	累加器 A 中的内容送到寄存器 Ri 指向的片外 RAM 地址

这 4 条指令的功能是实现累加器 A 与片外 RAM 间的数据传送。用于寄存器间接寻址。当用 @Ri 寻址时地址高 8 位为 P2 当前值。

【例 3-16】 外部数据存储器传送

```
MOVX  @R0,A        ;累加器 A 的内容送到以 R0 的内容为地址的存储器单元
MOVX  @DPTR,A      ;累加器 A 的内容送到以 DPTR 的内容为地址的存储器单元
```

7. 堆栈操作类指令（两条）

指令	功能	标志位				解释
		P	OV	AC	CY	
PUSH direct	SP←SP+1, SP←(direct)	×	×	×	×	堆栈指针首先加 1，直接寻址单元中的数据送到堆栈指针 SP 所指的单元
POP direct	direct←(SP), SP←SP−1	×	×	×	×	堆栈指针 SP 所指的单元数据送到直接寻址单元中，堆栈指针 SP 减 1

堆栈操作有进栈和出栈，即压入和弹出，常用于保存或恢复现场。进栈指令用于保存片内 RAM 单元（低 128 字节）或特殊功能寄存器 SFR 的内容；出栈指令用于恢复片内 RAM 单元（低 128 字节）或特殊功能寄存器 SFR 的内容。**需要指出的是**，单片机开机或复位后，SP 的默认值为 07H，但一般都需要重新赋值。**需要注意**，对于累加器来说，在堆栈指令中只能用 ACC，不能用 A，属于直接寻址。

【例 3-17】 进入中断服务程序时，常把程序状态寄存器 PSW、累加器 A、数据指针 DPTR 进栈保护。设 SP 的初值为 60H，则程序段为

```
MOV  SP,#60H
PUSH PSW
PUSH ACC
PUSH DPL
PUSH DPH
```

执行后，SP 内容修改为 64H，而 61H、62H、63H、64H 单元中依次存入 PSW、A、DPL、DPH 的内容。在中断服务程序结束之前，用下列程序段恢复数据。

```
POP  DPH
POP  DPL
POP  ACC
POP  PSW
```

指令执行之后，SP 内容修改为 60H，而 64H、63H、62、61H 单元的内容依次弹出到 DPH、DPL、A、PSW 中。保护数据时，进栈、出栈的次序一定要符合"先进后出"的原则。

8. 交换指令 (5 条)

指令	功能	标志位				解释
		P	OV	AC	CY	
XCH A, Rn	A←→Rn	√	×	×	×	累加器的内容与工作寄存器 Rn 的内容互换
XCH A, @Ri	A←→(Ri)	√	×	×	×	累加器的内容与工作寄存器 Ri 所指的存储单元中的内容互换
XCH A, direct	A←→(direct)	√	×	×	×	累加器的内容与直接地址单元中的内容互换
XCHD A, @Ri	$A_{3\sim0}$←→$(Ri)_{3\sim0}$	√	×	×	×	累加器中的低半字节内容与工作寄存器 Ri 所指的存储单元中的内容低半字节互换
SWAP A	$A_{3\sim0}$←→$A_{7\sim4}$	×	×	×	×	累加器中的内容高低半字节互换

【例 3-18】 设 R0 = 30H, A = 65H, (30H) = 8FH。
执行指令:

```
XCH  A, @R0          ; R0 =30H,A =8FH,(30H) =65H
XCHD A, @R0          ; R0 =30H,A =85H,(30H) =6FH
SWAP A               ; A =58H
```

9. 16 位数据传送指令 (1 条)

指令	功能	标志位				解释
		P	OV	AC	CY	
MOV DPTR, #data16	DPH←#dataH, DPL←#dataL	×	×	×	×	16 位常数的高 8 位送到 DPH, 低 8 位送到 DPL

这条指令的功能是把 16 位常数送入数据指针寄存器 DPTR。这也是唯一的一条 16 位数据传送指令。

【例 3-19】 将片内 RAM30H 单元与 40H 单元中的内容互换。
方法 1 (直接地址传送法):

```
MOV  31H,30H
MOV  30H,40H
MOV  40H,31H
SJMP $
```

方法 2 (间接地址传送法):

```
MOV  R0,#40H
MOV  R1,#30H
MOV  A,@R0
MOV  B,@R1
MOV  @R1,A
MOV  @R0,B
SJMP $
```

方法 3 (字节交换传送法):

```
MOV  A,30H
```

```
XCH   A,40H
MOV   30H,A
SJMP  $
```

方法 4（堆栈传送法）：

```
PUSH  30H
PUSH  40H
POP   30H
POP   40H
SJMP  $
```

3.5　算术运算类指令

算术运算指令共有 24 条，主要是执行加、减、乘、除四则运算。另外 MCS-51 指令系统中还有加 1、减 1 操作及 BCD 码的运算调整。虽然 MCS-51 单片机的算术逻辑单元 ALU 仅能对 8 位无符号整数进行运算，但利用进位标志 C，就可进行多字节无符号整数的运算。利用溢出标志，还可以对带符号数进行补码运算。需要指出的是，除加 1、减 1 指令外，这类指令一般都会对 PSW 有影响。

1. 加法指令（4 条）

指令	功能	标志位				解释
		P	OV	AC	CY	
ADD　A, #data	A←A + #data	√	√	√	√	累加器 A 中的内容与立即数#data 相加,结果存在 A 中
ADD　A, direct	A←A + (direct)	√	√	√	√	累加器 A 中的内容与直接地址单元中的内容相加，结果存在 A 中
ADD　A, Rn	A←A + Rn	√	√	√	√	累加器 A 中的内容与工作寄存器 Rn 中的内容相加，结果存在 A 中
ADD　A, @Ri	A←A + (Ri)	√	√	√	√	累加器 A 中的内容与工作寄存器 Ri 所指向地址单元中的内容相加，结果存在 A 中

这 4 条指令的功能是把立即数，直接地址、工作寄存器及间接地址内容与累加器 A 中的内容相加，运算结果存在 A 中。

各标志位的形成方法：如果 D7 位有进位输出，则置位进位标志 CY，否则清 CY；如果位 D3 有进位输出，则置位半进位标志 AC，否则清 AC；如果 D6 位有进位输出而 D7 位没有，或者 D7 位有进位输出而 D6 位没有，则置位溢出标志 OV，否则清 OV，即 $OV = C_7 \oplus C_6$。若累加器 A 中 1 的个数为奇数，则 P = 1，否则，P = 0。

【例 3-20】　设 A = 85H，R1 = 30H，(30H) = 0AFH，执行指令

```
ADD   A,@R1
      1000 0101
+     1010 1111
   1  0011 0100
```

执行结果为 A = 34H，CY = 1，AC = 1，OV = 1，P = 1。

对于加法，溢出只能发生在两个加数符号相同的情况。在进行带符号数的加法运算时，溢出标志 OV = 1 表示有溢出发生，即和大于 + 127 或小于 – 128。

2. 带进位加法指令（4 条）

指令	功能	标志位				解释
		P	OV	AC	CY	
ADDC　A，direct	A←A + (direct) + CY	√	√	√	√	累加器 A 中的内容与直接地址单元的内容连同进位位相加，结果存在 A 中
ADDC　A，#data	A←A + #data + CY	√	√	√	√	累加器 A 中的内容与立即数连同进位位相加，结果存在 A 中
ADDC　A，Rn	A←A + Rn + CY	√	√	√	√	累加器 A 中的内容与工作寄存器 Rn 中的内容连同进位位相加，结果存在 A 中
ADDC　A，@Ri	A←A + (Ri) + CY	√	√	√	√	累加器 A 中的内容与工作寄存器 Ri 指向的地址单元中的内容连同进位位相加，结果存在 A 中

3. 带借位减法指令（4 条）

指令	功能	标志位				解释
		P	OV	AC	CY	
SUBB　A，direct	A←A − (direct) − CY	√	√	√	√	累加器 A 中的内容减去直接地址单元中的内容再减借位位，结果存在 A 中
SUBB　A，#data	A←A − #data − CY	√	√	√	√	累加器 A 中的内容减立即数再减借位位，结果存在 A 中
SUBB　A，Rn	A←A − Rn − CY	√	√	√	√	累加器 A 中的内容减工作寄存器中的内容再减借位位，结果存在 A 中
SUBB　A，@Ri	A←A − (Ri) − CY	√	√	√	√	累加器 A 中的内容减工作寄存器 Ri 指向的地址单元中的内容再减借位位，结果存在 A 中

在进行减法运算中，CY = 1 表示有借位，CY = 0 则无借位。在带符号数相减时，OV = 1 表明从一个正数减去一个负数结果为负数，或者从一个负数中减去一个正数结果为正数的错误情况。如果是无符号数的运算，OV 标志无意义。在进行减法运算前，如果不知道借位标志位 C 的状态，则应先对 CY 进行清零操作。8051 单片机没有不带借位的减法指令，如果要进行不带借位减法，只需把 CY 先清零即可。

【例 3-21】　设 A = 0C9H，R3 = 54H，CY = 1，执行指令

```
SUBB  A,R3
      1100 1001
-     0000 0001
      1100 1000
-     0101 0100
      0111 0100
```

结果：A = 74H，CY = 0，AC = 0，OV = 1，P = 0。

4. 乘法指令（1 条）

指令	功能	标志位				解释
		P	OV	AC	CY	
MUL　AB	BA←A × B	√	√	×	√	累加器 A 中的内容与寄存器 B 中的内容相乘，乘积低 8 位存在 A、高 8 位存在 B

在乘法运算时，如果 OV = 1，说明乘积大于 0FFH，否则 OV = 0，但进位标志位 CY 总是等于 0。

【例 3-22】 若 A = 80H = 128，B = 32H = 50，执行指令

```
MUL AB
```

结果：B = 19H，A = 00H，OV = 1，CY = 0。

5. 除法指令（1 条）

指令	功能	标志位				解释
		P	OV	AC	CY	
DIV AB	A←(A)÷(B) 的商 B←(A)÷(B) 的余数	√	√	×	√	累加器 A 中的内容除以寄存器 B 中的内容，所得到的商存入 A，余数存入 B 中

除法运算总是使进位标志位 CY 等于 0。如果 OV = 1，表明寄存器 B 中的内容为 00H，那么执行结果为不确定值，表示除法有溢出。

【例 3-23】 设 A = 0BFH，B = 32H，执行指令

```
DIV AB
```

结果：A = 03H，B = 29H，CY = 0，OV = 0。

6. 加 1 指令（5 条）

指令	功能	标志位				解释
		P	OV	AC	CY	
INC A	A←A + 1	×	×	×	×	累加器 A 中的内容加 1，结果存在 A 中
INC direct	direct←(direct) + 1	×	×	×	×	直接地址单元中的内容加 1，结果送回原地址单元
INC @Ri	(Ri)←(Ri) + 1	×	×	×	×	寄存器的内容指向的地址单元中的内容加 1，结果送回原地址单元中
INC Rn	Rn←Rn + 1	×	×	×	×	寄存器 Rn 的内容加 1，结果送回原地址单元中
INC DPTR	DPTR←DPTR + 1	×	×	×	×	数据指针的内容加 1，结果送回数据指针中

在 INC direct 指令中，如果直接地址是 I/O 口，其功能是先读入 I/O 锁存器的内容，然后在 CPU 内部进行加 1 操作，再将结果输出到 I/O 口中，这就是"读 - 修改 - 写"操作。加 1 指令不影响标志。如果原寄存器的内容为 FFH，执行加 1 后，结果就会是 00H。但不会影响标志。

7. 减 1 指令（4 条）

指令	功能	标志位				解释
		P	OV	AC	CY	
DEC A	A←A - 1	×	×	×	×	累加器 A 中的内容减 1，结果送回累加器 A 中
DEC direct	direct←(direct) - 1	×	×	×	×	直接地址单元中的内容减 1，结果送回直接地址单元中
DEC @Ri	(Ri)←(Ri) - 1	×	×	×	×	寄存器 Ri 指向的地址单元中的内容减 1，结果送回原地址单元中
DEC Rn	Rn←Rn - 1	×	×	×	×	寄存器 Rn 中的内容减 1，结果送回寄存器 Rn 中

减 1 操作也不影响标志。若原寄存器的内容为 00H，减 1 后为 FFH，运算结果不影响任何标志位。当直接地址是 I/O 口时，也实现 "读 – 修改 – 写" 操作。

8. 十进制调整指令（1 条）

指令	标志位				解释
	P	OV	AC	CY	
DA　A	√	√	√	√	对累加器 A 中的 BCD 码运算结果进行调整

在进行 BCD 码运算时，这条指令总是跟在 ADD 或 ADDC 指令之后，其功能是对执行加法运算后存于累加器 A 中的结果进行调整。**需注意的是**，只能用于加法运算。

该指令执行时，机器会进行判断，若 A 中的低 4 位大于 9 或辅助标志位为 1，则低 4 位做加 6 操作；同样，若 A 中的高 4 位大于 9 或进位标志为 1，则高 4 位加 6。

【例 3-24】　有两个 BCD 数 36 与 45 相加，结果应为 BCD 码 81，程序如下：

```
MOV  A,#36H
ADD  A,#45H
DA   A
```

加法指令执行后得结果 7BH；第三条指令对累加器 A 中的内容进行十进制调整，低 4 位（为 0BH）大于 9，因此要加 6，最后得到调整的 BCD 码为 81。

3.6　逻辑运算类指令

逻辑运算指令共有 24 条，有 "与"、"或"、"异或"、求反、左移位、右移位、清 0 等逻辑操作，有直接寻址、寄存器寻址和寄存器间址寻址。这类指令一般不影响程序状态字（PSW）标志。

1. 清零指令（1 条）

指令	功能	标志位				解释
		P	OV	AC	CY	
CLR　A	A←0	√	×	×	×	累加器 A 中的内容清 0

2. 求反指令（1 条）

指令	功能	标志位				解释
		P	OV	AC	CY	
CPL　A	A←$\overline{A}$	×	×	×	×	累加器 A 中的内容按位取反

3. 循环移位指令（4 条）

指令	标志位				解释
	P	OV	AC	CY	
RL　A	√	×	×	×	累加器 A 中的内容左移一位
RR　A	√	×	×	×	累加器 A 中的内容右移一位
RLC　A	√	×	×	√	累加器 A 中的内容连同进位位左移一位
RRC　A	√	×	×	√	累加器 A 中的内容连同进位位右移一位

- RL　A　;累加器A中的内容左移一位

```
┌──────────────────────────────────────┐
│ A7◄─A6◄─A5◄─A4◄─A3◄─A2◄─A1◄─A0 │◄─┘
└──────────────────────────────────────┘
```

- RR　A　;累加器A中的内容右移一位

```
┌─► A7 ─► A6 ─► A5 ─► A4 ─► A3 ─► A2 ─► A1 ─► A0 ┐
└──────────────────────────────────────────────┘
```

- RLC　A　;累加器A中的内容连同进位位CY左移一位

```
┌───┐   ┌──────────────────────────────────────┐
│CY │◄─ │ A7◄─A6◄─A5◄─A4◄─A3◄─A2◄─A1◄─A0 │◄─
└───┘   └──────────────────────────────────────┘
```

- RRC　A　;累加器A中的内容连同进位位CY右移一位

```
┌───┐   ┌──────────────────────────────────────┐
│CY │◄─ │ A7─►A6─►A5─►A4─►A3─►A2─►A1─►A0 │
└───┘   └──────────────────────────────────────┘
```

【例3-25】

```
MOV  A,#04H              ;A=04
RL   A                   ;A=08
RR   A                   ;A=04
```

逻辑左移一位相当于乘2,逻辑右移一位相当于除2。

4. 逻辑"与"操作指令(6条)

指令	功能	标志位				解释
		P	OV	AC	CY	
ANL　A, direct	A←A∧(direct)	√	×	×	×	累加器A中的内容和直接地址单元中的内容执行"与"逻辑操作,结果存在累加器A中
ANL　A, #data	A←A∧#data	√	×	×	×	累加器A的内容和立即数执行"与"操作,结果存在累加器A中
ANL　A, Rn	A←A∧Rn	√	×	×	×	累加器A的内容和寄存器Rn中的内容执行"与"逻辑操作,结果存在累加器A中
ANL　A, @Ri	A←A∧(Ri)	√	×	×	×	累加器A的内容和工作寄存器Ri指向的地址单元的内容执行"与"操作,结果存在累加器A中
ANL　direct, A	direct←(direct)∧A	×	×	×	×	直接地址单元中的内容和累加器A的内容执行"与"逻辑操作,结果存在直接地址单元中
ANL　direct, #data	direct←(direct)∧#data	×	×	×	×	直接地址单元中的内容和立即数执行"与"逻辑操作,结果存在直接地址单元中

这组指令是将两个单元中的内容按位执行逻辑"与"操作。如果直接地址是I/O地址,则

为"读 - 修改 - 写"操作。逻辑操作都是位操作。

5. 逻辑"或"操作指令（6 条）

指令	功能	标志位				解释
		P	OV	AC	CY	
ORL　A, direct	A←A∨(direct)	√	×	×	×	累加器 A 中的内容和直接地址单元中的内容执行逻辑"或"操作，结果存在累加器 A 中
ORL　A, #data	A←A∨#data	√	×	×	×	累加器 A 的内容和立即数执行逻辑"或"操作，结果存在累加器 A 中
ORL　A, Rn	A←A∨Rn	√	×	×	×	累加器 A 的内容和寄存器 Rn 的内容执行逻辑"或"操作，结果存在累加器 A 中
ORL　A, @Ri	A←A∨(Ri)	√	×	×	×	累加器 A 的内容和工作寄存器 Ri 指向的地址单元中的内容执行逻辑"或"操作，结果存在累加器 A 中
ORL　direct, A	direct←(direct)∨A	×	×	×	×	直接地址单元中的内容和累加器 A 的内容执行逻辑"或"操作，结果存在直接地址单元中
ORL　direct, #data	direct←(direct)∨#data	×	×	×	×	直接地址单元中的内容和立即数执行逻辑"或"操作，结果存在直接地址单元中

这组指令是将两个操作数执行逻辑"或"操作。如果直接地址是 I/O 地址，则为"读 - 修改 - 写"操作。

6. 逻辑"异或"操作指令（6 条）

指令	功能	标志位				解释
		P	OV	AC	CY	
XRL　A, direct	A←A⊕(direct)	√	×	×	×	累加器 A 中的内容和直接地址单元中的内容执行逻辑"异或"操作，结果存在寄存器 A 中
XRL　A, @Ri	A←A⊕(Ri)	√	×	×	×	累加器 A 的内容和工作寄存器 Ri 指向的地址单元中的内容执行逻辑"异或"操作，结果存在累加器 A 中
XRL　A, #data	A←A⊕#data	√	×	×	×	累加器 A 的内容和立即数执行逻辑"异或"操作，结果存在累加器 A 中
XRL　A, Rn	A←A⊕Rn	√	×	×	×	累加器 A 的内容和寄存器 Rn 中的内容执行逻辑"异或"操作，结果存在累加器 A 中
XRL　direct, A	direct←(direct)⊕A	×	×	×	×	直接地址单元中的内容和累加器 A 的内容执行逻辑"异或"操作，结果存在直接地址单元中
XRL　direct, #data	direct←(direct)⊕#data	×	×	×	×	直接地址单元中的内容和立即数执行逻辑"异或"操作，结果存在直接地址单元中

如果直接地址是 I/O 地址，则为"读－修改－写"操作。

【例 3-26】　如图 3-5 所示的组合逻辑电路，试编写一程序模拟其功能。设输入信号放在 X、Y、Z 单元中，输出信号放在 F 单元。

参考程序如下：

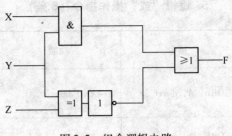

图 3-5　组合逻辑电路

```
MOV   A,X          ; A ← (X)
ANL   A,Y          ; A ← A∧(Y)
MOV   R1,A         ; A 内容暂存
MOV   A,Y          ; A ← (Y)
XRL   A,Z          ; A ← (Y)⊕(Z)
CPL   A            ; A ← (Y)⊕(Z)
ORL   A,R1         ; 得到输出 F
MOV   F,A          ; 存输出
SJMP  $
```

3.7　控制转移类指令

控制转移指令用于控制程序的走向，共 17 条。MCS-51 系列单片机的控制转移指令比较丰富，有可以对 64KB 程序空间地址单元进行访问的长调用、长转移指令，也有可对 2KB 字节进行访问的绝对调用和绝对转移指令，还有短相对转移及无条件转移指令，这些指令的执行一般都不会影响标志位。

1. 无条件转移指令（4 条）

指令	功能	标志位				解释
		P	OV	AC	CY	
LJMP addr16 长转移	PC←PC+3 PC←addr16	×	×	×	×	给程序计数器赋予新值（16 位地址）
AJMP addr11 绝对转移	PC←PC+2 PC$_{10-0}$←addr11	×	×	×	×	给程序计数器赋予新值（11 位地址），（PC$_{15-11}$）不改变
SJMP rel 短转移	PC←PC+2+rel	×	×	×	×	程序计数器先加上 2 再加上偏移量，赋予程序计数器
JMP @A+DPTR 间接转移	PC←A+DPTR	×	×	×	×	累加器的值加上数据指针的值，赋予程序计数器

这组指令执行完后，程序就会无条件转移到指令所指向的目标地址。长转移指令访问的程序存储器空间为 16 位地址，因此，可以实现 64KB 内的转移。绝对转移指令访问的程序存储器空间为 11 位地址，只能实现 2KB 范围内的转移。短转移的范围为 PC 当前值 +127 ~ PC 当前值 −128。间接转移的范围为 64KB。

2. 条件转移指令（8 条）

指令	功能	标志位				解释
		P	OV	AC	CY	
JZ rel	若 A=0， PC←PC+2+rel	×	×	×	×	若累加器中的内容为 0，则转移到偏移量所指向的地址，否则程序顺序执行

（续）

指令	功能	标志位				解释
		P	OV	AC	CY	
JNZ　rel	若 A≠0， PC←PC+2+rel	×	×	×	×	若累加器中的内容不为 0，则转移到偏移量所指向的地址，否则程序顺序执行
CJNE　A，direct，rel	若 A≠（direct）， PC←PC+3+rel	×	×	×	√	若累加器中的内容不等于直接地址单元的内容，则转移到偏移量所指向的地址，否则程序顺序执行
CJNE　A，#data，rel	若 A≠#data， PC←PC+3+rel	×	×	×	√	若累加器中的内容不等于立即数，则转移到偏移量所指向的地址，否则程序顺序执行
CJNE　Rn，#data，rel	若 Rn≠#data， PC←PC+3+rel	×	×	×	√	若工作寄存器 Rn 中的内容不等于立即数，则转移到偏移量所指向的地址，否则程序顺序执行
CJNE　@Ri，#data，rel	若（Ri）≠#data， PC←PC+3+rel	×	×	×	√	若工作寄存器 Ri 指向地址单元中的内容不等于立即数，则转移到偏移量所指向的地址，否则程序顺序执行
DJNZ　Rn，rel	Rn←Rn−1， 若 Rn≠0， PC←PC+2+rel	×	×	×	×	若工作寄存器 Rn 中的内容减 1 不等于 0，则转移到偏移量所指向的地址，否则程序顺序执行
DJNZ　direct，rel	direct←（direct）−1， 若（direct）≠0， PC←PC+3+rel	×	×	×	×	若直接地址单元中的内容减 1 不等于 0，则转移到偏移量所指向的地址，否则程序顺序执行

　　比较转移指令 CJNE 是 MCS-51 指令系统中仅有的 4 条 3 个操作数的指令。在程序设计中非常有用。指令执行时，第一操作数与第二操作数进行比较，若两数相等，不转移，CY=0；若第一操作数大于第二操作数，转移，CY=0；若第一操作数小于第二操作数，转移，CY=1。因此，通过检查 CY 的状态，也可判断两数的大小。

　　【例3-27】　将外部数据存储器 RAM 中地址单元在 256 字节范围内的一个数据块传送到内部数据 RAM 中，两者的首地址分别为 DATA1 和 DATA2，遇到传送的数据为 0 时停止。

　　解：外部 RAM 向内部 RAM 的数据传送一定要借助于累加器 A，利用累加器判零转移指令正好可以判别是否要继续传送或者终止。

　　参考程序如下：

```
      MOV   R0,#DATA1     ; 外部数据块首地址
      MOV   R1,#DATA2     ; 内部数据块首地址
LOOP: MOVX  A,@R0         ; 外部数据送给 A
HERE: JZ    HERE          ; 为 0 则终止
      MOV   @R1,A         ; 不为 0,传送到内部 RAM
      INC   R0            ; 修改地址指针
      INC   R1
      SJMP  LOOP          ; 继续循环
```

3. 子程序调用指令（4条）

指令	功能	标志位				解释
		P	OV	AC	CY	
LCALL addr16	$PC \leftarrow PC+3$, $SP \leftarrow SP+1$, $(SP) \leftarrow PC_{7\sim0}$, $SP \leftarrow SP+1$, $(SP) \leftarrow PC_{15\sim8}$, $PC \leftarrow addr16$	×	×	×	×	长调用指令，可在64KB空间调用子程序。先保护PC当前值，然后转移到目标地址
ACALL addr11	$PC \leftarrow PC+2$, $SP \leftarrow SP+1$, $(SP) \leftarrow PC_{7\sim0}$, $SP \leftarrow SP+1$, $(SP) \leftarrow PC_{15\sim8}$, $PC_{10\sim0} \leftarrow addr11$	×	×	×	×	绝对调用指令，可在2KB空间调用子程序
RET	$PC_{15\sim8} \leftarrow (SP)$, $SP \leftarrow SP-1$, $PC_{7\sim0} \leftarrow (SP)$, $SP \leftarrow SP-1$	×	×	×	×	子程序返回指令，从栈顶取得返回地址
RETI	$PC_{15\sim8} \leftarrow (SP)$, $SP \leftarrow SP-1$, $PC_{7\sim0} \leftarrow (SP)$, $SP \leftarrow SP-1$	×	×	×	×	中断返回指令，除具有RET功能外，还具有恢复中断逻辑的功能，RETI与RET不能互相替代

需要反复执行的一些程序段，在编程时一般都把它们编写成子程序。当需要用它们时，就用一个调用指令使程序按调用的地址去执行，这就需要子程序的调用指令和返回指令。

4. 空操作指令（1条）

指令格式：NOP

这条指令除了使PC加1，消耗一个机器周期外，不执行任何操作。常用于短时间的延时，以匹配时序。

3.8　位操作类指令

布尔变量即开关变量是以位（bit）为单位进行操作的，所以也叫位操作。位操作是MCS-51系列单片机的一个重要特征，共17条。在物理结构上，MCS-51单片机有一个布尔处理器，它以进位标志作为累加器，以内部RAM可寻址的128个位及部分SFR为操作对象。

1. 位传送指令（两条）

指令	功能	标志位				解释
		P	OV	AC	CY	
MOV C, bit	$CY \leftarrow bit$	×	×	×	×	位操作数送CY
MOV bit, C	$bit \leftarrow CY$	×	×	×	×	CY送某位

位传送指令是可寻址位与累加位CY之间的传送。

2. 置位复位指令（4条）

指令	功能	标志位				解释
		P	OV	AC	CY	
CLR C	$CY \leftarrow 0$	×	×	×	√	清CY
CLR bit	$bit \leftarrow 0$	×	×	×	×	清位
SETB C	$CY \leftarrow 1$	×	×	×	√	置位CY
SETB bit	$bit \leftarrow 1$	×	×	×	×	置位

3. 位运算指令（6 条）

指令	功能	标志位				解释
		P	OV	AC	CY	
ANL C, bit	CY←CY∧bit	×	×	×	√	CY 和指定位的"与"，结果存入 CY
ANL C, /bit	CY←CY∧$\overline{bit}$	×	×	×	√	指定位求反后和 CY"与"，结果存入 CY
ORL C, bit	CY←CY∨bit	×	×	×	√	CY 和指定位的"或"，结果存入 CY
ORL C, /bit	CY←CY∨$\overline{bit}$	×	×	×	√	指定位求反后和 CY"或"，结果存入 CY
CPL C	CY←$\overline{CY}$	×	×	×	√	CY 求反后结果送 CY
CPL bit	bit←$\overline{bit}$	×	×	×	×	指定位求反后结果送指定位

4. 位控制转移指令（5 条）

指令	标志位				解释
	P	OV	AC	CY	
JC rel	×	×	×	×	若 CY = 1，则转移，PC←PC + 2 + rel，否则程序顺序执行，PC←PC + 2
JNC rel	×	×	×	×	若 CY = 0，转移，PC←PC + 2 + rel，否则程序顺序执行，PC←PC + 2
JB bit, rel	×	×	×	×	若 bit = 1，转移，PC←PC + 3 + rel，否则程序顺序执行，PC←PC3
JNB bit, rel	×	×	×	×	若 bit = 0，转移，PC←PC + 3 + rel，否则程序顺序执行，PC←PC3
JBC bit, rel	×	×	×	×	若 bit = 1，转移，PC←PC + 3 + rel，并清零该位，即 bit = 0；否则程序顺序执行，PC←PC + 3

【例 3-28】 完成（Z）=（X）⊕（Y）异或运算，其中：X、Y、Z 表示位地址。

异或运算可表示为（Z）=（X）(/Y) +（/X)(Y)，参考程序如下：

```
MOV  C,X              ; CY←(X)
ANL  C,/Y             ; CY←(X)∧(Y̅)
MOV  Z,C              ; 暂存 Z 中
MOV  C,Y              ; CY←(Y)
ANL  C,/X             ; CY←(Y)∧(X̅)
ORL  C,Z              ; CY←(X)∧(X̅) + (X)∧(Y̅)
MOV  Z,C              ; 保存异或结果
SJMP $
```

3.9 C51 常用语句

1. 用 IF 语句控制点亮 LED

P0 口接 8 个 LED，P1.4 接按键 S1，P1.5 接按键 S2，当 S1 按下时，P0 口高 4 位点亮；当 S2 按下时 P0 口低 4 位点亮。

```
#include < reg51.h >        //包含单片机寄存器的头文件
sbit S1 = P1^4;             // 将 S1 位定义为 P1.4
sbit S2 = P1^5;             // 将 S2 位定义为 P1.5
/************************
主函数
************************/
void main(void)
{
    while(1)
```

```
    {
        if(S1 ==0)                          // 如果按键 S1 按下
            P0 =0x0f;                       // P0 口高 4 位 LED 点亮
        if(S2 ==0)                          // 如果按键 S2 按下
            P0 =0xf0;                       // P0 口低 4 位 LED 点亮
    }
}
```

2. 用 switch 语句控制 P0 口的 8 位 LED 点亮

P0 口接 8 个 LED，P1.4 接开关 S1；开关按下 1 次，点亮第 1 个 LED，开关按下两次，点亮第 2 个 LED，以此类推。

```
#include < reg51.h >                        // 包含单片机寄存器的头文件
sbit S1 = P1^4;                             // 将 S1 位定义为 P1.4
/*****************************
延时函数
*****************************/
void delay(void)
{
 unsigned int n;
 for(n =0;n <10000;n ++)
        ;
}
/*****************************
主函数
*****************************/
void main(void)
{
    unsigned char i;
    i =0;                                   // 将 i 初始化为 0
    while(1)
      {
        if(S1 ==0)                          // 如果 S1 键按下
          {
            delay();                        // 延时一段时间,消除抖动
            if(S1 ==0)                      // 如果再次检测到 S1 键仍按下
              i ++;                         // i 自增 1
            if(i ==9)                       // 如果 i =9,重新将其置为 1
              i =1;
          }
        switch(i)                           // 使用多分支选择语句
          {
            case 1: P0 =0xfe;               // 第 1 个 LED 亮
                    break;
            case 2: P0 =0xfd;               // 第 2 个 LED 亮
                    break;
            case 3:P0 =0xfb;                // 第 3 个 LED 亮
                    break;
            case 4:P0 =0xf7;                // 第 4 个 LED 亮
                    break;
            case 5:P0 =0xef;                // 第 5 个 LED 亮
                    break;
            case 6:P0 =0xdf;                // 第 6 个 LED 亮
                    break;
```

```
          case 7:P0 =0xbf;      // 第 7 个 LED 亮
                    break;
          case 8:P0 =0x7f;      // 第 8 个 LED 亮
                    break;
          default:              // 默认值,关闭所有 LED
                    P0 =0xff;
          }
      }
}
```

3. 用 for 语句控制蜂鸣器鸣响次数

P3.7 接蜂鸣器。通过控制延时时间,产生不同声音。

```
#include < reg51.h >                 // 包含单片机寄存器的头文件
sbit sound = P3^7;                   // 将 sound 位定义为 P3.7
/*******************************************
延时函数:形成1600Hz 音频
*******************************************/
void delay1600 (void)
{
unsigned char n;
  for(n =0;n <100;n ++)
          ;
}
/*******************************************
延时函数:形成800Hz 音频
*******************************************/
void delay800 (void)
{
unsigned char n;
  for(n =0;n <200;n ++)
          ;
}
/*******************************************
主函数
*******************************************/
void main(void)
{
  unsigned int i;
    while(1)
    {
     for(i =0;i <830;i ++)
       {
       sound =0;                     // P3.7 输出低电平
       delay1600();
       sound =1;                     // P3.7 输出高电平
       delay1600();
       }
     for(i =0;i <200;i ++)
       {
       sound =0;                     // P3.7 输出低电平
       delay800();
       sound =1;                     // P3.7 输出高电平
       delay800();
       }
    }
}
```

4. 用 while 语句控制 LED

P0 口接 8 个 LED,变量 i 初值为 0,每次加 1,并在 P0 口显示。

```c
#include < reg51.h >                          // 包含单片机寄存器的头文件
/***************************************
延时函数:约 60ms (3*100*200 =60000μs)
***************************************/
void delay60ms(void)
{
unsigned char m,n;
for(m =0;m <100;m ++)
  for(n =0;n <200;n ++)
      ;
}
/***************************************
主函数
***************************************/
void main(void)
{
  unsigned char i;
    while(1)                                 // 无限循环
      {
        i =0;                                // 将 i 初始化为 0
        while(i <0xff)                       // 当 i 小于 0xff(255)时执行循环体
          {
            P0 =i;                           // 将 i 送 P0 口显示
            delay60ms();                     // 延时
            i ++;                            // i 自增 1
          }
      }
}
```

5. 用 do-while 语句控制 P0 口 8 位 LED 循环点亮

```c
#include < reg51.h >                          // 包含单片机寄存器的头文件
/***************************************
延时函数:约 60ms (3* 100* 200 =60000μs)
***************************************/
void delay60ms(void)
{
unsigned char m,n;
for(m =0;m <100;m ++)
  for(n =0;n <200;n ++)
      ;
}
/***************************************
主函数
***************************************/
void main(void)
{
  do
    {
      P0 =0xfe;                              // 第 1 个 LED 亮
       delay60ms();
```

```
        P0 =0xfd;                          // 第 2 个 LED 亮
        delay60ms();
        P0 =0xfb;                          // 第 3 个 LED 亮
        delay60ms();
        P0 =0xf7;                          // 第 4 个 LED 亮
        delay60ms();
        P0 =0xef;                          // 第 5 个 LED 亮
        delay60ms();
        P0 =0xdf;                          // 第 6 个 LED 亮
        delay60ms();
        delay60ms();
        P0 =0xbf;                          // 第 7 个 LED 亮
        delay60ms();
        P0 =0x7f;                          // 第 8 个 LED 亮
        delay60ms();
    }while(1);                             // 无限循环,使 8 位 LED 循环点亮
}
```

习题

一、填空题

1. MCS-51 单片机指令由_____、_____、_____、_____等部分组成。

2. 指令 DA　A 的功能是_____。

3. DIV　AB 指令执行后,商存放在_____,余数存放在_____。

4. 在堆栈操作中,SP 始终指向_____。

5. 指令 JBC CY, LOOP 是_____字节、_____个机器周期指令。

二、简答题

1. 什么是指令? 什么是指令系统? MCS-51 单片机有多少条指令?

2. 请用数据传送指令实现下列数据传送。

①R0 的内容传送到 R1。

②内部 RAM 20H 单元的内容传送到 A。

③外部 RAM 30H 单元的内容传送到 R0。

④外部 RAM 30H 单元的内容传送到内部 RAM 20H 单元。

⑤外部 RAM 1000H 单元内容传送到内部 RAM 20H 单元。

⑥程序存储器 ROM 2000H 单元内容传送到 R1。

⑦RAM 2000H 单元内容传送到内部 RAM 20H 单元。

⑧RAM 2000H 单元内容传送到外部 RAM 30H 单元。

⑨RAM 2000H 单元内容传送到外部 RAM 1000H 单元。

3. 以下程序段执行后,A =_____,(30H) =_____。

```
MOV   30H,#0AH
MOV   A,#0D6H
MOV   R0,#30H
MOV   R2,#5EH
ANL   A,R2
ORL   A,@R0
SWAP  A
CPL   A
XRL   A, #0FEH
```

```
ORL  30H, A
```

4. 已知 A = 34H，(30H) = 4FH，求：执行 ADD A，30H 后，A = ？指出 PSW 中相应标志位情况。

5. 设堆栈指针 SP 中的内容为 60H，内部 RAM 中 30H 和 31H 单元的内容分别为 24H 和 10H，执行下列程序段后，61H，62H，30H，31H，DPTR 及 SP 中的内容将有何变化？

```
PUSH  30H
PUSH  31H
POP   DPL
POP   DPH
MOV   30H, #00H
MOV   31H, #0FFH
```

第4章 MCS-51单片机汇编语言程序设计

汇编语言具有高效、快捷等特点，在中小规模应用软件中广泛应用。了解常用伪指令的格式、功能及使用方法，掌握顺序程序、分支程序、循环程序、子程序的特点及编写方法是汇编语言程序设计的基础。顺序程序的执行次序是按语句的先后次序执行，应避免用顺序程序实现大量重复操作；分支程序中有比较判断环节，应注意逻辑正确性；循环程序中有一部分语句要反复执行多次，应注意避免死循环；子程序是能完成某一特定功能的程序模块，应具有通用性。将常用功能模块编写成子程序形式，是提高程序的可读性和执行效率的有效途径。

4.1 概述

程序是完成某一特定任务的若干指令的有序集合。编写程序，就要熟悉计算机语言。目前计算机语言种类繁多，性能各异，大致可分为三类：机器语言、汇编语言和高级语言。

4.1.1 计算机程序设计语言

1. 机器语言

仅由硬件组成的计算机叫"裸机"，它只能识别由"0"和"1"组成的二进制信息。能被裸机直接执行的指令是用二进制代码表示的机器语言或机器指令。机器语言难读、难写、难记忆，并且和机器硬件密切相关，通用性差、兼容性差。给程序的编写、调试、移植、维护都带来很多不便。

2. 汇编语言

汇编语言也是一种面向机器的程序设计语言，它用英文字符来代替对应的机器语言。例如用 ADD 代替机器语言中的加法运算，这些英文字符称为助记符。用助记符语言编写的程序叫做汇编语言源程序。它不再能被机器直接执行，需要将其转换成用二进制代码表示的机器语言程序，才能够被机器识别和执行。通常把这一转换（翻译）过程称为汇编。汇编可由专门的程序来完成，这种转换程序称为汇编程序。经汇编程序汇编而得到的机器语言程序，计算机可以直接识别和执行，因此称为机器语言目的程序或目标程序。源程序、汇编程序与目标程序的关系如图4-1所示。

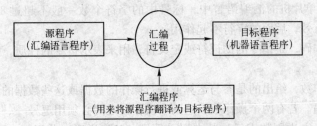

图4-1 源程序、汇编程序与目标程序之间的关系

3. 高级语言

计算机高级语言是一种面向算法、过程和对象的程序设计语言，它采用更接近人们习惯的自然语言和数学语言描述算法、过程和对象，如 BASIC，C，JAVA 等都是常用的高级语言。高

级语言的语句直观、易学、通用，便于交流、推广，但用高级语言编写的程序经编译后所产生的目标程序大，占用内存多，运行速度慢，这在实践应用中是一个突出的问题。

4.1.2　汇编语言语句种类及格式

1. 汇编语言语句种类

汇编语言语句有三种基本类型：指令语句、伪指令语句和宏指令语句。

指令语句：每一个指令语句都在汇编时产生一个目标代码，对应着机器的一种操作。

【例4-1】　指令语句

```
MOV  A,#05H              ;其目标代码为 74H 05H,功能是把立即数 05 送到累加器 A 中。
```

伪指令语句：伪指令语句是一种说明语句，主要是为汇编程序服务的，在汇编时没有目标代码与之对应，没有对应的机器操作。

【例4-2】　伪指令语句

```
ONE    EQU  1            ;其功能是定义 ONE 的值为 1
```

宏指令语句：宏指令是源程序中具有独立功能的程序段。如果在源程序中需要多次使用同一个程序段，可以将这个程序段定义（宏定义）为一条宏指令，然后每次需要是，即可简单地用宏指令名来代替（称为宏调用），从而避免了重复书写，使源程序更加简洁、易读。宏指令在汇编时产生相应的目标代码。

2. 汇编语言语句格式

为了使汇编语言程序清晰、明了、易读、易懂，汇编语言的话句格式有严格的规定。

指令语句的格式：

```
标号(名字)：  助记符(操作码)  操作数(参数)  ；注释
```

伪指令语句的格式：

```
名字    定义符    参数   ；注释
```

这两种语句都由四个部分组成。其中每一部分称为一个域或一个字段，各字段之间用空格或字段定界符分隔，常用的字段定界符有冒号"："、逗号"，"、分号"；"和空格。

第一字段是标号也称为名字，用来说明指令的存放地址，是可选字段。标号可以作为LJMP、AJMP、LCALL 及 ACALL 等指令的操作数。

在指令语句中，标号位于一个语句的开头位置，由字母和数符等组成，以字母打头，冒号"："结束。在 8051 单片机的汇编语言中，标号中的字符个数一般不超过 8 个，若超过 8 个，则前面的 8 个字符有效，后面的字符不起作用。

第二字段是操作码，是指令的助记符或定义符，用来表示指令的性质，规定这个指令语句的操作类型及功能。

第三字段是操作数，给出的是参与运算或进行操作的数据或这些数据的地址。操作码与操作数之间用空格分隔。若有两个操作数，这两个操作数之间必须用逗号"，"分开。

操作数若采用十六进制数表示，其末尾必须用"H"说明，若以 A、B、C、D、E、F 开头，其前面必须添一个"0"进行引导说明，例如：0AFH。若采用二进制数表示，其末尾必须用"B"说明。十进制数为默认数制。例如：98，这个数表示是十进制数98。

第四字段是注释，注释由分号开始，用来说明语句的功能、性质以及执行结果，仅供人们阅读程序时使用，对机器不起作用。

4.1.3　常用伪指令

为了便于编程和对汇编语言程序进行汇编，各种汇编程序都提供了一些伪指令，由伪指令规定的操作称为伪操作。"伪"体现在汇编时不产生机器指令代码，不影响程序的执行，仅指明在汇编时对程序、数据的定义。下面介绍几个常用的伪指令。

1. 起始地址说明

格式：　ORG　nn

功能：用于定义汇编语言源程序或数据块存储的起始地址。nn 为 16 位地址。

【例 4-3】　起始地址说明

```
      ORG  1000H
MAIN: MOV  DPTR,#2000H
```

ORG 伪指令规定了程序段 MAIN 的起始地址为 1000H。

2. 汇编结束说明

格式：　END

功能：用于汇编语言源程序末尾，指示源程序到此全部结束。在汇编时，对 END 后面的指令不予汇编。因此，END 语句必须放在整个程序的末尾，而且只能有一个。

3. 赋值

格式：　字符名　EQU　数据或汇编符号

功能：将一个数（8 位或 16 位）或汇编符号赋值给所定义的字符名。EQU 伪指令中的字符名必须先赋值后使用，故该语句通常放在源程序的开头。

【例 4-4】　赋值说明

```
ORG 0000H
CH1 EQU 50H
CH2 EQU R4
…
MOV A,CH1              ; A←(50H),相当于 MOV A,50H
MOV A,CH2              ; A←R4,相当于 MOV A,R4
```

4. 定义字节

格式：　[标号:] DB　n1, n2, …, nN

功能：用于定义 8 位数据的存放地址。表示把指令 DB 右边的单字节数据依次存放到以左边标号为起始地址的连续存储单元中。通常用于定义数据表格，程序中使用查表指令将数据取出。

【例 4-5】　定义字节

```
ORG 0000H
MAIN:    MOV  DPTR,#TAB             ; 取表头地址
         MOV  A,R2                  ; R2 中存放查表指针
         MOVC A,@A+DPTR             ; 从表中取出数据
TAB:     DB 7FH,6FH,77H,7CH,39H,5EH,79H,61H
END
```

5. 定义字

格式：[标号:]　DW　nn1, nn2, …, nnN

功能：用于定义 16 位数据的存放地址。DW 指令与 DB 指令相似，都是在内存的某个区

域内定义数据，不同的是 DW 指令定义的是字（16 位），而 DB 指令定义的是字节（8 位）。
DW 指令表示把指令右边的双字节数据依次存入指定的连续存储单元中。常用于定义一个地
址表。

6. 位地址赋值

格式：字符名　BIT　位地址

功能：该指令把 BIT 右边的位地址赋给左边的字符名。被定义的位地址在源程序中可用符
号名称来表示，也可以用 EQU 指令来定义位地址变量。

【例 4-6】　位地址赋值

```
ORG  1000H
L0  BIT  P1.1
Ll  BIT  20H
```

7. 定义存储区

格式：[标号]　　DS　X

功能：用于定义从标号开始预留一定数量的内存单元，以备源程序执行过程中使用。预留
单元的数量由 X 决定。

【例 4-7】　定义存储区

```
ORG 1000H
CDS:    DS  08H
MAIN:   MOV  DPTR,#1000H
        ...
END
```

程序汇编到 DS 语句时，从 1000H 地址开始预留 8 个连续字节单元，后面内容从 1008H 地
址开始依次存放。

4.1.4   汇编语言程序设计方法

汇编语言程序设计同高级语言程序设计一样，是有章可循的，只要按照一定的方法步骤去
做，编写程序就会变成一件轻松愉快的事情，设计的程序也会规范、清晰、易读、易懂。使用
汇编语言设计程序大致上可分为以下几个步骤。

1）分析题意，明确要求。编程之前，首先需要明确所要解决的问题是什么，要达到的目
标是什么，已知条件是什么和要求的结果是什么。

2）确定算法。根据实际问题的要求，给出的条件及特点，找出问题的规律性，确定所要
采用的计算公式和计算方法，这就是一般所说的算法。根据算法可以找出解决问题的方法步
骤，是进行程序设计的依据，它决定着程序的结果和效率。

3）画程序流程图。用图解的方法来描述和说明解题步骤。程序流程图使算法得以具体化，
它用直观清晰的方式体现程序的设计思路。流程图是由预先约定的各种图形、流程线及必要的
文字符号构成的，是反映算法思想的框图。

4）分配内存工作单元。确定程序与数据区的存放地址。

5）编写源程序。编写程序的任务就是选用合适的汇编语言指令来实现流程图中每一部分
的要求，从而编制出一个有序的指令流，这就是源程序设计。或者说，编写程序就是用编程语
言表述流程图。

6）程序优化。程序优化的目的在于缩短程序的长度，加快运算速度和节省存储空间。如

恰当地使用循环程序和子程序结构，通过改进算法和正确使用指令，可有效节省工作单元及减少程序执行时间，这在实时应用中十分重要。

7）上机调试。汇编语言程序调试分为建立源程序、汇编（编译）、连接、运行、修改完善等几个环节。

建立源程序就是将程序输入计算机的过程。原则上可以使用任何文字处理软件完成该任务，但绝大多数开发系统会提供方便的程序输入环境。源程序输入计算机后以文件形式保存，汇编语言源程序文件的扩展名为 ASM。

汇编过程目前有两种形式：手工汇编和机器汇编。手工汇编是编程人员手工查阅指令表获取指令代码的过程，速度慢，且容易出错，已很少使用。机器汇编是用汇编程序对源程序进行语法检查、翻译的过程。速度快、效率高，是目前普遍使用的方法。

连接是将汇编程序生成的浮动文件转换成可执行文件。

运行可检查或验证程序的正确性。

如果程序运行结果不正确或不能运行，应修改源程序中不正确的地方，并重新汇编（编译）、连接、运行程序，逐步完善程序的行为和功能。

在程序设计过程中，为了使程序结构清晰、易读、易懂，应采用结构化程序设计方法。根据结构化程序设计的观点，任何程序都可以用三种基本控制结构，即顺序结构、选择（分支）结构和循环结构来组成，反过来用这三种基本程序结构，可以构成任何程序。采用结构化方式设计程序已成为软件工程的重要原则，它使得程序具有结构简单清晰、容易读写、便于调试、运行速度快、可靠性高等特点。这种规律性极强的编程方法，已被程序设计者广泛使用。

4.2　顺序程序设计

顺序结构是指按照指令顺序，从某一条指令开始逐条顺序执行，直至最后一条指令为止。顺序结构是所有程序设计中最基本、最重要的程序结构形式，在程序设计中使用最多。在实际编程中，正确选择指令、寻址方式，合理使用工作寄存器、数据存储单元等是顺序结构程序设计应注意的问题。在需要多次重复操作时，应该使用循环结构，避免用顺序结构实现大量重复操作。

顺序结构虽然简单，但在程序中所占空间比例较大。因此，顺序程序设计的好坏，涉及整个程序的质量和效率。一个好的顺序程序段，应该具有占用存储空间少，执行速度快等特点。

【例4-8】　程序初始化。初始化就是为变量、寄存器、存储单元赋一初值，是最简单、最常用的操作。如将 R0～R3，P1，30H，40H 单元初始化为 00H，把 R4，R5 初始化为 0FFH。初始化程序的基本思想是将相应的立即数传送到对应的寄存器或存储器单元。

参考程序如下：

```
ORG  0000H                ; PC 起始地址
LJMP START                ; 转主程序
ORG  0100H                ; 主程序起始地址
START:  XMOV R0, #00H     ; 初始化
        MOV R1, #00H
        MOV R2, #00H
        MOV R3, #00H
        MOV P1, #00H
        MOV R4, #0FFH
        MOV R5, #0FFH
        MOV 30H, #00H
```

```
        MOV 40H, #00H
HERE:SJMP HERE                    ;反复执行该指令,相当于等待
        END
```

清零时，用立即数比较直观，但用 MOV　A，#00H，MOV R0，A 指令赋值，效果更好。

【例4-9】　逻辑运算。用程序实现图4-2所示的逻辑电路功能。逻辑操作是控制过程中经常使用的，掌握逻辑运算的特点是提高程序效率的重要途径。在逻辑运算中，进位标志 CY 的地位很特殊，它是逻辑累加器，大多数逻辑操作要通过 CY 来完成。用软件模拟逻辑电路的基本思想是，用逻辑运算指令实现对应的逻辑门。

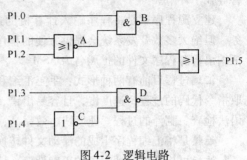

图4-2　逻辑电路

参考程序如下：

```
ORG 0000H
        LJMP  START
ORG 0100H
START: MOV P1,#0FFH         ;P1口初始化,以备读入
LOOP:  MOV C,P1.1
       ORL C,P1.2           ;P1.1与P1.2逻辑或运算
       CPL C                ;取反
       ANL C,P1.0           ;C与P1.0逻辑与运算
       CPL C
       MOV 07H,C            ;暂存于07H位单元中
       MOV C,P1.3
       ANL C,/P1.4          ;P1.3与P1.4的反逻辑与运算
       CPL C
       ORL C,07H
       MOV P1.5,C           ;把结果在P1.5输出
       SJMP $               ;等待
END
```

4.3　分支程序设计

分支程序的主要特点是程序包含有判断环节，不同的条件对应不同的执行路径。编程的关键任务是合理选用具有逻辑判断功能的指令。由于选择结构程序的走向不再是单一的，因此，在程序设计时，应该借助程序框图（判断框）来明确程序的走向，避免犯逻辑错误。一般情况下，每个选择分支均需要一段单独的程序，并有特定的名字，以便当条件满足时实现转移。

8051的判断跳转指令极其丰富，功能极强，为复杂问题的编程提供了极大方便。从形式上可以把分支程序分为单分支和多分支两种。

1. 单分支选择结构

当程序的判断是二选一时，称为单分支选择结构。通常用条件转移指令实现判断及转移。单分支选择结构有三种典型表现形式，如图4-3所示。

在图4-3a中，当条件满足时执行分支程序1，否则执行分支程序2。

在图4-3b中，当条件满足时跳过程序段1，从程序段2顺序执行；否则，顺序执行程序段1和程序段2。

在图4-3c中，当条件满足时程序顺序执行程序段2；否则，重复执行程序段1，直到条件满足为止。

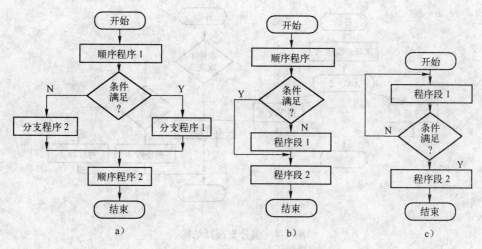

图 4-3　单分支选择结构

由于条件转移指令均属相对寻址方式,其相对偏移量 rel 是个带符号的 8 位二进制数,可正可负。因此,它可向高地址方向转移,也可向低地址方向转移。

对于第三种形式,可用程序段 1 重复执行的次数作为判断条件,当重复次数达到某一数值时,停止重复,程序顺序往下执行。这是分支结构的一种特殊情况,实际上它是循环结构程序,用这种方式可方便实现状态检测。

【例 4-10】　位检测

```
LOOP:  JB  P1.1,LOOP
```

单分支程序一般要使用状态标志,应注意标志位的建立。

【例 4-11】　设 a 存放在累加器 A 中,b 存放在寄存器 B 中,若 a≥0,Y = a − b;若 a < 0,则 Y = a + b。编程实现该功能。

这里的关键是判断 a 是正数,还是负数;可通过判断 ACC. 7 来确定。

参考程序如下:

```
ORG  0000H
       LJMP  BR
ORG  0100H
       Y EQU R0
       BR: JB  ACC.7,MINUS      ; 负数,转到 MINUS
       CLR  C                   ; 清进位位
       SUBB  A,B                ; A − B
       SJMP  DONE
MINUS:  ADD  A,B                ; A + B
DONE:   MOV  Y,A
       SJMP  $                  ; 等待
END
```

2. 多分支选择结构

当程序的判断输出有两个以上的出口流向时,称为多分支选择结构。8051 的多分支结构程序还允许嵌套,即分支程序中又有另一个分支程序。汇编语言本身并不限制这种嵌套的层次数,但过多的嵌套层次将使程序的结构变得十分复杂和臃肿,以致造成逻辑上的混乱。所以,不建议嵌套层次过多。多分支选择结构通常有两种形式,如图 4-4 所示。

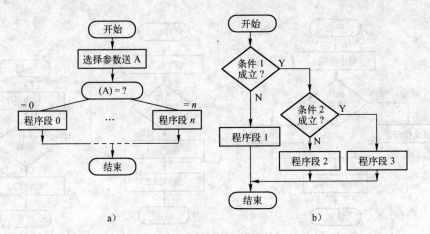

图4-4　多分支选择结构

8051 的散转指令和比较指令均可以实现多分支转移。

使用散转指令 JMP@A + DPTR 前，先将各分支程序编写好，存放在程序存储器中，并将各分支程序的入口地址组成一个表格放在一起，把表首地址送入 DPTR，把子程序的序号放入 A 中。

也可以用下面 4 条功能极强的比较转移指令实现分支：

```
CJNE   A,direct,rel              ;A 的内容与直接寻址单元内容比较,不等转移
CJNE   A,#data,rel               ;A 的内容与立即数比较,不等转移
CJNE   Rn,#data,rel              ;寄存器内容与立即数比较,不等转移
CJNE   @Ri,#data,rel             ;间址单元内容与立即数比较,不等转移
```

这 4 条指令对指定单元内容进行比较，当不相等时程序作相对转移，并通过 Cy 标志指出其大小，以备作第二次判断；若两者相等，则程序顺序执行。

【例4-12】　散转程序。编写程序，根据 20H 单元中变量 X 的内容转入相应的分支，执行指定的操作。$X = 0$ 时执行 $F = R0 + R1$；$X = 1$ 时执行 $F = R0 - R1$；$X = 2$ 时执行 $F = R0 \times R1$；$X = 3$ 时执行 $F = R0 \div R1$；$X = 4$ 时执行 $F = R0 \land R1$；$X = 5$ 时执行 $F = R0 \lor R1$。将结果存入指定存储器单元 RESULT，程序流程框图如图4-5所示。

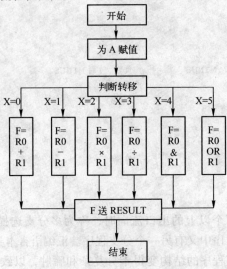

图4-5　散转程序流程

参考程序如下：

```
ORG  0000H
        LJMP  MEMS
        RESULT  EQU  0050H
ORG  0100H
MEMS:   MOV  A,20H
        MOV  DPTR,#KKKK          ；散转程序入口地址表首址
        RL  A                    ；分支号乘2,每个入口地址均为2字节
        JMP  @A+DPTR             ；转移
END1：  SJMP  $
KKKK:   AJMP  MEMSP0             ；A=0 加法
        AJMP  MEMSP1             ；A=1 减法
        AJMP  MEMSP2             ；A=2 乘法
        SJMP  MEMSP3             ；A=3 除法
        SJMP  MEMSP4             ；A=4 逻辑与
        SJMP  MEMSP5             ；A=5 逻辑或
MEMSP0： MOV  A,R0               ；相加分支
        CLR  C
        ADD  A,R1
        MOV  RESULT,A
        LJMP  END1
MEMSP1： MOV  A,R0               ；相减分支
        CLR  C
        SUBB  A,R1
        MOV  RESULT,A
        LJMP  END1
MEMSP2： MOV  A,R0               ；乘法分支
        MOV  B,R1
        CLR  C
        MUL  AB
        MOV  RESULT,A
        MOV  RESULT+1,B
        LJMP  END1
MEMSP3： MOV  A,R0               ；除法分支
        MOV  B,R1
        CLR  C
        DIV  AB
        MOV  RESULT,A
        MOV  RESULT+1,B
        LJMP  END1
MEMSP4： MOV  A,R0               ；逻辑"与"分支
        ANL  A,R1
        MOV  RESULT,A
        LJMP  END1
MEMSP5： MOV  A,R0               ；逻辑"或"分支
        ORL  A,R1
        MOV  RESULT,A
        LJMP  END1
END
```

【例 4-13】　两个无符号数比较大小。设内部 RAM 单元 addr1 和 addr2 中存放两个无符号二进制数，要找出其中的大数存入 addr3 单元中。程序流程框图如图 4-6 所示。

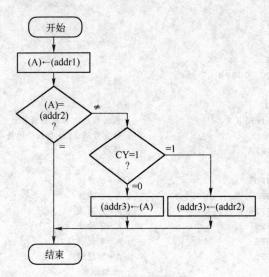

图 4-6   求大数程序流程

参考程序如下：

```
ORG  0000H
        LJMP  START
ORG  0100H
START:  MOV  A,addr1          ; 将 addr1 中内容送 A
        CJNE A,addr2,LOOP1     ; 两数比较,不相等则转 LOOP1
LOOP3:  AJMP  $               ; 相等结束
LOOP1:  JC LOOP2              ; 当 CY =1,转 LOOP2
        MOV  addr3,A          ; CY =0,(A) > (addr2)
        SJMP  LOOP3           ; 转结束
LOOP2:  MOV  addr3,addr2      ; CY =1,(addr2) > (A)
        SJMP  LOOP3
END
```

由上述程序可见，CJNE 是一功能极强的比较指令，它可分辨出两数的大、小和相等。通过寄存器和直接寻址方式，可派生出很多种比较操作。合理使用这些指令，可以大大改善程序的结构和性能。

4.4 循环程序设计

在实际应用中经常会遇到功能相同，需要多次重复执行某段程序的情况，这时可把这段程序设计成循环结构，这有助于节省程序的存储空间，提高程序的质量。循环程序一般由 4 部分组成：

1）初始化。即设置循环过程中有关工作单元的初始值，如置循环次数、地址指针及工作单元清零等。

2）循环体。即循环处理部分，完成主要的计算或操作任务，是重复执行的程序段。这部分程序应特别注意，因为它要重复执行许多次，若能少写一条指令，实际上就是少执行某条指令若干次，因此，应注意程序的优化。

3）循环控制。每循环一次，就要修改循环次数、数据指针及地址指针等循环变量。并根据循环结束条件，判断是否结束循环。

4）循环结束处理。对结果进行分析、处理、保存。如果保存在循环程序的循环体中不再包含循环程序，即为单重循环程序。如果在循环体中还包含有循环程序，那么就称为循环嵌套，嵌套即为多重循环。在多重循环程序中，只允许外循环嵌套内循环程序，不允许循环体互相交叉，也不允许从外循环程序跳入内循环程序，因为这样容易形成死循环。

循环程序结构有两种，如图 4-7 所示。

图 4-7a 是"先执行后判断"结构，适用于循环次数已知的情况。其特点是进入循环后，先执行循环处理部分，然后根据循环次数判断是否结束循环。

图 4-7b 是"先判断后执行"结构，适用于循环次数未知的情况。其特点是将循环控制部分放在循环的入口处，先根据循环控制条件判断是否结束循环，若不结束，则执行循环操作；若结束，则退出循环。

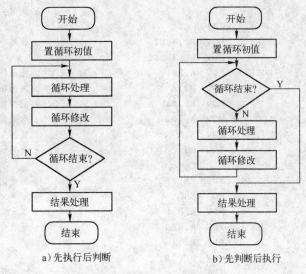

a）先执行后判断   b）先判断后执行

图 4-7 循环程序结构

【例 4-14】 50ms 软件延时程序。软件延时程序一般用 DJNZ Rn, rel 指令循环执行多次构成。执行一条 DJNZ 指令需要两个机器周期。软件延时程序的延时时间主要与机器周期和延时程序中的循环次数有关。在使用 12MHz 晶振时，一个机器周期为 $1\mu s$，执行一条 DJNZ 指令需要两个机器周期，即 $2\mu s$。适当设置循环次数，即可实现延时功能。

参考程序如下：

```
ORG  0000H
     LJMP  DEL
ORG  0100H
DEL:   MOV  R7,#125    ；外循环次数,该指令为一个机器周期
DEL1:  MOV  R6,#200    ；内循环次数
DEL2:  DJNZ  R6,DEL2   ；200×2＝400 μs (内循环时间)
       DJNZ  R7,DEL1   ；0.4 ms×125＝50 ms(外循环时间)
       SJMP  $
END
```

指令"DJNZ R7，DEL1"为外循环的控制部分，"DJNZ R6，DEL2"是内循环体，也是内循环的控制部分。应该注意，用软件实现延时，不允许有中断，否则将严重影响定时的准确性。

【例 4-15】 排序程序。设有 N 个数存放在 LIST 地址开始的内部 RAM 存储区中，将 N 个数比较大小之后，由小到大存放在原来的存储区内。

排序程序的基本思想是：将相邻两个数作比较，即第一个数和第二个数比较，第二个数和第三个数比较，依次类推。若符合从小到大顺序则不改变它们在内存中的位置，否则变换它们之间的位置。如此反复，直至完成排序。

按"冒泡法"对 N 个数排序时，可能用不到 $N-1$ 次循环，排序就结束了。为了提高排序

速度，程序中可设一交换标志位，每次循环中，若有交换则设置该标志，表明排序未完成；若无交换，则清除该标志，表明排序已经完成。每次循环结束时，检查标志位，判断排序是否结束。

参考程序如下：

```
ORG     0000H                    ; 整个程序起始地址
AJMP    SXN                      ; 跳向主程序
ORG     0030H
SXN:    MOV  R2,#CNT-1            ; 数列个数-1
        MOV  R0,#LIST
LOOP1:  MOV  A,R2                ; 外循环计数值
        MOV  R3,A                ; 内循环计数值
        MOV  R1,#01              ; 交换标志置1
LOOP2:  MOV  A,@R0               ; 取数据
        MOV  B,A                 ; 暂存B
        INC  R0                  ; 数列地址加1
        CLR  C
        SUBB A,@R0               ; 两数比较
        JC   LESS                ; Xj<Xj-1转LESS
        MOV  A,B                 ; 取大数
        XCH  A,@R0               ; 两数交换位置
        DEC  R0
        MOV  @R0,A
        INC  R0                  ; 恢复数据指针
        MOV  R1,#02H             ; 置交换标志为2
LESS:   DJNZ R3,LOOP2            ; 内循环计数减1,判一遍查完?
        DJNZ R2,LOOP3            ; 外循环计数减1,判排序结束?
STOP:   SJMP $
LOOP3:  DJNZ R1,LOOP1            ; 发生交换时,R1的内容为2,减1后不为0,转移。
        SJMP STOP
        ORG  0050H
LIST:   DB   0,13,3,90,27,32,11
        CNT  EQU  07H
END
```

4.5 子程序设计

在实际应用中，一些特定的运算或操作经常使用，例如多字节的加、减、乘、除，代码转换、字符处理等。如果每次遇到这些运算或操作，都重复编写程序，不仅会使程序繁琐冗长，而且也会浪费编程者大量时间。因此经常把这些功能模块按一定结构编写成固定的程序段，存放在内存中，当需要时，调用这些程序段。通常将这种能够完成一定功能、可以被其他程序调用的程序段称为子程序。调用子程序的程序称为主程序或调用程序。调用子程序的过程，称为子程序调用，用 ACALL addr11 和 LCALL addr16 两条指令完成。子程序执行后返回主程序的过程称为子程序返回，用 RET 指令完成。

1. 编写子程序时要注意的问题

1）要给每个子程序赋一个名字。它是子程序入口地址的符号，便于调用。

2）明确入口参数、出口参数。所谓入口参数，即调用该子程序时应给哪些变量传递数值，放在哪个寄存器或哪个内存单元，通常称为参数传递。出口参数则表明了子程序执行的结果存在何处。例如，调用开平方子程序，计算 $\sqrt{x}$。在调用子程序之前，必须先将 x 值送到主程序与

子程序的某一交接处N(如累加器 A),调用子程序后,子程序从该交接处取得被开方数,并进行开方计算,求出$\sqrt{x}$的值。在返回主程序之前,子程序还必须把计算结果送到另一交接处 M。这样在返回主程序之后,主程序才可能从交接处 M 得到$\sqrt{x}$的值。

3) 注意保护现场和恢复现场。在执行子程序时,可能要使用累加器、PSW 或某些工作寄存器,而在调用子程序之前,这些寄存器中可能存放有主程序的中间结果,这些中间结果在主程序中仍然有用,这就要求在子程序使用这些资源之前,要将其中的内容保护起来,这就是保护现场。当子程序执行完毕,即将返回主程序之前,再将这些内容取出,恢复到原来的寄存器,这一过程称为恢复现场。

保护现场通常用堆栈来完成。并在子程序的开始部分使用压栈指令 PUSH,把需要保护的寄存器内容压入堆栈。当子程序执行结束,在返回指令 RET 前边使用出栈指令POP,把堆栈中保护的内容弹出到原来的寄存器。要注意,由于堆栈操作是"先入后出"。因此,先压入堆栈的参数应该后弹出,才能保证恢复原来的数据。

为了做到子程序有一定的通用性,子程序中的操作对象,尽量用寄存器形式,而不用立即数、绝对地址形式。另外,子程序中如含有转移指令,应尽量用相对转移指令。

2. 子程序的调用与返回

主程序调用子程序是通过子程序调用指令 LCALL add16 和 ACALL add11 来实现的。前者称为长调用指令,指令的操作数给出了子程序的 16 位入口地址;后者为绝对调用指令,它的操作数提供了子程序的 11 位入口地位,此地址与程序计数器 PC 的高 5 位并在一起,构成 16 位的调用地址(即子程序入口地址)。它们的功能,首先是将 PC 中的当前值(调用指令下一条指令地址,称断点地址)压入堆栈(即保护断点),然后将子程序入口地址送入 PC,使程序转入子程序运行。

子程序的返回是通过返回指令 RET 实现的。这条指令的功能是将堆栈中返回地址(即断点)弹出堆栈,送回到 PC,使程序返回到主程序断点处继续往下执行。子程序调用过程如图 4-8 所示。

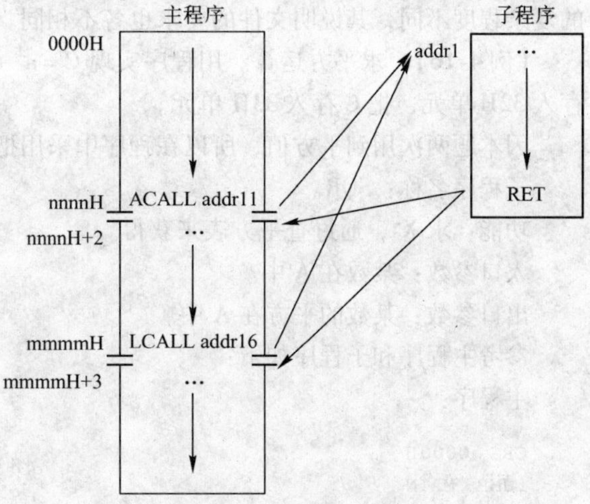

主程序在调用子程序时要注意以下问题。

1) 在主程序中,要安排相应指令来传递子程序的入口参数,即提供子程序的入口数据。

2) 在主程序中,要安排相应的指令,处理子程序提供的出口数据,即操作结果。

3) 在主程序中,不希望被子程序更改内容的寄存器,一定要在调用前由主程序安排压栈指令来保护现场,子程序返回后再安排出栈指令恢复现场。

图 4-8　子程序调用过程

4) 在主程序中,要正确地设置堆栈指针。

3. 子程序嵌套

子程序嵌套是指在子程序执行过程中,还可以调用另一个子程序。子程序嵌套过程如图 4-9所示。

4. 子程序的特性

1）通用性。为使子程序能适应各种不同程序、不同条件的调用，子程序应具有较好的通用性。

2）可浮动性。可浮动性是指子程序段可设置在存储器的任何地址区域。假如子程序只能设置在固定的存储器地址段，这在编制主程序时就要特别注意存储器地址空间的分配，防止两者重叠。为了能使子程序段浮动，必须在子程序中避免选用绝对转移地址，而应选用相对转移类指令，子程序首地址亦应采用符号地址。

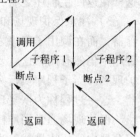

图4-9 子程序嵌套过程

3）可递归和可重入性。子程序能自己调用自己的性质，称为子程序的可递归性，而子程序能同时被多个任务（或多个用户程序）调用的性质，称为子程序的可重入性。这在比较复杂的程序中经常用到。

4）子程序说明文件。对于通用子程序，为便于各种用户选用，要求在子程序编制完成后提供一个说明文件，使用户不必详读源程序，只需阅读说明文件就能了解子程序的功能及应用。

子程序说明文件一般包含如下内容：

①子程序名。表明子程序功能的名字。

②子程序功能。简要说明子程序能完成的主要功能。

③初始条件和结果。说明有用到哪些参量传送和存储单元，说明执行结果及其存储单元。

④所用的寄存器。提示主程序对哪些寄存器内容需做进栈保护。

⑤子程序调用。指明本子程序需调用哪些子程序。

有些复杂的子程序还需说明占用资源情况、程序算法及程序结构流程图等，随子程序功能的复杂程度不同，其说明文件的要求也各不相同。

【例4-16】 求平方运算。用程序实现 $C = a^2 + b^2$。设 a、b 均小于 10，a 存入 31H 单元，b 存入 32H 单元，把 C 存入 33H 单元。

因本题两次用到平方值，所以在程序中采用把求平方运算编为子程序。

子程序名称：SQR。

功能：求 X^2，通过查平方表来获得。

入口参数：某数在 A 中。

出口参数：某数的平方在 A 中。

参考主程序和子程序如下：

主程序：

```
ORG  0000H
LJMP  MAIN
ORG  0100H
MAIN:   MOV  SP,#3FH        ;设堆栈指针(调用和返回指令要用到堆栈)
        MOV  A,31H          ;取 a 值
        LCALL  SQR          ;第一次调用,求 a²
        MOV  R1,A           ;a²值暂存 R1 中
        MOV  A,32H          ;取 b 值
        LCALL  SQR          ;第二次调用,求 b²
        ADD  A,R1           ;完成 a²+b²
        MOV  33H,A          ;存结果到 33H
```

```
        SJMP  $                      ; 暂停
```

子程序：

```
ORG  0200H
SQR:    ADD  A,#01H                ; 查表位置调整,RET 为一字节指令
        MOVC A,@A+PC               ; 查表取平方值
        RET                        ; 子程序返回
TAB:    DB  0,1,4,9,16,25
        DB  36,49,64,81
END
```

求平方的子程序在此采用的是查表法，用伪指令 DB 将 0~9 的平方值以表格的形式定义到 ROM 中。子程序中 A 之所以要加 1，是因为 RET 指令占了一个字节。

4.6　常用程序举例

1. 代码转换

在计算机应用过程中，ASCII 码、BCD 码、二进制数、十进制数、十六进制数是经常使用的代码和数制，它们之间的转换是经常遇到的问题。代码转换的关键是找到代码之间的关系。如果没有直接关系，可以用查表实现。

【例 4-17】　十六进制数转换为 ASCII 码。设十六进制数存在 A 中。数字 0~9 的 ASCII 码分别是 30H~39H；英文大写字母 A~F 的 ASCII 码分别是 41H~46H。可见数字 0~9 的 ASCII 码值与数字值相差 30H，字母 A~F 的 ASCII 码值与其数值相差 37H。转换过程中，先判断十六进制数是 0~9 还是 A~F，再将相应差值补上即可。

参考程序如下：

```
ORG  0000H
LJMP START
ORG  2000H
START:  MOV  R2,A             ; 将待转换的十六进制数暂存于 R2
        ADD  A,#0F6H          ; 将待转换的十六进制数加 246,检查有无进位来判别
                                 它是否大于等于 10
        MOV  A,R2             ; 原十六进制数送到 A
        JNC  AD30             ; 如无进位,加 30H
        ADD  A,#07H           ; 有进位,先加 07H,后加 30H
AD30:   ADD  A,#30H
        SJMP $
        END
```

2. 查表程序

实际应用中，线性表是一种常用的数据结构。查表就是根据变量 X，在表格中查找对应的 Y 值，使 Y = F (X)。在 8051 指令集中，设有两条查表指令：

```
MOVC A,@A+DPTR
MOVC A,@A+PC
```

这两条指令有如下特点：

1）这两条指令均从程序存储器的表格区域读取表格值。

2）DPTR 和 PC 均为基址寄存器，指示表格首地址。

3）在指令执行前，累加器 A 的内容指示查表值距表首地址的无符号偏移量，因而表格的长度，一般不超过 256 个字节单元。

两者的区别是：选用 DPTR 作表首地址指针，表域可设置在程序存储器 64KB 范围内的任何区域；采用 PC 作表首地址指针，则表域必须紧跟在该查表指令之后近处，这使表域设置受到限制，因此，一般只用于专用表格，且编程较难，但可节省存储空间。

【例 4-18】 BCD 码转换为 ASCII 码。BCD 码只有 0000 ~ 1001 十个代码，对应的 ASCII 码为 30H ~ 39H。它们之间有固定的对应关系，可用计算法，也可用查表法进行转换。设 BCD 码存放在 A 中，ASCII 码表格存于首地址为 TAB 的存储器中。转换程序如下：

```
ORG  0000H
     LJMP TRANS1
ORG  0100H
TRANS1: MOV  DPTR,#TAB    ;将 ASCII 码表首地址置入 DPTR
        MOVC A,@A+DPTR    ;查表得对应的 ASCII 码
        SJMP  $
TAB:    DB  30H,31H,32H,33H,34H,35H,36H,37H,38H,39H
END
```

3. 数据运算

【例 4-19】 多字节无符号数加法。设被加数与加数分别在以 ADR1 与 ADR2 为首址的片内数据存储器区域中，自低字节起，由低到高依次存放；它们的字节数为 L，要求将和放回被加数的单元，程序流程图如图 4-10 所示。

参考程序如下：

```
ORG  0000H
     LJMP  START
ORG  0100H
START: MOV  R0,#ADR1
       MOV  R1,#ADR2
       MOV  R2,#L
       CLR  C
LOOP:  MOV  A,@R0    ;通过 R0 间址,取得被加数的一个字节
       ADDC A,@R1    ;加数与被加数相加
       MOV  @R0,A    ;保存结果
       INC  R0       ;修改指针,指向下一个相加的数
       INC  R1
       DJNZ R2,LOOP  ;循环实现多字节数相加
       SJMP  $
END
```

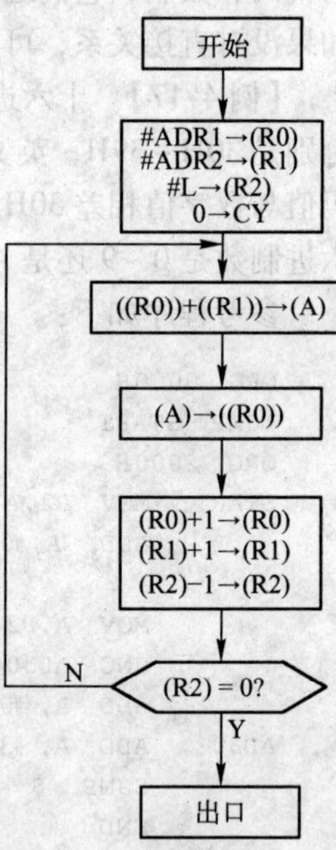

图 4-10　多字节无符号数加法流程图

4. I/O 口操作

【例 4-20】 统计自 P1 口输入的字节串中正数、负数、零的个数。设 R0、R1、R2 三个工作寄存器分别为统计正数、负数、零的个数的计数器，程序流程图如图 4-11 所示。

参考程序如下：

```
ORG  0000H
     LJMP  START
ORG  0100H
START: CLR  A        ;初始化
       MOV  R0,A
       MOV  R1,A
       MOV  R2,A
```

```
        MOV  P1,#0FFH            ; P1 口置输入状态
ENTER:  MOV  A,P1                ; 自 P1 口取一个数
        JZ   ZERO               ; 该数为 0,转 ZERO
        JB   ACC.7,NEG          ; 该数为负,转 NEG
        INC  R0                 ; 该数不为 0、不为负,则必为正数,R0 内容加 1
        SJMP ENTER              ; 循环自 P1 口取数
ZERO:   INC  R2                 ; 零计数器加 1
        SJMP ENTER
NEG:    INC  R1                 ; 负数计数器加 1
        SJMP ENTER
        END
```

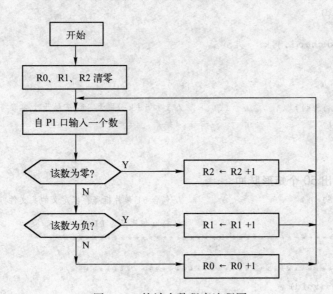

图 4-11　统计个数程序流程图

【例 4-21】　编制一个循环闪烁灯程序。设 8051 单片机的 P1 口作为输出口,经驱动电路 74LS240（8 反相三态缓冲/驱动器）接 8 只发光二极管,如图 4-12 所示。当输出位为 "1" 时,发光二极管点亮,输出位为 "0" 时变暗。试编程实现：每个灯闪烁点亮 10 次,再转移到下一个灯闪烁点亮 10 次,循环不止。

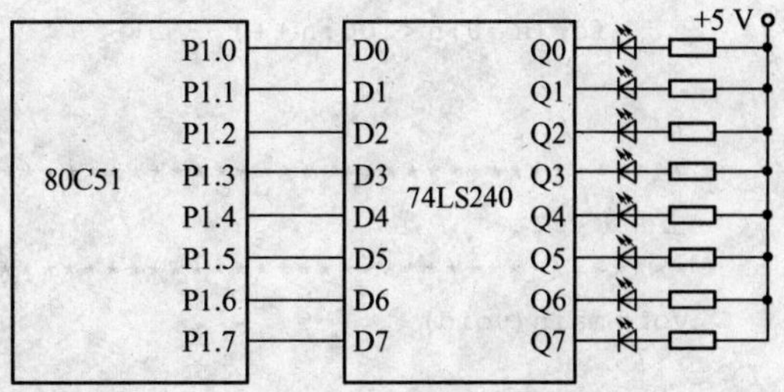

参考程序如下：

图 4-12　循环闪烁灯程序

```
ORG  0000H
     LJMP  FLASH
ORG  0100H
FLASH: CLR  C
       MOV  A,#01H          ; 置灯亮初值,从最低位开始
FSH0:  MOV  R2,#0AH         ; 置闪烁次数
FLOP:  MOV  P1,A            ; 点亮
       LCALL  DY1s          ; 延时 1s
       MOV  P1,#00H         ; 熄灭
       LCALL  DY1s          ; 延时 1s
       DJNZ  R2,FLOP        ; 闪烁 10 次
       RLC  A               ; 左移一位
```

```
        SJMP    FSH0                              ; 循环
END
```

DY1s 为延时程序，参见前述章节。

4.7   C51 应用举例

1. 宏定义

```
#include<reg51.h>                      // 包含51单片机寄存器定义的头文件
# define F(a,b) (a)+(a)*(b)/256+(b)    // 带参数的宏定义,a和b为形参
void main(void)
{
    unsigned char i,j,k;
    i=40;
    j=30;
    k=20;
    P3=F(i,j+k);                       // i和j+k分别为实参,宏展开时,实参将替代宏定义中的形参
    while(1)
        ;
}
```

2. 从 P1.4 输出 50 个矩形脉冲

```
#include<reg51.h>                      // 包含51单片机寄存器定义的头文件

sbit u=P1^4;                           // 将u位定义为P1.4
/******************************************************
延时函数
******************************************************/
void delay30ms(void)
{
    unsigned char m,n;
    for(m=0;m<100;m++)
        for(n=0;n<100;n++)
            ;
}
/*********************************************
主函数
*********************************************/
void main(void)
{
    unsigned char i;
    u=1;                               // 初始化输出高电平
    for(i=0;i<50;i++)                  // 输出50个矩形脉冲
    {
        u=1;
        delay30ms();
        u=0;
        delay30ms();
    }
    while(1)
        ;                              // 无限循环,防止程序"跑飞"
}
```

3. 十字路口交通灯

如果一个单位时间为 1 秒，这里设定的十字路口交通灯按如下方式循环工作。

60 个单位时间，南北红，东西绿；

10 个单位时间，南北红，东西黄；

60 个单位时间，南北绿，东西红；

10 个单位时间，南北黄，东西红；

用 P1 端口的 6 个引脚接 6 个 LED，模拟交通灯，高电平灯亮，低电平灯灭。

```c
#include<reg51.h>              // 包含 51 单片机寄存器定义的头文件
sbit SNRed = P1^0;            // 南北方向红灯
sbit SNYellow = P1^1;         // 南北方向黄灯
sbit SNGreen = P1^2;          // 南北方向绿灯
sbit EWRed = P1^3;            // 东西方向红灯
sbit EWYellow = P1^4;         // 东西方向黄灯
sbit EWGreen = P1^5;          // 东西方向绿灯
/* 用软件延时一个单位时间 */
void Delay1Unit( void )
{
    unsigned int i, j;
    for( i =0; i <1000; i ++ )
    for( j <0; j <1000; j ++ );    // 通过调整 j 循环次数,可产生 1ms 延时
}
/* 延时 n 个单位时间 */
void Delay( unsigned int n )
{
    for( ; n! =0; n -- )
    Delay1Unit();
}
void main( void )
{
    while( 1 )
    {
SNRed =0; SNYellow =0; SNGreen =1; EWRed =1; EWYellow =0; EWGreen =0; Delay( 60 );
SNRed =0; SNYellow =1; SNGreen =0; EWRed =1; EWYellow =0; EWGreen =0; Delay( 10 );
SNRed =1; SNYellow =0; SNGreen =0; EWRed =0; EWYellow =0; EWGreen =1; Delay( 60 );
SNRed =1; SNYellow =0; SNGreen =0; EWRed =0; EWYellow =1; EWGreen =0; Delay( 10 );
    }
}
```

习题

一、填空题

1. 规定汇编语言源程序起始地址的伪指令是_____。

2. 将汇编语言源程序翻译成机器语言目标程序的程序是_____。

3. 调用子程序时，将 PC 当前值保存到_____。

4. 子程序返回用_____指令。

5. 保护现场时，常用_____指令将数据压入堆栈。

二、简答题

1. 编写程序，比较内部 RAM30H 单元和 40H 单元中的二个无符号数的大小，将大数存入 20H

单元，小数存入 21H 单元，若两数相等，则使位空间的第 127 位置 1。

2. 设变量 X 存在内部 RAM 的 20H 单元中，其取值范围为 0 ~ 5，编一查表程序求其平方值，并将结果存放在内 RAM 21H 单元。

3. 编写程序，根据 R7 的内容，转至对应的分支程序。设 R7 的内容为 0 ~ 9，对应的分支程序入口地址分别为 P0 ~ P9。

4. 编写程序将一个字节的二进制数转换成 3 位非压缩型 BCD 码。设该二进制数在内部 RAM 40H 单元，转换结果放入内部 RAM 50H、51H、52H 单元中（百位在 50H）。

5. 根据例题的汇编语言程序，编写对应的 C51 程序。

第5章 MCS-51 单片机中断系统

中断是 CPU 处理随机事件的有效方法，是提高 CPU 工作效率的重要途径。在 MCS-51 单片机中设有五个中断源：两个外部中断，两个定时器/计数器中断，一个串行中断。用户可以通过对定时器控制寄存器 TCON、串行控制寄存器 SCON、中断屏蔽寄存器 IE 和中断优先级寄存器 IP 的编程实现对中断的控制管理。

5.1 中断的概念

所谓中断，就是当 CPU 正在处理某项事务的时候，如果系统发生了紧急事件，要求 CPU 暂停当前正在处理的工作而去处理这个紧急事件，待事件处理完成后，再回到原来中断的地方，继续执行原来被中断的程序，这个过程称做中断。如图 5-1 所示。

从中断的定义可以看到中断过程包括：中断请求、中断响应、中断处理、中断返回四个部分。中断源发出中断请求，单片机对中断请求进行响应和处理，当中断处理完成后应返回被中断的地方继续执行原来的程序。

中断系统大大提高了单片机的工作效率和灵活性。首先，单片机可以通过中断系统实现多个外设的分时操作，可以同时控制和管理多个对象。其次，单片机可方便地实现实时处理，对随机发生的事件及时处理。最后，通过中断，系统可以自动处理某些故障，如掉电、运算溢出等特殊情况。

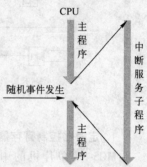

图 5-1　中断处理过程

5.2 中断源

能够引起中断请求的事件叫中断源。MCS-51 单片机设有 5 个中断源。

1. 外部中断源

MCS-51 单片机的 INT0 和 INT1 为外部中断源，可用于输入/输出请求、实时事件处理、掉电、设备故障等事件的处理。

2. 内部中断源

定时器/计数器 T0、T1 溢出中断和串行口的发送/接收中断是 3 个内部中断源。采用定时功能时，计数脉冲来自片内；用于计数功能时，计数脉冲来自片外。串行接收或发送完一帧数据时就产生一个中断请求 RI 或 TI。串行接收和串行发送共用一个中断标志位。中断源及中断入口地址（中断矢量）见表 5-1。

表 5-1　中断源及中断入口地址

中断源	中断标志	中断矢量	引脚	优先次序
INT0 外部中断 0	IE0	0003H	P3.2	高
定时器/计数器 0 中断	TF0	000BH	P3.4	
INT1 外部中断 1	IE1	0013H	P3.3	
定时器/计数器 1 中断	TF1	001BH	P3.5	
串行中断	TI/RI	0023H		低

5.3 中断控制

MCS-51 单片机中有 4 个特殊功能寄存器与中断有关：定时器控制寄存器 TCON、串行控制寄存器 SCON、中断屏蔽寄存器 IE 和中断优先级寄存器 IP。用户可通过编程对这 4 个特殊功能寄存器进行设置，从而灵活控制每个中断源的中断过程，如图 5-2 所示。

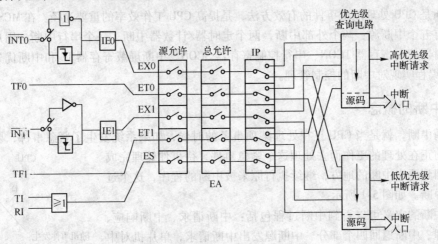

图 5-2   中断控制

1. 定时器控制寄存器 TCON

MCS-51 单片机的中断请求标志分别在定时器控制寄存器 TCON 和串行控制寄存器 SCON 中。

TCON 的字节地址为 88H，位地址为 88H ~ 8FH，各位定义见表 5-2。

表 5-2   定时器控制寄存器 TCON

TCON	D7	D6	D5	D4	D3	D2	D1	D0
位名称	TF1	TR1	TF0	TR0	IE1	IT1	IE0	IT0
位地址	8FH	8EH	8DH	8CH	8BH	8AH	89H	88H
功能	T1 中断标志	T1 启动控制	T0 中断标志	T0 启动控制	INT1中断标志	INT1触发方式	INT0中断标志	INT0触发方式

- IT0/IT1：外部中断0/1 请求触发方式控制位。1 为脉冲触发，下降沿有效。0 为电平触发，低电平有效。
- IE0/IE1：外中断INT0/INT1请求标志位。当 CPU 采样到INT0（INT1）端出现有效中断请求时，IE0（IE1）位由硬件置 1。当中断响应完成转向中断服务后，由硬件把 IE0（或 IE1）清零。
- TR0/TR1：定时器运行控制位。0 停止定时器/计数器工作，1 启动定时器/计数器开始工作。
- TF0/TF1：计数溢出标志位。当计数器产生计数溢出时，相应的溢出标志位由硬件置 1。当转向中断服务后，由硬件自动清零。计数溢出标志位的使用有两种情况：采用中断方式时，作中断请求标志位来使用；采用查询方式时，作查询状态位来使用。

2. 串行控制寄存器 SCON

串行控制寄存器 SCON 的字节地址为 98H，位地址为 98H ~ 9FH。SCON 的结构、位名称、位地址和功能定义如表5-3 所示。

表5-3 串行控制寄存器 SCON

SCON	D7	D6	D5	D4	D3	D2	D1	D0
位名称	SM0	SM1	SM2	REN	TB8	RB8	TI	RI
位地址	9FH	9EH	9DH	9CH	9BH	9AH	99H	98H
功能	方式选择	方式选择	多机通信控制	接收允许	发送第9位	接收第9位	串行发送中断	串行接收中断

- TI：串行口发送中断请求标志位。当发送完一帧串行数据后，由硬件置1；在转向中断服务程序后，接口硬件不能自动将 TI 或 RI 清零，需由用户采用软件清零，来撤销中断。中断撤销必须在下一个中断到来之前完成。
- RI：串行口接收中断请求标志位。当接收完一帧串行数据后，由硬件置1；在转向中断服务程序后，需用软件清零。串行中断请求由 TI 和 RI 的逻辑"或"得到。SCON 中的其余各位用于串行通信控制。

3. 中断屏蔽寄存器 IE

MCS-51 单片机的中断屏蔽寄存器 IE 用于控制各中断源的中断开放或关闭。字节地址为0A8H，位地址为0A8H ~ 0AFH。IE 的结构、位名称和位地址定义如表5-4 所示。

表5-4 中断屏蔽寄存器 IE

IE	D7	D6	D5	D4	D3	D2	D1	D0
位名称	EA	—	—	ES	ET1	EX1	ET0	EX0
位地址	AFH	—	—	ACH	ABH	AAH	A9H	A8H
中断源	CPU			串口	T1	$\overline{INT1}$	T0	$\overline{INT0}$

- EA：中断允许总控制位。EA = 0，屏蔽所有的中断请求；EA = 1，开放中断。EA 的作用是使中断允许形成两级控制。即各中断源首先受 EA 位的控制，其次还要受各中断源自己的中断允许控制。
- ES：串行口中断允许位。ES = 0，禁止串行口中断；ES = 1 允许串行口中断。
- ET1：定时器/计数器 T1 的溢出中断允许位。ET1 = 0，禁止 T1 中断；ET1 = 1，允许 T1 中断。
- EX1：外部中断1（$\overline{INT1}$）的中断允许位。EX1 = 0，禁止外部中断1 中断；EX1 = 1，允许外部中断1 中断。
- ET0：定时器/计数器 T0 的溢出中断允许位。ET0 = 0，禁止 T0 中断；ET0 = 1，允许 T0 中断。
- EX0：外部中断0（$\overline{INT0}$）的中断允许位。EX0 = 0，禁止外部中断0 中断；EX0 = 1 允许外部中断0 中断。

4. 中断优先级控制寄存器 IP

MCS-51 单片机的中断源有两个用户可控制的中断优先级：高优先级和低优先级，从而可实现两级中断嵌套。该功能由 IP 控制实现，其字节地址为0B8H，位地址为0BFH ~ 0B8H。IP 的结构、位名称和位地址定义如表5-5 所示。

表 5-5　中断优先级控制寄存器 IP

IP	D7	D6	D5	D4	D3	D2	D1	D0
位名称	—	—	—	PS	PT1	PX1	PT0	PX0
位地址	—	—	—	BCH	BBH	BAH	B9H	B8H
中断源	—	—	—	串口	T1	$\overline{INT1}$	T0	$\overline{INT0}$

- PS：串行口的中断优先级控制位。"0"为低优先级，"1"为高优先级。
- PT1：定时器/计数器 T1 的中断优先级控制位。"0"为低优先级，"1"为高优先级。
- PX1：外部中断 1（$\overline{INT1}$）的中断优先级控制位。"0"为低优先级，"1"为高优先级。
- PT0：定时器/计数器 T0 的中断优先级控制位。"0"为低优先级，"1"为高优先级。
- PX0：外部中断 0（$\overline{INT0}$）的中断优先级控制位。"0"为低优先级，"1"为高优先级。

同级中优先权次序从高到低依次为$\overline{INT0}$、T0、$\overline{INT1}$、T1、RI/TI。

中断优先级应遵循的原则如下：

- 正在进行的中断过程不能被新的同级或更低优先级的中断请求所中断，一直到该中断服务程序结束，返回主程序且执行了主程序中的一条指令后，CPU 才响应新的同级或低级中断请求。
- 正在进行的低优先级中断服务程序能被高优先级中断请求所中断，实现两级中断嵌套。高级中断结束后，返回低级中断继续服务。
- CPU 同时接收到几个中断请求时，首先响应优先级最高的中断请求。

5.4　中断响应

CPU 对中断请求进行判断，形成中断矢量，转入相应的中断服务程序的过程叫中断响应。只有满足规定要求的中断请求才能被 CPU 响应。

1. CPU 响应中断的基本条件

- 有中断源提出中断请求；
- 中断总允许位 EA = 1，即 CPU 开放中断；
- 申请中断的中断源其中断允许位为 1，即中断没有被禁止；
- CPU 没有响应同级或更高优先级的中断；
- 当前指令执行结束；
- 如果正在执行的指令是 RETI 或访问 IE、IP 指令，CPU 在执行 RETI 或访问 IE、IP 指令后，至少还需要再执行一条其他指令后才会响应中断请求。

2. 中断响应过程

单片机在每个机器周期的 S5P2 期间，顺序采样每个中断源，并建立中断标志。CPU 在下一个机器周期的 S6 期间按优先级顺序查询中断标志，如查询到某个中断标志为 1，且符合中断响应条件将在下一个机器周期按优先级进行中断响应。

中断响应的主要内容就是由硬件自动生成一条长调用 LCALL addr16 指令，这里的 addr16 就是程序存储器中相应的中断入口地址，如表 5-1 所示。中断响应后，由硬件将程序计数器 PC 的内容压入堆栈保护，然后将对应的中断矢量装入程序计数器 PC，使程序转向相应的中断入口。由于中断矢量是固定的，两个中断矢量之间只有 8 个字节的存储空间，因此，通常只在中断矢量指示的存储单元存放转移指令，由转移指令跳转到实际的中断服务程序。

CPU 响应中断请求后，在中断返回（执行 RETI）前，必须撤除中断请求，即将中断标志位清除，回复到原始的状态，否则会错误地再一次引起中断响应。对于定时器/计数器 T0、T1 的中断请求和边沿触发方式的外部中断$\overline{INT0}$、$\overline{INT1}$，CPU 在响应中断后会用硬件清除相应的中断请求标志 TF0、TF1、IE0、IE1，即自动撤除中断请求；对外中断电平触发方式，需要采取软、硬结合的方法撤除；对于串行中断，CPU 响应中断后不能用硬件清除中断标志位，必须由用户在中断服务程序中用指令来清除相应的中断标志，如用指令 CLR TI 清除串行口发送的中断请求，用指令 CLR RI 清除串行口接收的中断请求等。

5.5　中断处理

　　CPU 响应中断后，根据不同的中断源，形成不同的中断矢量，执行相应的中断服务程序。CPU 执行中断服务程序的过程，就是中断处理过程。中断处理一般包括保护现场、中断服务和恢复现场三部分。

　　中断服务程序是子程序，因此，其第一部分内容应该是将该子程序用到的相关寄存器压入堆栈保护，以便中断返回后，主程序的现场不被破坏，一般用 PUSH 指令实现。中断服务是该中断要实现的操作或处理，是中断服务程序的主体。不同的中断源，有不同的中断需求，中断服务也就不一样。恢复现场程序段将压入堆栈的相关寄存器弹出，恢复主程序被中断时的现场，以保证主程序的正常运行。中断处理过程如图 5-3 所示。在保护现场和恢复现场过程中，一般不允许被其他事件中断，因此要关中断。否则，可能会引起中断的混乱。

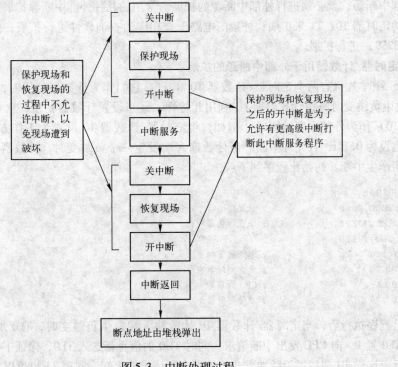

图 5-3　中断处理过程

5.6　中断返回

1. 中断返回的过程

　　在中断服务程序的最后，必须安排一条中断返回指令 RETI，当 CPU 执行 RETI 指令时，自动完成下列操作：

- 将相应的优先级状态触发器清零；
- 恢复断点地址，从堆栈中弹出栈顶的两个字节到 PC，从而返回到断点处；

在中断返回后自动完成开放同级中断，以便允许同级中断源请求中断。

2. 中断响应时间

中断响应时间是指 CPU 检测到中断请求信号到转入中断入口所需要的时间。MCS-51 单片机响应中断的最短时间为 3 个机器周期，最长为 8 个机器周期。若 CPU 检测到中断请求信号时正好是一条指令的最后一个机器周期，且不是 RETI 或访问 IE、IP 指令，则不需等待就可以立即响应。即由内部硬件执行一条长调用指令，该指令需要 2 个机器周期，加上检测需要 1 个机器周期，一共需要 3 个机器周期就可以开始执行中断服务程序。若中断检测时正在执行 RETI 或访问 IE、IP 指令的第一个机器周期，这样包括检测在内需要 2 个机器周期（以上三条指令均需 2 个机器周期），若紧接着要执行的指令恰好是执行时间最长的乘除法指令，其执行时间均为 4 个机器周期，再用 2 个机器周期执行一条长调用指令才能转入中断入口，这样，总共需要 8 个机器周期。其他情况下的中断响应时间都在 3~8 个机器周期之间。

5.7　外部中断源扩展

MCS-51 单片机只提供了两个外部中断请求输入端，在实际应用中，如果需要使用多于两个的外部中断源，就必须进行外部中断源的扩展。常用的几种外部中断源扩展方法是：利用单片机中的定时器 T0、T1 来扩展；外接门电路配合相应的查询软件进行扩展；外接中断控制芯片（如 8259）进行扩展。

1. 定时器/计数器用于外部中断源的扩展

MCS-51 单片机有两个定时器/计数器 T0 和 T1，它们作为计数器使用时，计数输入端 T1（T0）发生负跳变时将使计数器加 1。利用此特性，适当设置计数器初值，就可以把计数输入端 T1（T0）作为外部中断输入端。例如，将定时器/计数器 T0 设置为工作方式 2 计数模式，计数初值设为 0FFH，且允许中断。当计数输入端发生一个负跳变时，计数器加 1，便发生溢出，从而产生中断。初始化程序如下：

```
ORG 0100H
MOV TMOD,#06H        ;设置定时器 T0 为工作方式 2、计数模式
MOV TH0,#0FFH        ;设置计数器初值
MOV TL0,#0FFH
SETB IT0             ;选择跳变触发方式
SETB ET0             ;允许定时器中断
SETB EA              ;CPU 开中断
SETB TR0             ;启动定时器 T0
```

以上程序执行后，当定时器/计数器 T0 计数输入端发生负跳变时，TL0 加 1，产生溢出，标志位 TF0 置 1，向 CPU 发出中断请求，同时 TH0 的值重新送入 TL0，保证下一次中断过程的顺利进行。这样 T0 端相当于脉冲方式的外部中断请求输入端。同理 T1 也可以实现外部中断源的扩展。

要注意，用此方法扩展外部中断源是以占用内部定时中断为代价的。只有当定时器/计数器空闲时才能使用。

2. 查询方式扩展外部中断源

当外部中断源较多时，可以采用查询方式扩展外部中断源。把多个中断源通过硬件（"或

非"门)引入外部中断源输入端(INT0或INT1),同时将中断源连接到某 I/O 接口。这样,每
个中断源都可能引起中断,在中断服务程序中通过软件查询 I/O 口,便可以确定哪一个是正在申请的中断源,查询的次序则由中断源优先级决定,这样可实现多个外部中断源的扩展。

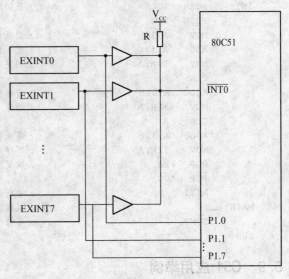

例如,通过集电极开路(OC)门实现外部中断源扩展的基本原理如图 5-4 所示。当外部扩展中断源的任何一个中断申请信号有效时,其对应的 OC 门输出为低,使INT0有效,申请中断。有中断后,用软件查询P1 口状态,决定是哪一个中断源。查询次序决定优先级。

参考程序如下:

```
ORG 0003H
        LJMP INTER_PR0
ORG 0100H
INTER_PR0:
        JNB  P1.0, SUB0_PR0
        JNB  P1.1, SUB1_PR0
        ......
        JNB  P1.7, SUB7_PR0
```

图 5-4　查询式外部中断源扩展

查询法扩展外部中断源比较简单,但是扩展外部中断源个数较多时,查询时间较长。

3. 用中断控制芯片(如 8259)扩展中断源

当需要扩展的外部中断源比较多时,可以使用专用中断控制器 8259 实现。一个 8259 可以直接扩展 8 个中断源,经级联后,最多可以扩展 64 个中断源。

5.8　中断应用举例

【例 5-1】　出租车计价器计程方法是车轮每运转一圈产生一个负脉冲,从外中断INT0(P3.2)引脚输入,行驶里程为轮胎周长×运转圈数。设轮胎周长为2m,试实时计算出租车行驶里程(单位 m),数据存 32H、31H、30H 中。

参考程序如下:

```
ORG  0000H                     ; 复位地址
        LJMP   STAT            ; 转初始化
ORG  0003H                     ; 中断入口地址
        LJMP   INT             ; 转中断服务程序
ORG  0100H                     ; 初始化程序首地址
STAT:  MOV   SP,#60H           ; 置堆栈指针
       SETB  IT0               ; 置边沿触发方式
       MOV   IP,#01H           ; 置高优先级
       MOV   IE,#81H           ; 开中断
       MOV   30H,#0            ; 里程计数器清零
       MOV   31H,#0
       MOV   32H,#0
       LJMP  MAIN              ; 转主程序,并等待中断
```

```
        ORG    0200H              ; 中断服务子程序首地址
INT:    PUSH   ACC               ; 保护现场
        PUSH   PSW
        MOV    A,30H             ; 读低8位计数器
        ADD    A,#2              ; 低8位计数器加2m
        MOV    30H,A             ; 回存
        CLR    A
        ADDC   A,31H             ; 中8位计数器加进位
        MOV    31H,A             ; 回存
        CLR    A
        ADDC   A,32H             ; 高8位计数器加进位
        MOV    32H,A             ; 回存
        POP    PSW               ; 恢复现场
        POP    ACC
        RETI                     ; 中断返回
MAIN:   ......                   ; 里程显示
        SJMP   $                 ; 等待中断
END
```

5.9 C51 应用举例

1. LED 发光控制

在 P1.1 引脚接一个 LED，在 P3.2（INT0）引脚接一个按键 K。按一下按钮 K，则 LED 亮，再次按一下按钮 K，则 LED 熄灭，如图 5-5 所示。

```
#include <REG51.H>
sbit LED = P1^1;
void main()
{
    EA =1;                    // CPU 开中断
    IT0 =1;                   // 下降沿触发
    EX0 =1;                   // 外部中断 0 开放
    while(1);
}
void int0(void) interrupt 0 using 1    // 中断0,使用1组工作寄存器
{LED = ! LED;}
```

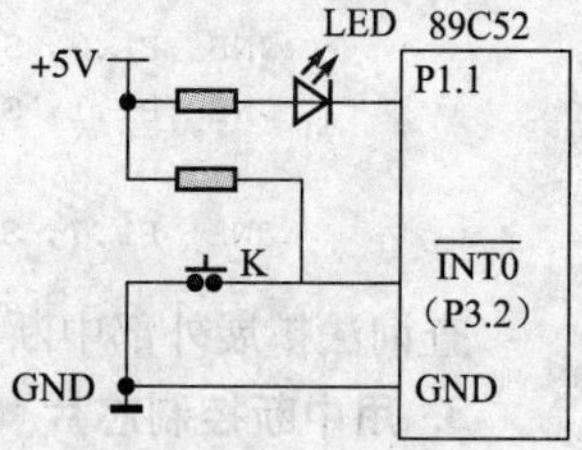

图 5-5 按键控制 LED

2. 中断源扩展

图 5-6 所示是利用优先权编码芯片 74LS148，在 MCS51 单片机的外部中断INT1上扩展多个外部中断源的逻辑原理图。其中以开关闭合来模拟中断请求信号。当有任一中断源产生中断请求，就能在 MCS-51 单片机的外部中断INT1上产生一个有效中断信号，由 P1 口的低 3 位可得对应中断源编码。

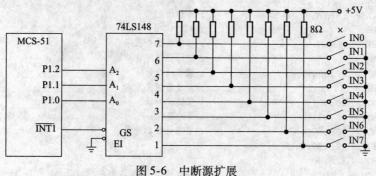

图 5-6 中断源扩展

```
# include <reg51.h>                          /* 包含头文件 reg51.h */
unsigned char status;
bit flag;
void service_int1 ( ) interrupt 2 using 2    /* INT1 中断,第二组寄存器 */
    {
        flag = 1;                            /* 设置发生中断标志 */
        status = P1;                         /* 读 P1 口状态确定发生中断的中断号 */
        status = status & 0x07;              /* 屏蔽高 5 位 */
    }

void main(void )                             /* 主程序 */
    {
        IP = 0x04;                           /* 设置 INT1 为高优先级中断 */
        IE = 0x84;                           /* 开 INT1 中断 */
        for( ; ; )
          { if (flag)                        /* 已产生了中断 */
               { switch (status)             /* 根据中断号作相应处理 */
                   { case 0:                 /* IN0 处理 */
                         ...
                         break;
                     case 1:                 /* IN1 处理 */
                         ...
                         break;
                     ......
                     case 7:                 /* IN7 处理 */
                         ...
                         break;
                     default:break;
                   }
                 flag = 0;                   /* 清中断标志以备下次中断处理 */
               }
          }
    }
```

习题

一、填空题

1. MCS-51 单片机上电复位时,同级中断的优先级次序从高至低依次为_____、_____、_____、_____、_____。

2. 若 IP = 00010100B,优先级别最高者为_____、最低者为_____。

3. 外部中断有_____触发和_____触发两种触发方式。

4. MCS-51 单片机有 5 个中断源,它们的中断入口地址分别为:_____、_____、_____、_____、_____。

5. 当串口完成一帧字符接收时,RI 为_____,当中断响应后,需要_____清零。

二、简答题

1. MCS-51 单片机响应中断的条件是什么?

2. 简述 MCS-51 单片机中断过程。

3. 电路如图 5-7 所示。编写程序,用两级中断实现如下功能。电路正常工作时,两个 LED 同时点亮;若先按下按键 K0,LED1 熄灭,LED0 闪烁 10 次;若在 LED0 闪烁期间按下按键 K1,则 LED0 熄灭,LED1 闪烁,闪烁 10 次后,LED1 熄灭,LED0 继续闪烁。若先按下按键

K1，则 LED1 闪烁，闪烁 10 次后，LED1 熄灭。若在 LED1 闪烁其间，按下 K0，不能中断 LED1 的闪烁；等到 LED1 闪烁结束后，LED0 闪烁 10 次。闪烁结束后，两个 LED 同时点亮。

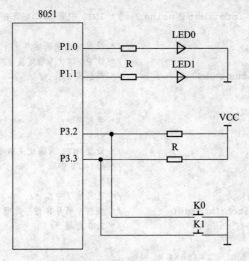

图 5-7   两级中断控制

编程思路： 设置 K1 为高级中断，K0 为低级中断，即可实现指定功能。因为 MCS-51 单片机中断优先级规定，高级优先级中断请求可以中断低优先级中断源的中断服务，低优先级中断请求不可以中断高级中断源的中断服务。

4. 根据例题的汇编语言程序，编写对应的 C51 程序。

第6章 MCS-51 单片机定时器/计数器

MCS-51 单片机内部带有两个 16 位定时器/计数器 T0 和 T1。它们均可独立编程，且有四种工作方式。方式 0 为 13 位定时器/计数器，方式 1 为 16 位定时器/计数器，方式 2 为自动装载的 8 位定时器/计数器，工作在方式 3 时，T0 被分解为一个 8 位定时器/计数器和一个 8 位定时器。T0 工作于方式 3 时，T1 常用作波特率发生器。用户可以通过对工作方式寄存器 TMOD、控制寄存器 TCON 和初值寄存器 TLX、THX 的编程实现对定时器/计数器的控制管理。

6.1 定时器/计数器结构

MCS-51 单片机定时器/计数器的逻辑结构如图 6-1 所示。主要由工作方式寄存器 TMOD、控制寄存器 TCON 和初值寄存器 TLX、THX 组成。

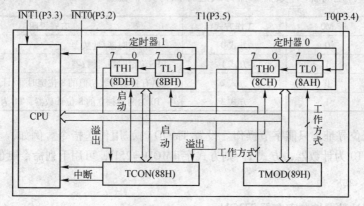

图 6-1 定时器/计数器的逻辑结构

1. 定时与计数

当 T0 或 T1 作定时器时，它是对片内振荡器输出的时钟信号经 12 分频后的脉冲计数，即每过一个机器周期使定时器的数值加 1，直至溢出。显然，定时器的定时时间与系统的振荡频率有关。假设采用 12MHz 晶振，一个机器周期等于 1μs，则计数频率为 1MHz。

当 T0 或 T1 作计数器时，它是对引脚 T0(P3.4) 和 T1(P3.5) 的外部脉冲信号计数。当输入脉冲信号产生由高电平至低电平的下降沿时，计数器的值加 1。为了确保某个电平在变化之前至少被采样一次，要求外部计数脉冲的高电平与低电平保持时间至少为一个完整的机器周期。

不管是定时还是计数，T0 或 T1 在对内部时钟或对外部事件计数时都不占用 CPU 时间，只有定时器/计数器产生溢出时，才会中断 CPU 的当前操作。CPU 也可重新设置定时器/计数器的工作方式、计数初值，以改变定时器的操作。

2. 初值寄存器

定时器/计数器是由两个 8 位特殊功能寄存器构成的一个 16 位的加 1 计数器（TH0、TL0 构成 T0；TH1、TL1 构成 T1）。TH0、TL0、TH1、TL1 均可独立工作。计数器计满溢出时申请中断。因为是加 1 计数器，在给计数器赋初值时，不能直接输入所需的计数值，而应输入计数器计数的最大值与这一计数值的差值，设最大值为 M，计数值为 N，初值为 $X = M - N$。如 16 位计数器的计数最大值 $M = 65536$，要计 10 个数，即 $N = 10$，则计数初值 $X = 65536 - 10 = 65526$。

3. 工作方式寄存器 TMOD

TMOD 用于控制定时器/计数器的工作方式。字节地址为 89H，位结构如下。

D7	D6	D5	D4	D3	D2	D1	D0
GATE	C/$\overline{\text{T}}$	M1	M0	GATA	C/$\overline{\text{T}}$	M1	M0
←T1 方式字段→				←T0 方式字段→			

1）C/$\overline{\text{T}}$：定时或计数功能选择位。1 为计数方式，0 为定时方式。

2）GATE：门控位，用于控制定时器/计数器的启动是否受外部中断请求信号的影响。

- GATE = 0，软件控制位 TR0(TR1) = 1 启动定时器/计数器开始计数。
- GATE = 1，软件控制位 TR0(TR1) = 1，$\overline{\text{INT0}}$（$\overline{\text{INT1}}$）引脚为高电平时启动定时器/计数器开始计数。

3）M1、M0：定时器/计数器工作方式选择位，见下表。

M1	M0	工作方式	方式说明
0	0	方式 0	13 位定时器/计数器
0	1	方式 1	16 位定时器/计数器
1	0	方式 2	具有自动重装初值的 8 位定时器/计数器
1	1	方式 3	T0 为两个独立的 8 位计数器，T1 为波特率发生器

TMOD 不能位寻址，只能字节操作。设置 TMOD 时，用传送指令。例如，要设定 T1 为定时器，方式 2；T0 为计数器，方式 1。则方式字 TMOD = 25H，可用下列命令赋值。

```
MOV  TMOD, #25H
```

4. 定时器/计数器控制寄存器 TCON

TCON 的字节地址为 88H，位地址为 88H ~ 8FH，位结构如下。

位	D7	D6	D5	D4	D3	D2	D1	D0
位地址	8FH	8EH	8DH	8CH	8BH	8AH	89H	88H
位名称	TF1	TR1	TF0	TR0	IE1	IT1	IE0	IT0

1）TF0（TF1）：T0(T1) 定时器/计数器溢出中断标志位。当 T0(T1) 计数溢出时，由硬件置位。TF0(TF1) = 1，并在允许中断的情况下，向 CPU 发出中断请求信号，CPU 响应中断转向中断时，由硬件自动清零。在查询方式下，作为查询标志，由软件清零。

2）TR0（TR1）：T0(T1) 运行控制位。当 GATE = 0 时，TR0(TR1) = 1 时启动 T0(T1) 计数；TR0(TR1) = 0 时关闭 T0(T1)。当 GATE = 1 时，$\overline{\text{INT0}}$($\overline{\text{INT1}}$) 为高电平时，TR0(TR1) = 1 时启动 T0(T1) 计数。该位由软件进行置位/清零。

3）IE0(IE1)：外部中断 $\overline{\text{INT0}}$(INT1) 的中断请求标志位，1 表示有中断请求。

4）IT0(IT1)：外部中断 $\overline{\text{INT0}}$(INT1) 中断触发方式位，1 表示下降沿触发，0 表示低电平触发。

TCON 可按位寻址，因此，可以使用位操作指令进行操作。例如用 CLR TF0 清 T0 溢出位，用 SET TR1 启动 T1 开始工作。

6.2　定时器/计数器工作方式

6.2.1　工作方式 0

当 M1 = 0，M0 = 0 时，定时器/计数器工作于方式 0，是 13 位定时器/计数器。由 TLX 的低 5 位（TLX 的高 3 位未用）和 THX 高 8 位组成，其等效电路如图 6-2 所示。

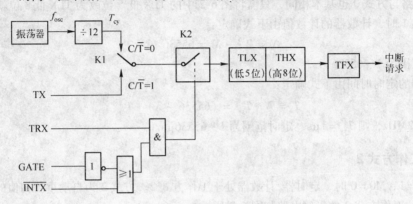

图 6-2　工作方式 0 的等效电路

1. 定时器

当 $C/\overline{T} = 0$ 时，多路开关接通振荡脉冲的 12 分频输出，13 位计数器对内部进行计数。即对机器周期脉冲 T_{cy} 计数，每个机器周期 TLX 加 1。定时时间由下式确定：

$$T = N * T_{cy} = (8192 - X) * T_{cy}$$

式中，T_{cy} 为单片机的机器周期；N 为计数值，X 为计数器初值。如果振荡频率 $f_{osc} = 12\mathrm{MHz}$，则 $T_{cy} = 1\mu s$，定时范围为 $1 \sim 8192\mu s$。

2. 计数器

当 $C/\overline{T} = 1$ 时，多路开关接通计数引脚 TX（T0 = P3.4，T1 = P3.5），外部计数脉冲由引脚 TX 输入。当计数脉冲发生负跳变时，计数器加 1。工作在计数状态时，加 1 计数器对 TX 引脚上的外部脉冲计数。计数值由下式确定：

$$N = 2^{13} - X = 8192 - X$$

式中 N 为计数值，X 是 THX、TLX 的初值。$X = 8191$ 时为最小计数值 1，$X = 0$ 时为最大计数值 8192，即计数范围为 $1 \sim 8192$。

无论定时，还是计数，当 TLX 的低 5 位溢出时，都会向 THX 进位，而全部 13 位计数器溢出时，则使计数器溢出标志位 TFX 置 1，从而向 CPU 申请中断。当 CPU 响应中断，转入中断服务程序时，由硬件将 TFX 清零。

门控位 GATE 的状态决定着计数器运行启动控制方式。如图 6-2 所示，当 GATE = 0 时，使引脚 $\overline{INTX}$ 信号无效。而这时若 TRX = 1，则接通模拟开关，使计数器进行加 1 计数。若 TRX = 0，则断开模拟开关，停止计数。

当 GATE = 1 时，"与"门的输出端由 TRX 和 $\overline{INTX}$ 电平的状态确定，此时如果 TRX = 1，$\overline{INTX} = 1$ "与"门输出为 1，允许定时器/计数器计数。可见运行启动控制由 TRX 和 $\overline{INTX}$ 两个条件共同控制。

计数器 THX 溢出后，必须用程序重新对 THX、TLX 设置初值，否则下一次 THX、TLX 将从 0 开始计数。

6.2.2　工作方式1

当 M1 = 0，M0 = 1 时，定时器/计数器处于工作方式1，此时 TLX 和 THX 组成16位定时器/计数器。方式0和方式1的区别仅在于计数器的位数不同，方式0为13位定时器/计数器，而方式1则为16位定时器/计数器。其他控制（GATE、C/T、TFX、TRX）均相同。工作方式1的等效电路与方式0也基本相同，只需将图6-2中的 TLX 低5位改为 TLX 低8位就可以了。

在方式1时，计数器的计数值由下式确定：

$$N = 2^{16} - X = 65536 - X$$

计数范围为 1～65536。

定时器的定时时间由下式确定：

$$T = N * T_{cy} = (65536 - X) * T_{cy}$$

如果 $f_{osc} = 12\text{MHz}$，则 $T_{cy} = 1\mu s$，定时范围为 1～65536μs。

6.2.3　工作方式2

当 M1 = 1，M0 = 0 时，定时器/计数器处于工作方式2。方式2为自动重装初值的8位定时器/计数器，工作方式2的等效电路如图6-3所示。

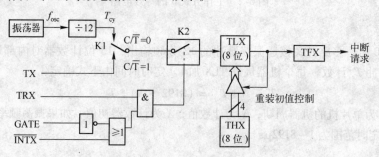

图6-3　工作方式2的等效电路

方式2与方式0、方式1的区别是：TLX 作为8位计数器使用，THX 作初值寄存器用。TLX 溢出后，不仅置位 TFX，而且发出重新装载初值信号，使三态门打开，将 THX 中的初值自动送入 TLX，并从初值开始重新计数。重装初值后 THX 的内容不变。

在工作方式2时，计数器的计数值由下式确定：

$$N = 2^8 - X = 256 - X$$

计数范围为 1～256。

定时器的定时值由下式确定：

$$T = N * T_{cy} = (256 - X) * T_{cy}$$

如果 $f_{osc} = 12\text{MHz}$，则 $T_{cy} = 1\mu s$，定时范围为 1～256μs。

6.2.4　工作方式3

当 M1 = 1，M0 = 1 时，定时器/计数器处于工作方式3，方式3的等效电路如图6-4所示。

工作方式3只适用于定时器/计数器T0。当 T0 工作在方式3时，TH0 和 TL0 被分为两个独立的8位计数器。TL0 可作为定时器或计数器使用，占用了 T0 本身的控制信号 TF0 和 TR0。TH0 只能作为定时器使用，且占用了定时器/计数器 T1 的两个控制信号 TR1 和 TF1。

T0 工作于方式3时，T1 只能工作在方式0、方式1或方式2，并且由于已没有计数溢出标志位 TF1 可供使用，只能把计数溢出直接送给串行口，作串行口的波特率发生器使用，等效电路如图 6-5。

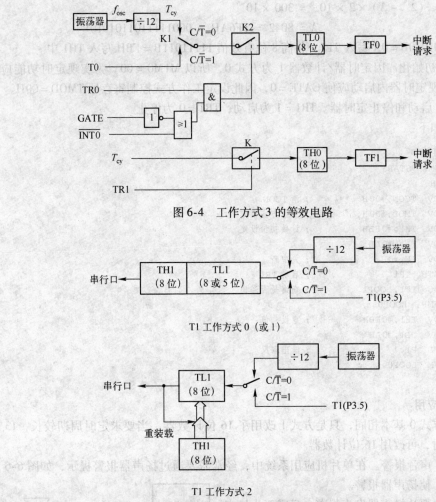

图 6-4　工作方式 3 的等效电路

T1 工作方式 0（或 1）

T1 工作方式 2

图 6-5　方式 3 下的 T1 等效电路

当 T1 作波特率发生器使用时，只需设置好工作方式，即可自动运行。如要停止它的工作，需送入一个把它设置为方式 3 的方式控制字即可。这是因为定时器/计数器 T1 本身不能工作在方式 3，如强制把它设置为方式 3，自然会停止工作。

当单片机内部定时器/计数器不够用时，可以扩展外部定时器/计数器，如 Intel8253 等。

6.3　定时器/计数器应用举例

在使用定时器/计数器时，应做好四件事：设置 TMOD 以选择工作方式；计算并设置计数初值 THX，TLX；设置 IE、IP 以规定中断的开放/禁止及优先级；设置 TCON 以启动/停止定时器/计数器的工作。

1. 方式 0 应用

【例 6-1】　设单片机晶振频率 f_{osc} =6MHz，使用定时器 1 以方式 0 产生周期为 600μs 的等宽方波脉冲，并由 P1.7 输出，以查询方式完成。

1）计算计数初值。欲产生周期为 $600\mu s$ 的等宽方波脉冲，只需在 P1.7 端交替输出 $300\mu s$ 的高低电平即可，因此定时时间应为 $300\mu s$。设待求计数初值为 X，则

$$(2^{13} - X) \times 2 \times 10^{-6} = 300 \times 10^{-6}$$

$$X = 8042 = 1F6AH = 0001111101101010B$$

将低 5 位 01010B＝0A 写入 TL1，将高 8 位有效值 11111011B＝FBH 写入 TH1 中。

2）TMOD 初始化。因定时器/计数器 1 为方式 0，所以 M1M0＝00。为实现定时功能应使 $C/\overline{T}$＝0，为实现定时器内启动应使 GATE＝0，因此设定工作方式控制寄存器 TMOD＝00H。

3）由 TR1 启动和停止定时器。TR1＝1 为启动，TR1＝0 为停止。

参考程序如下：

```
ORG  0000H
     LJMP  START
ORG  1000H
START: MOV  TCON,#00H     ; 清 TCON
       MOV  TMOD,#00H     ; 工作方式设定
       MOV  TH1,#0FBH     ; 计数初值设定
       MOV  TL1,#0AH
       MOV  IE,#0H        ; 关中断
       SETB TR1           ; 启动 TR1
LOOP0: JBC  TF1,LOOP1     ; 查询是否溢出
       SJMP LOOP0
LOOP1: MOV  TH1,#0FBH     ; 重设初值
       MOV  TL1,#0AH
       CPL  P1.7          ; 输出取反
       SJM  LOOP0
END
```

2. 方式 1 应用

方式 1 与方式 0 基本相同，只是方式 1 改用了 16 位计数器。当要求定时周期较长，13 位计数器不够用时，可改用 16 位计数器。

【例 6-2】 声音报警。在单片机应用系统中，经常需要通过扬声器报警提示，如图 6-6 所示。编写程序，使扬声器报警。

编程思路：要让扬声器发声报警，只需要为扬声器提供一个音频驱动信号（如 1000Hz）即可，即编写程序在 P1.7 引脚上输出音频信号即可。设单片机晶振频率 $f_{osc} = 12MHz$，一个机器周期为 $1\mu s$。1000Hz的音频信号周期为 $1ms = 1000\mu s$。使用定时器 1 以方式 1 产生周期为 $1000\mu s$ 的等宽方波脉冲，并从 P1.7 输出即可，以查询方式完成。

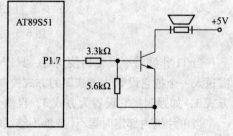

图 6-6 扬声器报警电路

1）计算计数初值。欲产生周期为 1000μs 的等宽方波脉冲，只需在 P1.7 引脚交替输出 500μs 的高低电平即可，因此定时时间应为 500μs。设计数初值为 X，则有：

$$(2^{16} - X) \times 1 \times 10^{-6} = 500 \times 10^{-6}$$

$$X = 65536 - 500 = 65036 = FE0CH$$

将 X 的低 8 位 0CH 写入 TL1，将 X 的高 8 位 FEH 写入 TH1。

2）TMOD 初始化。题目要求定时器/计数器为工作方式 1，所以 M1M0＝01；为实现定时

功能应使 $C/\overline{T}=0$；为实现定时器内启动，应使 GATE $=0$。此题目不涉及定时器/计数器 0，为方便起见，设其各控制位均为 0。则工作方式控制寄存器 TMOD $=10$H。

3）启动和停止控制。因为定时/计数器 1 为内启动，故当 TR1 $=1$ 时，启动计数；当 TR1 $=0$ 时，停止计数。

4）中断的开放/禁止。题目中要求用查询方式检查 T1 的计数溢出状态，故设置 IE $=00$H，以关中断。

汇编语言参考程序如下：

```
ORG   0000H              ;在 0000H 单元存放转移指令
    LJMP  START          ;转移到主程序
    ORG   0100H          ;主程序从 0100H 开始
START:MOV  TCON,#00H     ;清 TCON,定时器中断标志清零,停止计数
    MOV   TMOD,#10H      ;工作方式 1 设定
    MOV   TH1,#0FEH      ;计数 1 初值设定
    MOV   TL1,#0CH
    MOV   IE,#00H        ;关中断
    SETB  TR1            ;启动计数器 1
LOOP0:JBC  TF1,LOOP1     ;查询是否溢出
    SJMP  LOOP0          ;无溢出,查询等待
LOOP1:CLR  TF1
    MOV   TH1,#0FEH      ;重设初值
    MOV   TL1,#0CH
    CPL   P1.7           ;输出取反
    SJMP  LOOP0          ;返回状态查询
END                      ;汇编结束
```

3. 方式 2 应用

【例 6-3】 使用定时器 T0 以方式 2 产生 $200\mu s$ 定时，在 P1.0 输出周期为 $400\mu s$ 的连续方波。已知晶振频率 $f_{osc}=6$MHz。

1）计算计数初值。

$$(256 - X) \times 2 \times 10^{-6} = 200 \times 10^{-6}$$
$$X = 156 = 9CH$$

2）TMOD 初始化。工作方式 2 时，M1M0 $=10$，实现定时功能 $C/\overline{T}=0$，GATE $=0$。定时器 1 不用，无关位设定为 0，可得 TMOD $=02$H。

参考程序如下：

```
ORG   0000H
        LJMP   START
ORG   000BH
        LJMP   LOOP0
ORG   0200H
START:  MOV   TCON,#00H
        MOV   TMOD,#02H      ;定时器方式 2
        MOV   TH0,#9CH       ;计数初值
        MOV   TL0,#9CH
        SETB   EA            ;允许总中断
        SETB   ET0           ;T0 中断允许
        SETB   TR0           ;启动 T0
HERE:   SJMP   HERE          ;等待中断
        ORG   0500H          ;中断服务程序
```

```
LOOP0:  CPL  P1.0
        RETI
END
```

4. 方式3应用

【例6-4】　假设有一个用户系统，已使用了两个外部中断源，并置定时器T1于方式2，作串行口波特率发生器用，现要求再增加一个外部中断源，并由P1.0口输出一个5kHz的方波（假设晶振频率为6MHz）。

在不增加其他硬件开销时，可把定时器/计数器T0置于工作方式3，利用外部引脚T0端作附加的外部中断输入端，把TL0预置为0FFH，这样在T0端出现由1至0的负跳变时，TL0溢出，申请中断，相当于边沿触发的外部中断源。在方式3下，TH0总是作8位定时器用，可以靠它来控制由P1.0输出5kHz方波。

由P1.0输出5kHz的方波，即每隔100μs使P1.0的电平发生一次变化。则TH0中的初始值 $X = M - N = 256 - 100/2 = 206$。

参考程序如下：

```
ORG  0000H
     LJMP   START
ORG  000BH
     LJMP   TL0INT
ORG  001BH
     LJMP   TH0INT
ORG  0100H
START:  MOV   TL0, #0FFH
        MOV   TH0, #206
        MOV   TL1, #BAUD          ; BAUD是根据波特率要求设置的常数
        MOV   TH1, #BAUD
        MOV   TMOD, #27H          ; 置T0工作方式3,TL0工作于计数器方式
        MOV   TCON, #55H          ; 启动定时器T0、T1,置边沿触发
        MOV   IE, #9FH            ; 开放全部中断
        SJMP  $
ORG  0200H                       ; TL0溢出中断服务程序
TL0INT: MOV   TL0, #0FFH          ; 外部引脚T0引起中断处理程序
        RETI
ORG  0300H                       ; TH0溢出中断服务程序
TH0INT: MOV   TH0, #206
        CPL   P1.0
        RETI
END
```

此处串行口中断服务程序、外中断0和外中断1的中断服务程序没有列出。

5. 定时器作外部中断源应用

MCS-51单片机有两个定时器/计数器，当它们选择计数工作方式时，T0或T1引脚上的负跳变将使T0或T1计数器加1。若把定时器/计数器设置成计数工作方式，计数初值设定为满量程，一旦计数从外部引脚输入一个负跳变信号，计数器T0或T1加1，产生溢出中断。便可把外部计数输入端T0（P3.4）或T1（P3.5）扩展为外部中断源输入。

【例6-5】　将T1设置为工作方式2（自动恢复常数）及外部计数方式，计数器TH1、TL1初值设置为0FFH，当计数输入端T1（P3.5）发生一次负跳变，计数器加1并产生溢出标志，向CPU申请中断，中断处理程序使累加器A内容加1，送P1口输出，然后返回主程序。

参考程序如下：

```
ORG 0000H
      LJMP  MAIN
ORG  001BH
      LJMP  INT
ORG  0100H
MAIN:  MOV  SP, #53H
       MOV  TMOD, #60H          ; T1 方式 2,计数
       MOV  TL1,#0FFH           ; 初值满量程
       MOV  TH1,#0FFH
       SETB TR1                 ; 启动 T1
       SETB ET1                 ; T1 中断允许
       SETB EA                  ; CPU 中断开放
LOOP:  SJMP LOOP                ; 等待
INT:   INC A                    ; T1 中断处理
       MOV  P1, A
       RETI                     ; 中断返回
END
```

6.4　单片机音乐

声音的频谱范围为 20Hz ~ 200kHz，人的耳朵能辨别的声音频率大概在 200Hz ~ 20kHz。利用定时器/计数器可以方便地产生一定频率的矩形波，接上喇叭就能发出一定频率的声音，改变定时器/计数器的初值，即可改变频率，即改变音调。用延时程序或另一个定时器控制某一频率信号持续的时间长短，就可以控制节拍。音调和节拍是音乐的两大要素，有了音调和节拍，就可以演奏音乐了。

用单片机产生音频脉冲，只要算出该音频的周期 T，然后用定时器定时 $1/2T$，当定时时间一到，将输出脉冲的 I/O 引脚反相，再重新计时输出，定时时间到再反相，重复此过程就可在此 I/O 引脚得到此音频脉冲。

例如，要产生 200Hz 的音频信号，200Hz 音频的变化周期为 1/200s，即 5ms。用定时器控制某一 I/O 引脚重复输出 2.5ms 的高电平和 2.5ms 的低电平就能发出 200Hz 的音调。

乐曲中，每个音符都对应着确定的频率，每一频率都对应定时器的一个频率初值。每个节拍都有固定的时间，都对应延时程序的一个参数或定时器的一个节拍初值。可以将每一音符对应的定时器频率初值和节拍参数或节拍初值计算出来，把乐谱中所有音符对应的定时器频率初值和节拍参数按顺序排列成表格，然后用查表程序依次取出，产生指定频率的音符并控制节奏，就可以实现演奏效果。

为了控制演奏的结束，结束符和休止符可以分别用代码 00H 和 FFH 来表示，若查表结果为 00H，则表示曲子终了；若查表结果为 FFH，则产生相应的停顿效果。为了产生节奏感，在某些音符（例如两个相同音符）间可以插入一个时间单位的频率略有不同的音符，以示区别。

乐曲的 12 平均率规定：每 2 个八度音（如简谱中的中音 1 与高音 1）之间的频率相差 1 倍。在两个八度音之间，又可分为 12 个半音。音符 A（简谱中的低音 6）的频率为 440Hz，音符 B 到 C 之间、E 到 F 之间为半音，其余为全音。

【例6-6】 用单片机演奏"生日快乐"歌曲。歌谱如下：

生日快乐歌

C3/4

$$|\underline{1\cdot 1}\,2\,1|4\,3\,-|\underline{1\cdot 1}\,2\,1|5\,4\,-|$$

$$|\underline{1\cdot 1}\,\dot{1}\,6|4\,3\,\dot{2}|\underline{7\cdot 7}\,6\,4|5\,4\,-|$$

设用定时器T0工作于方式1产生频率，用T1控制节拍，P2.5驱动扬声器，晶振频率为6MHz。节拍以1/8拍为基准，其他节拍为该节拍的 M 倍，用循环 M 次1/8基准节拍实现。电路如图6-7所示。表6-1列出了C调各音符频率与T0初值的对应关系。"#"表示半音，用于上升或下降半个音。

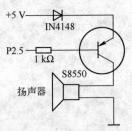

图 6-7　音乐驱动电路

表 6-1　音符频率与 T0 初值的对应关系

音符	频率/Hz	初值	音符	频率/Hz	初值
低1	262	F117H	#4	740	FAB8H
#1	277	F1E5H	中5	784	FB04H
低2	294	F2B6H	#5	831	FB4CH
#2	311	F370H	中6	880	FB8FH
低3	330	F429H	#6	932	FBCFH
低4	349	F4CEH	中7	988	FC0BH
#4	370	F571H	高1	1046	FC43H
低5	392	F608H	#1	1109	FC7AH
#5	415	F696H	高2	1175	FCACH
低6	440	F71FH	#2	1245	FCDCH
#6	466	F79EH	高3	1318	FD09H
低7	494	F817H	高4	1397	FD34H
中1	523	F887H	#4	1480	FD5CH
#1	554	F8F2H	高5	1568	FD82H
中2	578	F93DH	#5	1661	FDA5H
#2	622	F9B8H	高6	1760	FDC7H
中3	659	FA12H	#6	1865	FDE7H
中4	698	FA67H	高7	1976	FE05H

首先按照歌谱中音符的先后次序，建立频率初值表，并存放在以 TONE 为首地址的存储区；然后再按照歌谱中每个音符对应的节拍，建立节拍初值表，并存储在以 BEAT 为首地址的存储区。程序按照歌谱中音符的先后次序启动 T0 发出指定频率的方波，驱动扬声器发声。T1 按照指定的节拍控制 T0 的起停。顺序演奏每个音符，即可演奏一首歌曲。程序流程如图 6-8 所示。

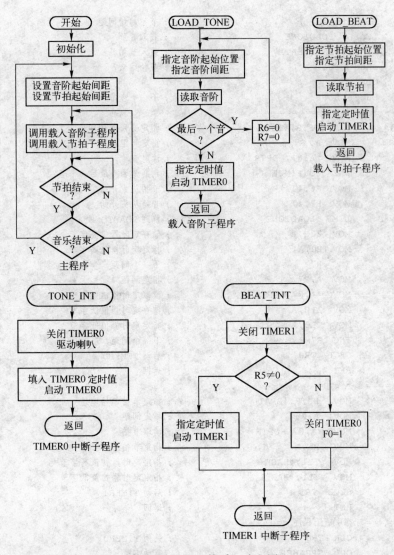

图 6-8 "生日快乐"流程图

参考程序如下

```
            BASE     EQU    0F4H
            BASE1    EQU    24H              ; 设定 1/8 拍时间常数
            SPEAKER  BIT    P2.5             ; 设定输出口
; ========== 主程序 ==========
ORG 0000H                                    ; 从 0 地址开始
            LJMP   INITIAL                   ; 跳至 INITIAL
ORG 000BH                                    ; TIMER0 中断向量
            LJMP   TONEINT                   ; 跳至 TIMER0 中断子程序
ORG 001BH                                    ; TIMER1 中断向量
            LJMP   BEATINT                   ; 跳至 TIMER1 中断子程序
INITIAL:    MOV    TMOD,#11H                 ; 设定定时器模式;启用定时器
            MOV    IE,#10001010B             ; 定时器中断开放
            MOV    SP,#70H                   ; 设置堆栈
START:      CLR    F0                        ; 节拍结束标志
            MOV    R7,#0                     ; 音阶起始间距
```

```
                MOV   R6,#0                   ; 节拍起始间距
LOOP:           LCALL LOADTONE               ; 载入音阶
                LCALL LOADBEAT1              ; 载入节拍
                JNB   F0,$                    ; 节拍结束?
                CLR   F0
                LJMP  LOOP                    ; 下一个音节
; ========== 载入音阶 ==========
LOADTONE:       MOV   DPTR,#TONE             ; 指定音阶起始地址
                MOV   A,R7                    ; 指定间距
                MOVC  A,@A+DPTR               ; 读取音阶
                JNZ   CONTINUE                ; 判断是否为最后一个音?
                MOV   R6,#0                    ; 节拍从头开始
                MOV   R7,#0                    ; 音阶从头开始
                LJMP  LOADTONE                ; 跳到 LOADTONE
CONTINUE:       MOV   20H,A                   ; 储存定时器值高字节
                MOV   TH0,A                   ; 指定定时器值高字节
                INC   R7                       ; 下一个间距
                MOV   A,R7                     ; 指定间距
                MOVC  A,@A+DPTR               ; 读取定时器值低字节
                MOV   21H,A                   ; 储存定时器值低字节
                MOV   TL0,A                   ; 指定定时器值低字节
                INC   R7                       ; 下一个间距
                SETB  TR0                      ; 启动 TIMER0
                RET                            ; 返回
; ========== 载入节拍 ==========
LOADBEAT1:      MOV   DPTR,#BEAT              ; 指定节拍起始地址
                MOV   A,R6                     ; 指定间距
                MOVC  A,@A+DPTR               ; 读取节拍
                MOV   R5,A                     ; 指定节拍
                MOV   TH1,#BASE               ; 指定定时器初值高字节
                MOV   TL1,#BASE1              ; 指定定时器初值低字节
                SETB  TR1                      ; 启动 TIMER1
                RET                            ; 返回
; ========== 音符中断子程序 ==========
TONEINT:        CLR   TR0                      ; 关闭 TIMER0
                CPL   SPEAKER                  ; 驱动喇叭
                MOV   A,20H                    ; 取回定时器初值高字节
                MOV   TH0,A                    ; 指定定时器初值高字节
                MOV   A,21H                    ; 取回定时器初值低字节
                MOV   TL0,A                    ; 指定定时器初值低字节
                SETB  TR0                      ; 启动 TIMER0
                RETI                           ; T0 中断返回
; ========== 节拍中断子程序 ==========
BEATINT:        CLR   TR1                      ; 关闭 TIMER1
                DJNZ  R5,AGAIN                 ; 循环结束?
                CLR   TR0                       ; 关闭 TIMBR0
                SETB  F0                        ; F0 =1,结束节拍
                LJMP  EXIT1                     ; 跳至 EXIT1
AGAIN:          MOV   TH1,#BASE               ; 指定定时器初值高字节
                MOV   TL1,#BASE               ; 指定定时器初值低字节
                SETB  TR1                      ; 启动 TIMER1
EXIT1:    RETI
; ========== 音符表 ==========
TONE:
```

```
; ========== 第一小节 ==========
          DB  252,68, 252,68
          DB  252,173, 252,68
; ========== 第二小节 ==========
          DB  253,52, 253,10
; ========== 第三小节 ==========
          DB  252,68,252,68
          DB  252,173,252,68
; ========== 第四小节 ==========
          DB  253,131, 253,52
; ========== 第五小节 ==========
          DB  252,68, 252,68
          DB  254,34, 253,200
; ========== 第六小节 ==========
          DB  253,52, 253,10
          DB  254,87
; ========== 第七小节 ==========
          DB  254,6, 254,6
          DB  253,200,253,52
; ========== 第八小节 ==========
          DB  253,131, 253,52,0
; ========== 节拍表 ==========
BEAT:
; ========== 第一小节 ==========
          DB  4,4,8,8
; ========== 第二小节 ==========
          DB  8,16
; ========== 第三小节 ==========
          DB  4,4,8,8
; ========== 第四小节 ==========
          DB 8,16
; ========== 第五小节 ==========
          DB  4,4,8,8
; ========== 第六小节 ==========
          DB  8,8,8
; ========== 第七小节 ==========
          DB  4,4,8,8
; ========== 第八小节 ==========
          DB 8,16,0
; ====================
END
```

6.5 C51 应用举例

1. 定时器控制单只 LED 闪烁

P0.0 接 LED。

```
#include < reg51.h >
#define uchar unsigned char
#define uint unsigned int
sbit LED = P0^0;                          // LED 接 P0.0
uchar T_Count = 0;
// 主程序
void main()
{
    TMOD = 0x00;                          // 定时器 0 工作方式 0
```

```
        TH0 = (8192 - 5000)/32;              //5ms 定时
        TL0 = (8192 - 5000)%32;
        IE = 0x82;                           // 允许 T0 中断
        TR0 = 1;                             // 启动定时
    while(1);
}
// T0 中断函数
void LED_Flash() interrupt 1
{
        TH0 = (8192 - 5000)/32;              // 恢复初值
        TL0 = (8192 - 5000)%32;
        if( ++ T_Count = =100)              //0.5s 开关一次 LED
        {
              LED = ~ LED;
              T_Count = 0;
        }
}
```

2. 按键控制叮咚门铃

P1.7 接按键，P3.0 接扬声器，按下按键，发出叮咚声。

```
#include < reg51.h >
#define uchar unsigned char
#define uint unsigned int
sbit Key = P1^7;
sbit DoorBell = P3^0;
uint p = 0;
// 主程序
void main()
    {
        DoorBell = 0;
        TMOD = 0x00;                         // T0 方式 0
        TH0 = (8192 - 700)/32;               //700us 定时
        TL0 = (8192 - 700)%32;
        IE = 0x82;
        while(1)
        {
            if(Key = =0)                     // 按下按键启动定时器
            {
            TR0 = 1;
            while(Key = =0);
            }
        }
    }
// T0 中断控制点阵屏显示
    void Timer0() interrupt 1
    {
        DoorBell = ~ DoorBell;
        p ++;
            if(p < 400)                      // 若需要拖长声音,可以调整 400 和 800
            {
            TH0 = (8192 - 700)/32;           //700us 定时
            TL0 = (8192 - 700)%32;
            }
            else if(p < 800)
            {
            TH0 = (8192 - 1000)/32;          //1ms 定时
```

```
                    TL0 = (8192 -1000)%32;
        }
                else
        {
                TR0 =0;
                p =0;
        }
        }
```

3. 计数器 T0 统计外部脉冲数

```
#include < reg51.h >                        // 包含 51 单片机寄存器定义的头文件
/*********************************************
主函数
*********************************** /
void main(void)
  {
        TMOD = 0x06;                        // 计数器 T0,计数,模式 2
        EA = 1;                             // 中断总中断
        ET0 = 0;                            // 关闭 T0 中断
        TR0 = 1;                            // 启动 T0
        TH0 = 0;                            // 计数器 T0 高 8 位赋初值
        TL0 = 0;                            // 计数器 T0 低 8 位赋初值
        while(1)                            // 无限循环,不停地将 TL0 计数结果送 P1 口
        P1 = TL0;
}
```

习题

一、填空题

1. 8051 单片机中有_____个_____位的定时器/计数器。

2. T0 可以工作于方式_____。

3. 8051 单片机工作于定时状态时,计数脉冲来自_____。

4. 8051 单片机工作于计数状态时,计数脉冲来自_____。

5. 当 GATE = 0 时,_____启动 T0 开始工作。

二、简答题

1. 编写程序从 P1.0 引脚输出频率为 1kHz 的方波。设晶振频率为 6MHz。

2. 利用 T1 定时中断控制 P1.7 驱动 LED 亮 1 秒灭 1 秒地闪烁,设时钟频率为 12MHz。

3. 利用 MCS-51 单片机定时器/计数器设计一个数字秒表。定时范围:00 ~ 99 秒;两位 LED 数码管显示。设时钟频率为 6MHz。(提示:利用定时器方式 2 产生 0.5 毫秒时间基准,循环 2000 次,定时 1 秒。)

4. 根据例题的汇编语言程序,编写对应的 C51 程序。

第7章 MCS-51 单片机串行通信

串行通信具有所需数据线数量少，适用长距离传送等特点，在单片机应用系统中广泛应用。MCS-51 单片机内部有一个多功能的串行口，可以 4 种工作模式和不同的波特率工作。方式 0 为移位寄存器方式，波特率固定为 $f_{osc}/12$；方式 1 为 8 位异步通信，波特率可变，与 T1 溢出率相关；方式 2 和方式 3 均为 9 位异步通信，只是方式 2 的波特率为 $f_{osc}/32$ 或 $f_{osc}/64$，而方式 3 的波特率与方式 1 相同。通过对串行控制寄存器 SCON 和电源控制寄存器 PCON 的编程可以控制串口的工作。

7.1 概述

单片机与外设的通信有并行和串行两种方式。并行通信是多位数据同时传送，速度快，效率高，但需要的数据线条数也比较多，只适合短距离通信。串行通信是按先后次序一位一位传送数据，所需的数据线数量少，特别适用长距离传送。MCS-51 单片机内部有一个多功能串行口，可以通过软件设定以 4 种工作模式和不同的波特率进行工作。

1. 异步通信

异步通信是指发送方和接收方采用独立的时钟，即双方没有一个相同的参考时钟作为基准。异步通信中数据一般以一个字符为单位进行传送。用一帧来表示一个字符，一帧信息由起始位（为 0 信号，占 1 位）、数据位（传输时低位在先，高位在后）、奇偶校验位（可要可不要）和停止位（为 1 信号，可 1 位、1 位半或 2 位）组成。如图 7-1 所示。

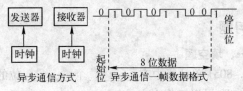

图 7-1 异步通信方式

在串行异步传送中，通信双方必须事先约定：

- 字符格式。双方要事先约定字符的编码形式、奇偶校验形式及起始位和停止位的规定。例如用 ASCII 码通信，有效数据为 7 位，加一个奇校验位、一个起始位和一个停止位共 10 位。
- 波特率（Baud rate）。波特率就是数据的传送速率，即每秒钟传送的二进制数位数，单位为位/秒。它与字符的传送速率（字符/秒）之间有以下关系：

$$波特率 = 1 个字符的二进制编码位数 \times 字符/秒$$

在异步通信中，发送端与接收端的波特率必须一致。

2. 同步通信

在同步通信中，每个数据块的开头以同步字符 SYN 加以指示，使发送与接受双方取得同步。数据块的各字符之间没有起始位和停止位，提高了通信的速度。但为了能保持同步传送，在同步通信中须用一个时钟来协调收发器的工作，这就增加了设备的复杂性，如图 7-2 所示。

图 7-2 同步通信方式

3. 串行通信机制

串行通信中，数据通常是在两个端点（点对

点）之间进行传送，按照数据流动的方向可分成三种传送模式：单工、半双工、全双工。

1）单工方式：数据仅按一个固定方向传送。因而这种传输方式的用途有限，常用于串行口的打印数据传输与简单系统间的数据采集，如图 7-3 所示。

2）半双工方式：使用同一根传输线，数据可双向传送，但不能同时进行，实际应用中采用某种协议实现收/发开关转换，如图 7-4 所示。

3）全双工方式：数据的发送和接收可同时进行，通信双方都能在同一时刻进行发送和接收操作，但一般全双工传输方式的线路和设备比较复杂，如图 7-5 所示。

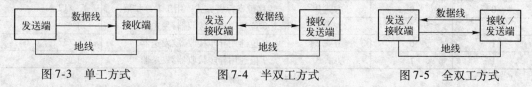

图 7-3　单工方式　　　　图 7-4　半双工方式　　　　图 7-5　全双工方式

为了充分利用线路资源，可通过使用多路复用器或多路集线器，采用频分、时分或码分复用技术，实现在同一线路上资源共享功能，称之为多工传输方式。

7.2　串行通信接口

MCS-51 单片机串行口如图 7-6 所示。接收、发送数据均可工作在查询或中断方式，能方便实现双机和多机通信。MCS-51 单片机内部的串行接口，有一个发送缓冲器和一个接收缓冲器，它们在物理上是独立的。发送缓冲器只能写入信息，不能被读出，用于存储发送信息。接收缓冲器只能读出信息，不能被写入，用于存储接收到的信息。这两个缓冲器共用一个地址：99H。另外，在串行通信时用两个特殊功能寄存器 SCON、PCON 控制串行接口的工作方式和波特率，如图 7-6 所示。

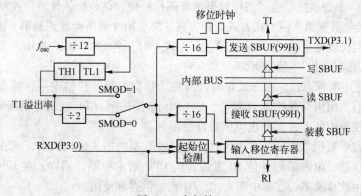

图 7-6　串行接口

接收/发送缓冲寄存器 SBUF，虽然共用一个地址，但由于操作是独立的，故不会发生冲突。对接收/发送缓冲寄存器 SBUF 的操作，一般通过累加器 A 进行。

指令 MOV SBUF, A 启动一次数据发送

指令 MOV A, SBUF 完成一次数据接收，SBUF 可再接收下一个数据

接收/发送数据，无论是否采用中断方式工作，每接收/发送一个数据都必须用指令对 RI/TI 清 0，以备下一次收/发。

1. 串行通信控制寄存器 SCON

串行通信控制寄存器 SCON 的字节地址为 98H，位地址为 98H ~ 9FH。可以对串行接口的工作方式、接收发送和串行接口的工作状态标志进行设置。其格式如下：

SCON	D7	D6	D5	D4	D3	D2	D1	D0
位名称	SM0	SM1	SM2	REN	TB8	RB8	TI	RI
位地址	9FH	9EH	8DH	9CH	9BH	9AH	99H	98H

- SM0、SM1。用于选择串行口的 4 种工作方式。由软件置位或清零。4 种工作方式如下（f_{osc} 为振荡频率）。

SM0	SM1	工作方式	功能	波特率
0	0	方式 0	移位寄存器方式，用于 I/O 扩展	$f_{osc}/12$
0	1	方式 1	8 位通用异步接收器/发送器	可变
1	0	方式 2	9 位通用异步接收器/发送器	$f_{osc}/32$、$f_{osc}/64$
1	1	方式 3	9 位通用异步接收器/发送器	可变

- SM2。多机通信控制位。SM2 位主要用于方式 2 和方式 3。在接收状态时，当串行口工作于方式 2 或 3，以及 SM2 = 1 时，只有当接收到的第 9 位数据（RB8）为 1 时，才把接收到的前 8 位数据送入 SBUF，且置位 RI 发出中断申请，否则会将接收到的数据放弃。当 SM2 = 0 时，不管第 9 位数据是 0 还是 1，都将前 8 位数据送入 SBUF，并发出中断申请。在方式 0 时，SM2 必须为 0。在方式 1，若 SM2 = 1，只有接收到有效的停止位时，才能置位 RI。
- REN。允许串行接收控制位。若 REN = 0，则禁止接收；REN = 1，则允许接收，该位由软件置位或复位。
- TB8。发送数据第 9 位。在方式 2 和方式 3 时，TB8 为所要发送的第 9 位数据。在多机通信中，以 TB8 位的状态表示主机发送的是地址还是数据：通常情况下，TB8 = 0 为数据，TB8 = 1 为地址；也可用作数据的奇偶校验位。该位由软件置位或复位。
- RB8。接收数据第 9 位。在方式 2 和方式 3 时，RB8 为所接收到的第 9 位数据，可作为奇偶校验位或地址帧/数据帧的标志。方式 1 时，若 SM2 = 0，则 RB8 是接收到的停止位。在方式 0 时，不使用 RB8 位。
- TI。发送中断标志位。在方式 0 时，当发送数据的第 8 位结束后，或在其他方式发送停止位后，由内部硬件使 TI 置位，向 CPU 请求中断。CPU 在响应中断后，必须用软件清零。在非中断方式，TI 也可供查询使用。
- RI。接收中断标志位。在方式 0 时，当接收数据的第 8 位结束后，或在其他方式接收到停止位后，由内部硬件使 RI 置位，向 CPU 请求中断。同样，在 CPU 响应中断后，也必须用软件清零。在非中断方式，RI 也可供查询使用。

2. 电源控制寄存器 PCON

电源控制寄存器 PCON 的字节地址为 87H，没有位寻址功能。主要实现对单片机电源的控制管理，但 PCON 的最高位 SMOD 是串行口波特率系数控制位。其格式如下。

PCON	D7	D6	D5	D4	D3	D2	D1	D0
位符号	SMOD	—	—	—	GF1	GF0	PD	IDL

- SMOD：在串行口工作方式 1、2、3 中，是波特率加倍位。1 表示波特率加倍，0 表示波特率不加倍。
- GF1，GF0：用户可自行定义的通用标志位。
- PD：掉电方式控制位。PD = 1：进入掉电方式。进入掉电方式意味着：振荡器停振，片内

RAM 和 SFR 的值保持不变，P0 ~ P3 口维持原状，程序停止。只有复位能退出掉电方式。

- IDL：待机方式（空闲方式）控制位。IDL = 1：进入待机方式。进入待机方式意味着：振荡器继续振荡，中断、定时器、串口功能继续有效，片内 RAM 和 SFR 保持不变，CPU 状态保持，P0 ~ P3 口维持原状，程序停顿。中断、复位都能退出待机状态。

7.3　串行通信工作方式

7.3.1　工作方式 0

串行接口的工作方式 0 为移位寄存器方式，可外接移位寄存器以扩展 I/O 口，也可以外接同步输入/输出设备。一帧信息有 8 位数据，低位在前，高位在后，没有起始位和停止位，数据从 RXD 输入或输出。TXD 用来输出同步脉冲。波特率固定为 $f_{osc}/12$。数据格式如下：

D0	D1	D2	D3	D4	D5	D6	D7

1）发送：将数据写入发送缓冲器 SBUF 后，TXD 端输出移位脉冲，串行口把 SBUF 中的数据依次由低到高以 $f_{osc}/12$ 波特率从 RXD 端输出，一帧数据发送完毕后，硬件置发送中断标志位 TI 为 1。若要再次发送数据，必须用指令将 TI 清零。

2）接收：在 RI = 0 的条件下，用指令置 REN = 1 即可开始串行接收。TXD 端输出移位脉冲，数据依次由低到高以 $f_{osc}/12$ 波特率经 RXD 端接收到 SBUF 中，一帧数据接收完成后，硬件置接收中断标志位 RI 为 1。若要再次接收一帧数据，应该用指令 MOV A，SBUF 将上一帧数据取走，并用指令将 RI 清零。

工作在方式 0 时，尽量多用查询方式。程序如下。

发送：

```
MOV SBUF,A
JNB TI,$
CLR TI
......
```

接收：

```
JNB RI,$
CLR RI
MOV A,SBUF
......
```

复位时，SCON 被清零，工作方式的默认值为方式 0。接收前，务必先置位 REN = 1 才允许接收数据。

7.3.2　工作方式 1

串行接口的工作方式 1 为 8 位异步通信接口，传送一帧数据有 10 位，1 位起始位（低电平信号），8 位数据位（先低位后高位），1 位停止位（高电平信号）。波特率可变，由定时器/计数器 T1 的溢出率和 SMOD（PCON.7）决定。其格式如下：

起始位	数据位								停止位
0	D0	D1	D2	D3	D4	D5	D6	D7	1

1）发送：将数据写入发送缓冲器 SBUF 后，在串行口由硬件自动加入起始位和停止位来构成完整的字符帧，并在移位脉冲的作用下将其通过 TXD 端向外串行发送，一帧数据发送完

毕后，硬件自动置 TI = 1。再次发送数据前，用指令将 TI 清零。

2）接收：在 REN = 1 的条件下，串行口采样 RXD 端，当采样到有从 1 至 0 的状态跳变时，就认定为已接收到起始位。随后在移位脉冲的控制下，数据从 RXD 端输入。在方式 1 接收数据时，必须同时满足以下两个条件：RI = 0，SM2 = 0 或接收到的停止位 = 1。若有任一条件不满足，则所接收的数据帧就会丢失。在满足上述接收条件时，接收到的 8 位数据位进入接收缓冲器 SBUF，停止位送入 RB8，并置中断标志位 RI = 1。再次接收数据前，需用指令将 RI 清零。

7.3.3　工作方式 2

串行接口的工作方式 2 为 9 位异步通信接口，传送一帧数据有 11 位，1 位起始位（低电平信号），8 位数据位（先低位后高位），1 位可编程位，1 位停止位（高电平信号）。其格式如下：

起始位	数据位									停止位
0	D0	D1	D2	D3	D4	D5	D6	D7	TB8	1

1）发送：发送数据前，由指令将 TB8 置位或清零，将数据写入发送缓冲器 SBUF 后，在串行口由硬件自动加入起始位和停止位来构成完整的字符帧，并在移位脉冲的作用下将其通过 TXD 端向外串行发送，发送完毕后硬件自动置 TI = 1。在工作方式 2 下，波特率只有两种：SMOD = 0 时，波特率为 $f_{osc}/64$，SMOD = 1 时，波特率为 $f_{osc}/32$。

2）接收：在 REN = 1 的条件下，串行口采样 RXD 端，当检测到有从 1 向 0 的状态跳变，便在移位脉冲的控制下，从 RXD 端接收数据。在方式 2 的接收中，也必须同时满足以下两个条件：RI = 0，SM2 = 0 或接收到的第 9 位数据位为 1。若有任一条件不满足，则所接收的数据帧就会被丢失。在满足上述接收条件时，接收到的 8 位数据位进入接收缓冲器 SBUF 中，第 9 位数据位送入 RB8 中，并置 RI = 1。再次接收数据时，需用指令将 RI 清零。

7.3.4　工作方式 3

串行接口的工作方式 3 也是 9 位异步通信接口，传送一帧数据有 11 位，1 位起始位（低电平信号），8 位数据位（先低位后高位），1 位可编程位，1 位停止位（高电平信号）。但波特率与工作方式 1 相同，由定时器/计数器 T1 的溢出率和 SMOD（PCON.7）决定。也就是说方式 3 的工作机制与方式 2 相同，波特率与方式 1 相同，它是方式 1 和方式 2 的综合运用。

四种串行通信方式的特点见表 7-1。

表 7-1　四种串行通信方式的特点

SM0，SM1		方式 0	方式 1	方式 2、3
		00	01	10，11
	TB8	未使用	未使用	发送第 9 位信息
	一帧位数	8	10	11
	数据位数	8	8	9
	RXD	输出串行数据		
输出（发送）	TXD	输出同步脉冲	输出数据	输出数据
	波特率	$f_{osc}/12$	$2^{SMOD} \times$ T1 溢出率/32	方式 2：$2^{SMOD} \times f_{osc}/64$ 方式 3：同方式 1
	中断	一帧发送完，置 TI = 1，响应中断后，软件清 TI		

（续）

	SM0，SM1	方式 0	方式 1	方式 2、3
		00	01	10，11
输入（接收）	RB8	未使用	SM2 = 0，停止位	第 9 位数据
	REN	接收时 REN = 1		
	SM2	0	0	正常接收 0 多机通信 1
输入（接收）	一帧位数	8	10	11
	数据位数	8	8	9
	波特率	与发送相同		
	接收条件	无	RI = 0 且 SM2 = 0 或停止位 = 1	RI = 0 且 SM2 = 0 或第 9 位数 = 1
	中断	接收完毕：置 RI = 1，响应中断后，软件清 RI		
	RXD	输入串行数据	输入串行数据	输入串行数据
	TXD	输出同步脉冲		

7.3.5　多机通信

　　MCS-51 单片机工作在串行方式 2、3 时，具有多机通信功能，可以实现一台主机与多台从机的信息交流。通信只在主从机之间进行，而从机与从机之间不可以直接通信。图 7-7 为 8051 单片机的主从式多机通信系统。

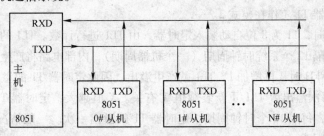

图 7-7　主从式多机通信系统

　　在主从式多机系统中，主机发出的信息有两类，而且具有不同特征。一类为地址，用来确定需要与主机通信的从机，特征是串行传送的第 9 位信息为 1；另一类是数据，特征是串行传送的第 9 位信息为 0。对从机来说。在接收时，若 RI = 0，则只要 SM2 = 0，接收总能实现；而若 SM2 = 1，则发送的第 9 位 TB8 必须为 1 接收才能进行。因此，对于从机来说，在接收地址时，应使 SM2 = 1，以便接收主机发来的地址，从而确定主机是否打算与自己通信，一经确认后，从机应使 SM2 = 0，以便接收 TB8 = 0 的数据。

　　主从多机通信的过程如下：
- 使所有的从机工作在方式 2 或方式 3，且 SM2 位置 1，REN = 1，以便接收主机发来的地址。
- 主机发出要寻址的从机的一帧地址信息，其中包括 8 位需要与之通信的从机地址，第 9 位 TB8 = 1。
- 所有从机接收到地址帧后，置 RI = 1。
- 各从机相应中断，进入中断服务程序，进行地址比较。对于地址相同的从机，使

SM2 = 0，准备接收主机随后发来的数据信息；对于地址不符合的从机，仍保持 SM2 = 1 的状态，对主机随后发来的数据不予理睬，直至发送新的地址帧。

- 主机给已被寻址的从机发送控制指令和数据（数据帧的第 9 位为 0）实现主从通信。

7.4　串行通信波特率设置

MCS-51 单片机的串行通信波特率是随着串行口的工作方式不同而改变的。波特率除了与单片机系统的振荡频率 f_{osc}、电源控制寄存器 PCON 的 SMOD 位有关外，还与定时器 T1 的设置状态有关。只有正确进行波特率的设置才能使单片机正常工作。

1. 四种工作方式下的波特率计算

1）工作方式 0：波特率固定不变，它与系统的振荡频率 f_{osc} 的大小有关，其值为 $f_{osc}/12$。

2）工作方式 1 和方式 3：波特率是可变的，波特率 = 2^{SMOD} × 定时器 T1 的溢出率/32

3）工作方式 2：波特率有两种固定值。

- 当 SMOD = 1 时，波特率 = $(2^{SMOD}/64) \times f_{osc} = f_{osc}/32$
- 当 SMOD = 0 时，波特率 = $(2^{SMOD}/64) \times f_{osc} = f_{osc}/64$

2. 定时器 T1 的溢出率计算

定时器的溢出率是指在 1 秒钟内产生溢出的次数。定时器的溢出率与定时器的工作模式有关，可以改变单片机内部的特殊功能寄存器 TMOD 中的 T1 方式字段中的 M1、M0 两位，即 TMOD.5 和 TMOD.4 位，选择定时器工作的四种工作模式中的一种进行工作。在串行口通信中，一般都使定时器 T1 工作在模式 2。

在工作方式 2 时，T1 为 8 位自动装入定时器，由 TL1 进行计数。TL1 的计数输入来自于内部的时钟脉冲，每隔 12 个系统时钟周期（一个机器周期），内部电路将产生一个脉冲使 TL1 加 1，当 TL1 增加到 FFH 时，再增加 1，TL1 就产生溢出。因此定时器 T1 的溢出与系统的时钟频率 f_{osc} 有关，也与每次溢出后 TL1 重新装载值 X 有关。X 值越大，定时器 T1 的溢出率也就越大。当 X = FFH 时，每隔 12 个时钟周期，定时器 T1 就溢出一次。一般情况下，定时器 T1 溢出一次所需要的时间为

$$(2^8 - X) \times 12 \times 时钟周期 = (2^8 - X) \times 12/f_{osc}(s)$$

于是，定时器每秒所溢出的次数为

$$定时器 T1 的溢出率 = f_{osc}/(12 \times (2^8 - X))$$

式中的 X 为计数器初值，即 TH1 的预置初值。例如，系统的时钟频率 f_{osc} = 12MHz，TH1 的预置值 X = E6H，定时器 T1 在工作模式 2 下的溢出率为：$12 \times 10^6/12/(2^8 - E6H) \approx 38461.5$ 次/秒。

3. 波特率与计数初值的关系

设波特率用 B 表示，计数初值用 X 表示，则波特率 B 与 T1 计数初值 X 之间的关系可以表示为

$$B = \frac{2^{SMOD}}{32} \times \frac{f_{osc}}{12(256 - X)}$$

$$X = 256 - \frac{2^{SMOD} \times f_{osc}}{32 \times 12 \times B} = 256 - \frac{2^{SMOD} \times f_{osc}}{384 \times B}$$

表 7-2 列出了一些常用波特率及对应的 T1 计数器初值。

表 7-2　常用波特率及对应的 T1 计数器初值

	波特率/b·s	时钟频率/MHz	SMOD	T1 工作方式	T1 初值
方式 0	1M	12			
方式 2	375k	12	1		
方式 1 方式 3	62.5k	12	1	2	0FFH
	19.2k	11.0592	1	2	0FDH
	9.6k	11.0592	0	2	0FDH
	4.8k	11.0592	0	2	0FAH
	2.4k	11.0592	0	2	0F4H
	1.2k	11.0592	0	2	0E8H
	137.5	11.0592	0	2	1DH
	110	6	0	2	72H
	110	12	0	1	0FEEBH

【例 7-1】　若 $f_{osc} = 6\text{MHz}$，波特率为 2400b/s，设 SMOD = 1，则定时器/计数器 T1 的计数初值为多少？

$$X = 256 - 2^{SMOD} \times f_{osc} / (2400 \times 32 \times 12) = 242.98 \approx 243 = \text{F3H}$$

若 $f_{osc} = 11.0592\text{MHz}$，波特率为 2400b/s，设 SMOD = 0，则 $X = \text{F4H}$。

7.5　串行通信应用举例

用 MCS-51 单片机的串行接口，可以扩展单片机的输入输出端口，可以实现单片机之间的串行异步通信，也可以在多个单片机之间进行串行异步通信，还可以在单片机和 PC 之间进行串行通信。应用串行接口可以进行数据通信，也可以进行实时控制和信息检测。

1. 串行口的编程

串行口在初始化后，才能完成数据的输入、输出。初始化过程如下：
- 按选定串行口的工作方式设定 SCON 的 SM0、SM1。
- 对于工作方式 2 或 3，应根据需要在 TB8 中写入待发送的第 9 位数据。
- 若选定的工作方式不是模式 0，还需设定接收/发送的波特率。
- 设定 SMOD 的状态，以控制波特率是否加倍。
- 若选定工作方式 1 或 3，则应对定时器 T1 进行初始化操作，以设定其溢出率。

2. 工作方式 0 应用举例

【例 7-2】　电路如图 7-8 所示，试编制程序输入 K1 ~ K8 的状态信息，并存入内 RAM40H。

4014 是一个并入串出转换芯片，Q 端为串行数据输出端，CLK 为时钟脉冲输入端，P/$\overline{S}$ 为操作控制端，0：锁存并行输入数据，

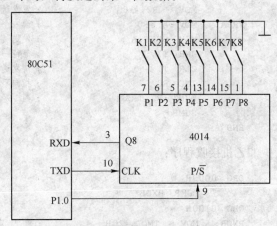

图 7-8　串行通信方式 0 应用

1：允许串行移位操作。因此，应先将开关状态锁存，然后串行输入。

参考程序如下：

```
ORG  0000H
     LJMP  KIN
ORG  0100H
KIN:  MOV   SCON,#00H          ; 串行口方式0
      CLR   ES                 ; 禁止串行中断
      CLR   P1.0               ; 锁存并行输入数据
      SETB  P1.0               ; 允许串行移位操作
      SETB  REN                ; 允许并启动接收(TXD发送移位脉冲)
      JNB   RI, $              ; 等待接收完毕
      MOV   40H,SBUF           ; 存入K1~K8状态数据
      SJMP  $
END
```

3. 工作方式1应用举例

【例7-3】 设甲乙两机以串行方式1进行数据传送，$f_{osc} = 11.0592MHz$，波特率为1200b/s。甲机发送的16个字节数据存在内RAM40H~4FH单元中，乙机接收后存在内RAM50H为首地址的区域中。

串行方式1波特率取决于T1溢出率，设SMOD = 0，T1工作在方式2。则T1的计数初值为

$$X = 256 - (2^0/32) \times 11059200/(12 \times 1200) = 232 = E8H$$

甲机发送程序：

```
ORG  0000H
     LJMP  TXDA
ORG  0100H
TXDA:  MOV   TMOD,#20H         ; 置T1定时器工作方式2
       MOV   TL1,#0E8H         ; 置T1计数初值
       MOV   TH1,#0E8H         ; 置T1计数重装值
       CLR   ET1               ; 禁止T1中断
       SETB  TR1               ; T1启动
       MOV   SCON,#40H         ; 置串行方式1,禁止接收
       MOV   PCON,#00H         ; 置SMOD = 0(SMOD不能位操作)
       CLR   ES                ; 禁止串行中断
       MOV   R0,#40H           ; 置发送数据区首地址
       MOV   R2,#16            ; 置发送数据长度
TRSA:  MOV   A,@R0             ; 读一个数据
       MOV   SBUF,A            ; 发送
       JNB   TI, $             ; 等待一帧数据发送完毕
       CLR   TI                ; 清发送中断标志
       INC   R0                ; 指向下一字节单元
       DJNZ  R2,TRSA           ; 判16个数据发完否-未完继续
       SJMP  $
END
```

乙机接收程序：

```
ORG  0000H
     LJMP  RXDB
ORG  0100H
RXDB:  MOV   TMOD,#20H         ; 置T1定时器工作方式2
       MOV   TL1,#0E8H         ; 置T1计数初值
       MOV   TH1,#0E8H         ; 置T1计数重装值
       CLR   ET1               ; 禁止T1中断
       SETB  TR1               ; T1启动
       MOV   SCON,#40H         ; 置串行方式1,禁止接收
```

```
            MOV    PCON,#00H          ; 置 SMOD = 0 (SMOD 不能位操作)
            CLR    ES                 ; 禁止串行中断
            MOV    R0,#50H            ; 置接收数据区首地址
            MOV    R2,#16             ; 置接收数据长度
            SETB   REN                ; 启动接收
    RDSB:   JNB    RI,$               ; 等待一帧数据接收完毕
            CLR    RI                 ; 清接收中断标志
            MOV    A,SBUF             ; 读接收数据
            MOV    @R0,A              ; 存接收数据
            INC    R0                 ; 指向下一数据存储单元
            DJNZ   R2,RDSB            ; 判 16 个数据接收完否 - 未完继续
            SJMP   $
    END
```

4. 工作方式 2 应用举例

【例 7-4】　设计一个串行方式 2 收发程序（SMOD = 1，波特率固定为 $f_{osc}/32$），甲机串行发送片内 RAM50H ~ 5FH 中的数据，第 9 位数据作为奇偶校验位，接到接收方核对正确的回复信号（用 FFH 表示）后，再发送下一字节数据，否则再重发一遍。乙机接收数据，将其存在首址为 40H 的内 RAM 中，并核对奇偶校验位，核对正确，发出回复信号 FFH；发现错误，发出回复信号 00H，并等待重新接收。

甲机发送参考程序如下

```
    ORG    0000H
           LJMP   TRS2
    ORG    0100H
    TRS2:   MOV    SCON,#80H          ; 置串行方式 2,禁止接收
            MOV    PCON,#80H          ; 置 SMOD = 1
            MOV    R0,#50H            ; 置发送数据区首址
    TRLP:   MOV    A,@R0              ; 读数据
            MOV    C,PSW.0            ; 奇偶标志送 TB8
            MOV    TB8,C;
            MOV    SBUF,A             ; 启动发送
            JNB    TI,$               ; 等待一帧数据发送完毕
            CLR    TI                 ; 清发送中断标志
            SETB   REN                ; 允许接收
            CLR    RI                 ; 清接收中断标志
            JNB    RI,$               ; 等待接收回复信号
            MOV    A,SBUF             ; 读回复信号
            CPL    A                  ; 回复信号取反
            JNZ    TRLP               ; 非全 0(回复信号≠FFH,错误),转重发
            INC    R0                 ; 全 0(回复信号 = FFH,正确),指向下一数据存储单元
            CJNE   R0,#60H,TRLP       ; 判 16 个数据发送完否 - 未完继续
            SJMP   $
    END
```

乙机接收参考程序如下：

```
    ORG    0000H
           LJMP   RXD2
    ORG    0100H
    RXD2:   MOV    SCON,#80H          ; 置串行方式 2,禁止接收
            MOV    PCON,#80H          ; 置 SMOD = 1
            MOV    R0,#40H            ; 置接收数据区首址
```

```
        SETB    REN                     ; 启动接收
RWAP:   JNB     RI,$                    ; 等待一帧数据接收完毕
        CLR     RI                      ; 清接收中断标志
        MOV     A,SBUF                  ; 读接收数据,并在 PSW 中产生接收数据的奇偶值
        JB      PSW.0,ONE               ; P=1,转另判
        JB      RB8,ERR                 ; P=0,RB8=1,接收有错;P=0,RB8=0,接收正确,
                                        ; 继续接收
RLOP:   MOV     @R0,A                   ; 存接收数据
        INC     R0                      ; 指向下一数据存储单元
RIT:    MOV     A,#0FFH                 ; 置回复信号正确
FDBK:   MOV     SBUF,A                  ; 发送回复信号
        CJNE    R0,#50H,RWAP            ; 判16个数据接收完否-未完继续
        CLR     REN                     ; 16 个数据正确接收完毕,禁止接收
        SJMP    $
ONE:    JNB     RB8,ERR                 ; P=1,RB8=0,接收有错
        SJMP    RIT                     ; P=1,RB8=1,接收正确,继续接收
ERR:    CLR     A                       ; 接收有错,置回复信号错误标志
        SJMP    FDBK                    ; 转发送回复信号
END
```

5. 工作方式 3 应用举例

【例 7-5】　某双机系统,甲乙两机的时钟频率为 11.0592MHz,波特率设定为 9600b/s,试编写程序将甲机片外 RAM50H~70H 的数据块通过串行口传送到乙机的片内 RAM50H~70H 单元中,采用奇偶校验检验差错。

1）定时器/计数器 T1 的初始化,即对和 T1 相关的特殊功能寄存器 TH1、TL1、TMOD、TCON 进行设定。对 TH1、TL1 的设定即对计数初值的确定。本题中假设 SMOD=1,则由公式:

$$波特率 = 2^{SMOD} \times T1\ 的溢出率/32$$

可得初值 = 250 = FAH。

2）串行口的初始化,即对和串行口相关的寄存器 SCON、PCON 进行设定。串行数据的发送内容包括数据和奇偶校验位两部分内容,若将串行口工作方式设定为方式 3,允许接收。则 SCON = 11010000B = 0D0H,PCON = 80H。

3）甲机：将片外 RAM50H~70H 的内容逐一向乙机发送,发送前奇偶校验位放在 TB8 中。一帧发送完毕后,如收到乙机回送"数据发送正确(00H)"的应答信号,则可以发送下一个数据；若是"数据不正确(FFH)"的应答信号,则重新发送原来的数据,直至发送正确为止。

4）乙机：接收甲机发送的数据并逐一写入片内 RAM50H~70H。每接收一帧信息后进行奇偶校验,并与接收到的第 9 位数据 RB8 对比；对比正确则向甲机回复"数据正确(00H)"的应答信号,否则回复"数据不正确(FFH)"的应答信号,直至接收完所有数据。

甲机发送参考程序如下:

```
ORG    0000H
       LJMP TRA
ORG    0100H
TRA:   MOV    TMOD,#20H          ; 设定时器 T1 工作在方式 2
       MOV    TH1,#0FAH          ; 设定时器 T1 自动重装载值
       MOV    TL1,#0FAH          ; 设定时器 T1 计数初值
       MOV    PCON,#80H          ; 设 SMOD=1
       MOV    SCON,#0D0H         ; 串口设定为方式 3,允许接收
       SETB   TR1                ; 启动定时器 T1
       MOV    R1,#50H            ; 设数据块地址指针
```

```
            MOV   R2,#20H           ; 设数据块长度
LP1:        MOVX  A,@R1             ; 取数据
            MOV   C,P
            MOV   TB8,C             ; 奇偶校验位送入 TB8
            MOV   SBUF,A            ; 启动发送
            JNB   TI,$              ; 等待发送
            CLR   TI                ; 一帧发送完毕,清零 TI
            JNB   RI,$              ; 等待接收
            CLR   RI                ; 一帧接收完毕,清零 RI
            MOV   A,SBUF            ; 接收数据送入 A 中
            JNZ   LP1               ; 不为"00H",重发
            INC   R1                ; 修改地址指针
            DJNZ  R2,LP1            ; 循环发送
            SJMP  $
END
```

乙机接收主程序如下:

```
ORG   0000H
      LJMP  REV
ORG   0100H
REV:        MOV   TMOD,#20H         ; 设定时器 T1 工作在方式 2
            MOV   TH1,#0FAH         ; 设定时器 T1 自动重装载值
            MOV   TL1,#0FAH         ; 设定时器 T1 计数初值
            MOV   PCON,#80H         ; 设 SMOD =1
            MOV   SCON,#0D0H        ; 串口设定为方式 3,允许接收
            SETB  TR1               ; 启动定时器 T1
            MOV   R1,#50H           ; 设数据块地址指针
            MOV   R2,#20H           ; 设数据块长度
LP2:        JBC   RI,RECIV          ; 等待接收
            AJMP  LP2
RECIV:      MOV   A,SBUF            ; 读入接收数据
            JB    PSW.0,LZ          ; 奇偶位为 1,转移
            JB    RB8,ERR           ; PSW.0 =0,RB8 =1,出错
            SJMP  RIG               ; 正确,转 RIG
LZ:         JNB   RB8,ERR           ; PSW.0 =1,RB8 =0,出错
RIG:        MOV   @R1,A             ; 存放数据
            MOV   SBUF,#00H         ; 发送数据正确标志
            JNB   TI,$              ; 等待发送
            CLR   TI                ; 发送完毕,清 TI
            INC   R1
            DJNZ  R2,LP2            ; 继续接收
EXIT:       SJMP  $
ERR:        MOV   SBUF,#0FFH        ; 发送数据错误标志
            JNB   TI,$              ; 等待发送
            CLR   TI                ; 发送完毕,清 TI
            SJMP  EXIT
END
```

6. 主从式多机通信应用举例

【例 7-6】　如图 7-7 所示,主机向 02 号从机发送内 RAM50H ~5FH 单元内的数据,采用串行工作方式 2,波特率为 $f_{osc}/32$。通信原理参见 7.3.5。

主机参考程序如下:

```
ORG   0000H
      LJMP MAIN
```

```
      ORG 2000H
MAIN:       MOV SCON,#98H           ; 串行口方式2,令 SM2=0、REN=1、RTB8=1
M1:         MOV SBUF,#02H           ; 呼叫 02 号从机
L1:         JBC TI,L2
            SJMP L1
L2:         JBC RI,S1               ; 等待从机应答
            SJMP L2
S1:         MOV A,SBUF              ; 取出应答地址
            XRL A,#02H              ; 判断是否 02 号机应答
            JZ RIGHT                ; 若是 02 从机,转发送
            AJMP M1                 ; 若不是,重新呼叫
RIGHT       CLR TB8                 ; 联络成功,清除地址标志
            MOV R0,#50H             ; 数据区首址送 R0
            MOV R7,#10H             ; 字节数送 R7
LOOP:       MOV A,@R0               ; 取发送数据
            MOV SBUF,A              ; 启动发送
WA:         JBC TI,CON              ; 判发送中断标志
            SJMP WA
CON:        INC R0
            DJNZ R7,LOOP
            SJMP $
      END
```

从机（02 号）响应主机呼叫的联络程序如下：

```
      ORG   0000H
            LJMP REV
ORG 2000H
REV:        MOV R0,#50H             ; 从机数据区首址
            MOV R7,#10H             ; 字节长度
SI:         MOV SCON,#0B0H          ; 串行口工作方式2,SM2=1,REN=1
SR1:        JBC RI,SR2              ; 等待主机发送
            SJMP SR1
SR2:        MOV A,SBUF              ; 取出呼叫地址
            XRL A,#02H              ; 判断是否呼叫主机
            JNZ SR1                 ; 若不是本机,继续等待
            CLR SM2                 ; 是本机,清 SM2
            MOV SBUF,#02H           ; 向主机发应答地址
WT:         JBC TI,SR3              ; 发完地址转
            SJMP WT                 ; 未发送完继续
SR3:        JBC RI,SR4              ; 等待主机发送数据
            SJMP SR3
SR4:        JNB RB8,RIGHT           ; 再判断联络成功否
            SETB SM2                ; 未联络成功,恢复等待主机发送
            SJMP SR1
RIGHT:      MOV A,SBUF              ; 联络成功,取主机发来的信息
            MOV @R0,A               ; 数据送缓冲区
            INC R0
            DJNZ R7,SR3             ; 未接收完继续
            SJMP $
      END
```

7.6 C51 应用举例

1. 串行数据转换为并行数据

串行数据由 RXD 发送给串并转换芯片 74164，TXD 用于输出移位时钟脉冲，74164 将串行

输入的 1 字节转换为并行数据，并将转换的数据通过 8 只 LED 显示出来。本例采用串口工作模式 0，即移位寄存器 I/O 模式，如图 7-9 所示。

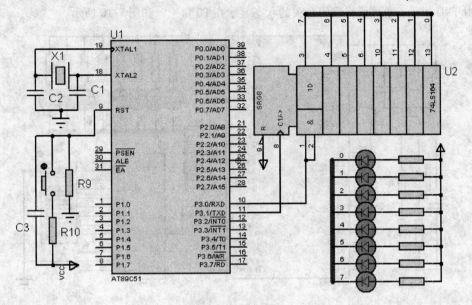

图 7-9 串并转换

```
#include<reg51.h>
#include<intrins.h>
#define uchar unsigned char
#define uint unsigned int
sbit SPK=P3^7;
uchar FRQ=0x00;
// 延时
void DelayMS(uint ms)
{
    uchar i;
    while(ms--) for(i=0;i<120;i++);
}
// 主程序
void main()
{
    uchar c=0x80;
    SCON=0x00;              // 串口模式 0
    TI=0;
    while(1)
    {
        c=_crol_(c,1);
        SBUF=c;
        while(TI==1);       // 等待发送结束
        TI=0;
        DelayMS(400);
    }
}
```

2. 并行数据转换为串行数据

用并串转换芯片 74LS165 连接拨码开关，该芯片将并行数据以串行方式发送到 8051，移位脉冲由 TXD 提供，单片机将拨码开关的状态显示在 P0 口上。如图 7-10 所示。

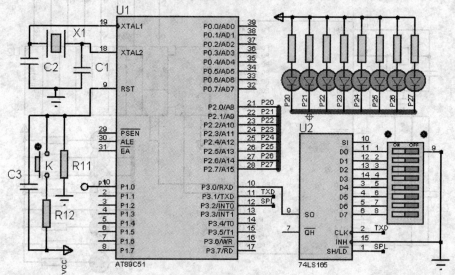

图 7-10　并串转换

```c
#include < reg51.h >
#include < intrins.h >
#include < stdio.h >
#define uchar unsigned char
#define uint unsigned int
sbit SPL = P2^5;                    // 74LS165 shift/load 控制端
// 延时
void DelayMS(uint ms)
{
    uchar i;
    while(ms -- ) for(i = 0;i < 120;i ++ );
}
// 主程序
void main()
{
    SCON = 0x10;                    // 串口模式 0,允许串口接收
    while(1)
    {
        SPL = 0;                    // 置数(load),读入并行输入口的 8 位数据
        SPL = 1;                    // 移位(shift),并口输入被封锁,串行转换开始
        while(RI == 0);            // 未接收 1 字节时等待
        RI = 0;                     // 1 字节数据接收完成,RI 复位
        P0 = SBUF;                  // 接收到的数据显示在 P0 口
        DelayMS(20);
    }
}
```

习题

一、填空题

1. 在串行通信中，把每秒中传送的二进制数的位数叫_____。

2. 当 SCON 中的 M0M1 = 10 时，表示串口工作于方式_____，波特率为_____。

3. 设 T1 工作于定时方式 2，作波特率发生器，时钟频率为 11.0592MHz，SMOD = 0，波特率为 2.4K 时，T1 的初值为_____。

4. MCS-51 单片机串行通信时，通常用指令_____启动串行发送。

5. MCS-51 单片机串行方式 0 通信时，数据从_____引脚发送/接收。

二、简答题

1. MCS-51 单片机串行口有几种工作方式？各自的特点是什么？

2. MCS-51 单片机串行口各种工作方式的波特率如何设置，怎样计算定时器的初值？

3. 用 8051 单片机串行口外接 CD4094 扩展 8 位并行输出口，驱动 8 个 LED 发光二极管。画出硬件电路图，编写程序，使 LED 循环闪亮。

4. 根据例题的汇编语言程序，编写对应的 C51 程序。

第8章 MCS-51 单片机系统扩展

当单片机片内资源不够用时，就需要添加相应的功能模块，这就是系统扩展。系统扩展的方法有并行扩展和串行扩展两种，扩展的对象有程序存储器、数据存储器、I/O 端口等。系统扩展的核心问题是数据线、地址线、控制线的合理分配，对于并行扩展，基本原则是：P0 口提供数据线，P0、P2 口提供地址线，低位用于片内选择，高位用做片选信号，用$\overline{PSEN}$控制程序存储器的读操作，用$\overline{RD}$和$\overline{WR}$控制数据存储器或 I/O 端口的读写。利用并/串、串/并转换芯片可以实现用串行口扩展并行设备的目的。

8.1 概述

1. MCS-51 单片机的最小系统

对于 8051 单片机，只要加上振荡电路和复位电路，该系统就可以工作，常称这样的系统为最小系统。对于不带片内 ROM 的单片机如 8031，需要在片外扩展 ROM 之后才能构成最小系统，如图 8-1 所示。

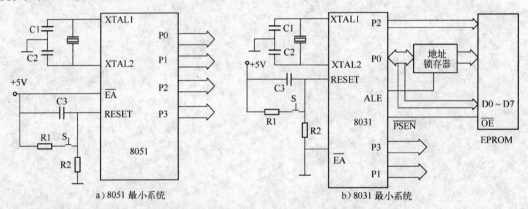

a) 8051 最小系统   b) 8031 最小系统

图 8-1 MCS-51 单片机最小系统

2. 系统扩展的内容

单片机应用系统的扩展一般包括以下几方面的内容：

外部程序存储器的扩展；

外部数据存储器的扩展；

输入/输出接口的扩展；

管理功能器件的扩展（如定时器/计数器、中断控制器等）。

3. 系统扩展的基本方法

系统扩展时，常把单片机的外部引线分为三组总线：数据线、地址线、控制线。系统扩展就是将需要的外部资源挂接到这三组总线上，使其能够与 CPU 正确通信，完成数据交换。

按照数据传送的方式，扩展可以分为并行扩展和串行扩展。并行总线扩展的一般连接方法如图 8-2 所示。

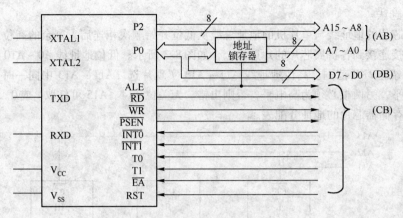

图 8-2　并行总线扩展的一般连接方法

1）数据总线（DB）。数据总线用于单片机与存储器或 I/O 口的数据传送，由 P0 口提供。通常将 P0 口与外扩芯片的数据总线直接相连作为数据线。若所选存储器芯片字长与单片机字长一致，则只需扩展容量。扩展存储器时，所需存储器芯片数目按下式确定：

$$芯片数目 = \frac{系统扩展容量}{存储器芯片容量}$$

若所选存储器芯片字长与单片机字长不一致，则不仅要扩展容量，还需字扩展。所需芯片数目按下式确定：

$$芯片数目 = \frac{系统扩展容量}{存储器芯片容量} \times \frac{系统字长}{存储器芯片字长}$$

2）地址总线（AB）。地址信号用于寻址存储单元或 I/O 端口。由 P0 口和 P2 口共同提供。由于 P0 口是分时复用传送地址和数据信息，所以当 P0 口传送地址信息时，由 ALE 信号控制 74LS373 地址锁存器锁存后输出低 8 位地址 A0 ~ A7，与 P2 口输出的高 8 位地址组成 16 位地址总线。

3）控制总线（CB）。控制总线用于协调控制数据信息和地址信息的正确传送。主要有以下几个：

- ALE　地址锁存控制。ALE 的下降沿控制锁存器锁存 P0 口输出的低 8 位地址。与扩展芯片的锁存器控制端相连。
- $\overline{PSEN}$　程序存储器 ROM 的读控制信号。执行程序存储器读指令 MOVC 时，该信号有效。与程序存储器输出使能端相连。
- $\overline{EA}$　程序存储器选择。0 时选择片外程序存储器；1 时选择片内程序存储器。
- $\overline{RD}$、$\overline{WR}$　片外数据存储器的读写控制。执行片外数据存储器读写指令 MOVX 时，信号有效。分别与扩展芯片的输出使能和写使能线相连。

外扩芯片的选通线由单片机多余的高位地址线直接选通或经地址译码器译码后选通。

4. 系统扩展中的地址译码技术

单片机系统扩展时，通常把地址线分为片内地址和片外地址两部分。片内地址是指为了寻址存储器芯片或 I/O 接口芯片片内单元所需要的地址线，一般为地址总线的低位。除了片内地址总线外，剩余的地址线称为片外地址线，一般为地址总线的高位。地址译码是指把高位地址线译码后用于控制芯片的片选信号。

片选信号的形成方式通常有线选和片选两种，其中片选又称地址译码，包括部分译码和全译码。

（1）线选法

将扩展芯片的地址线与单片机的地址总线从低位开始顺次相连后，剩余的高位地址线的一根或几根直接连接到各扩展芯片的片选线上，如图8-3所示。低位地址线 A0～A10 实现片内寻址，可直接寻址 2KB 范围。高位地址线 A11～A13 实现片选。A11～A13 中同一时刻只允许有一根为低电平，另两根必须为高电平，否则出错。无关位 A14、A15 可任取 1 或 0。表8-1 为线选法时三片存储器芯片的地址分配表。

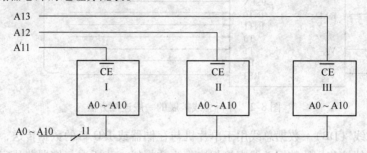

图8-3　线选法

连接的地址线对于选中某一存储器芯片有一个确定的状态，而与不连接的地址线 A15A14 无关。也可以说，只要连接的地址线处于对某一存储器芯片的选中状态，不连接的地址线 A15A14 的任意状态都可以选中该芯片。正因如此，线选法使存储器芯片的地址空间有重叠，即一个寻址单元对应多个地址，造成系统存储器空间的浪费。如图8-3 所示，由于 A15A14 是无关位，其值可以任意取 00H、01H、10H、11H 都不会影响寻址结果，因此 3000H、7000H、B000H、F000H 四个地址对应一个寻址单元。

表8-1　线选法三片存储器芯片地址分配表

	二进制表示			十六进制表示
	无关位	片外地址线	片内地址线	
	A15 A14	A13 A12 A11	A10 A9 A8 A7 A6 A5 A4 A3 A2 A1 A0	
芯片 I	1 1	1 1 0	0 0 0 0 0 0 0 0 0 0 0	F000H
	…	…	…	…
	1 1	1 1 0	1 1 1 1 1 1 1 1 1 1 1	F7FFH
芯片 II	1 1	1 0 1	0 0 0 0 0 0 0 0 0 0 0	E800H
	1 1	1 0 1	1 1 1 1 1 1 1 1 1 1 1	EFFFH
芯片 III	1 1	0 1 1	0 0 0 0 0 0 0 0 0 0 0	D800H
	…	…	…	…
	1 1	0 1 1	1 1 1 1 1 1 1 1 1 1 1	DFFFH

由此可见，线选法的优点是简单明了，不需增加额外电路。缺点是存储空间不连续，存在地址重叠现象。该方法适用于扩展存储容量较小的场合。

（2）部分译码法

将扩展芯片的地址线与单片机的地址总线从低位开始顺次相连后，剩余的高位地址线的一部分经译码后连接到各扩展芯片的片选线上。参加译码的地址线对于选中某一存储器芯片有一个确定的状态，不参加译码的地址线与片选无关。也可以说，只要参加译码的地址线处于对某一存储器芯片的选中状态，不参加译码的地址线的任意状态都不影响选中该芯片。正因如此，部分译码使存储器芯片的地址空间也有重叠，造成系统存储器空间的浪费。但它比线选法有改进，如图 8-4 所示。由于 A15 是无关位，其值可以任意取 0 或 1 都不会影响寻址结果，因此 0000H 与 8000H 两个地址对应一个寻址单元。同理，若有 N 条高位地址线不参加译码，则有 2^N 个重叠地址。重叠的地址中真正能存储信息的只有一个单元，因而会造成浪费，这是部分译码的缺点。表 8-2 为 A15 = 1 时，图 8-4 的地址分配表。A15 = 0 时的地址分配，只需将 A15 对应一栏里的 1 换成 0 即可。

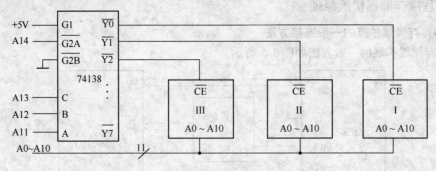

图 8-4　部分译码法

表 8-2　A15 = 1 时，图 8-4 电路地址分配表

	二进制表示			十六进制表示
	无关位	片外地址线	片内地址线	
	A15	A14 A13 A12 A11	A10 A9 A8 A7 A6 A5 A4 A3 A2 A1 A0	
芯片 I	1	0　0　0　0	0　0　0　0　0　0　0　0　0　0　0	8000H
	…	…	…	……
	1	0　0　0　0	1　1　1　1　1　1　1　1　1　1　1	87FFH
芯片 II	1	0　0　0　1	0　0　0　0　0　0　0　0　0　0　0	8800H
	…	…	…	……
	1	0　0　0　1	1　1　1　1　1　1　1　1　1　1　1	8FFFH
芯片 III	1	0　0　1　0	0　0　0　0　0　0　0　0　0　0　0	9000H
	…	…	…	……
	1	0　0　1　0	1　1　1　1　1　1　1　1　1　1　1	97FFH

（3）全译码

将扩展芯片的地址线与单片机的地址总线从低位开始顺次相连后，剩余的高位地址线全部经译码后连接到各扩展芯片的片选线上，原理与部分译码相似。如在图 8-4 中，将 A15 连接到 G1 端，就成为全译码方式。地址分配见表 8-2。由于剩余的高位地址线全部参加译码，一个地址对应一个寻址单元，扩展芯片的地址空间是唯一确定的，因此不会有地址重叠，但译码电路相对复杂。

在扩展容量不大的情况下，选择线选法，电路会简单些，可降低成本。当扩展容量比较大时，选择全译码，消除地址重叠，可充分利用存储空间。

8.2　程序存储器扩展

单片机内有 ROM 型、EPROM 型、EEPROM 型、FlashROM 型和无 ROM 型等程序存储器。当片内程序存储器容量不能满足要求时，需进行程序存储器扩展。扩展时要注意以下几点：

- 片外程序存储器有单独的地址编号（0000H ～ FFFFH），可寻址 64KB 范围。虽然与数据存储器地址重叠，但不会冲突，因为使用的指令不同。程序存储器与数据存储器共用地址总线和数据总线。

- 对片内有 ROM 的单片机，片内 ROM 与片外 ROM 采用相同的操作指令，片内与片外程序存储器的选择由$\overline{EA}$控制，$\overline{EA}$为高电平选择片内，$\overline{EA}$为低电平选择片外。
- 程序存储器使用单独的控制信号和指令。其数据读取由$\overline{PSEN}$控制，读取数据用 MOVC 指令。片外数据存储器的读写由$\overline{RD}$、$\overline{WR}$信号控制，用 MOVX 指令访问。

8.2.1 程序存储器扩展原理

1. 程序存储器扩展的一般连接方法

程序存储器扩展的一般方法如图 8-5 所示。

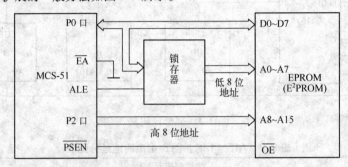

图 8-5   程序存储器扩展一般方法

CPU 访问外部程序存储器时，P0 口输出低 8 位地址（PCL），P2 口输出高 8 位地址（PCH），由 ALE 的下降沿将 P0 口输出的低 8 位地址锁存到外部地址锁存器中。接着 P0 口由输出方式变为输入方式，即浮空状态，而 P2 口输出的高 8 位地址信息不变，紧接着程序存储器选通信号$\overline{PSEN}$变为低电平有效，由 P2 口和地址锁存器输出的地址译码后选中某一存储单元，并将其内容传送到 P0 口上供 CPU 读取。MCS-51 单片机的 CPU 在访问外部程序存储器的机器周期内，控制线 ALE 上出现两个正脉冲，程序存储器选通线$\overline{PSEN}$上出现两个负脉冲，说明在一个机器周期内 CPU 访问两次外部程序存储器。对于时钟为 12MHz 的系统，$\overline{PSEN}$的宽度为 230ns，在选 EPROM 芯片时，除了考虑容量之外，还必须使 EPROM 的读取时间与主机的时钟匹配。

2. 访问外部程序存储器的时序

访问外部程序存储器的操作时序如图 8-6 所示，其操作过程如下。

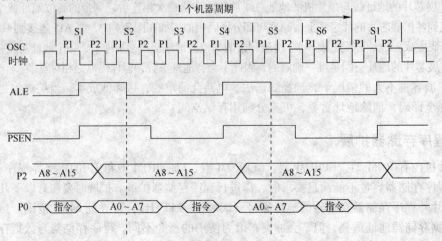

图 8-6   访问外部程序存储器的操作时序

1）在 S1P2 时刻产生 ALE 信号。

2）由 P0、P2 口送出 16 位地址，由于 P0 口送出的低 8 位地址只保持到 S2P2，所以要利用 ALE 的下降沿将 P0 口送出的低 8 位地址信号锁存到地址锁存器中。而 P2 口送出的高 8 位地址在整个读指令的过程中始终有效，因此不需要对其进行锁存。从 S2P2 起，ALE 信号失效。

3）从 S3P1 开始，$\overline{PSEN}$开始有效，对外部程序存储器进行读操作，将选中的单元中的指令代码从 P0 口读入。S4P2 时刻，$\overline{PSEN}$失效。

4）从 S4P2 后开始第二次读入，过程与第一次相似。

8.2.2 程序存储器扩展举例

1. EPROM 程序存储器扩展

EPROM 芯片种类繁多，2716 是其中容量较小的一款，有 24 个引脚，如图 8-7 所示。3 根电源线（V_{CC}、V_{pp}、GND）、11 根地址线（A0～A10）、8 根数据输出线（O0～O7），其他两根为片选端$\overline{CE}$和输出允许端$\overline{OE}$。V_{pp}为编程电源端，在正常工作（读）时，也接到 +5V。大容量的 EPROM 芯片有 2732、2764、27128、27256，它们的引脚功能与 2716 类似，图 8-7 中列出了它们的引脚分布。

引脚	27256	27128	2764	2732
1	V_{PP}	V_{PP}	V_{PP}	2732
2	A12	A12	A12	
3	A7	A7	A7	A7
4	A6	A6	A6	A6
5	A5	A5	A5	A5
6	A4	A4	A4	A4
7	A3	A3	A3	A3
8	A2	A2	A2	A2
9	A1	A1	A1	A1
10	A0	A0	A0	A0
11	O0	O0	O0	O0
12	O1	O1	O1	O1
13	O2	O2	O2	O2
14	GND	GND	GND	GND

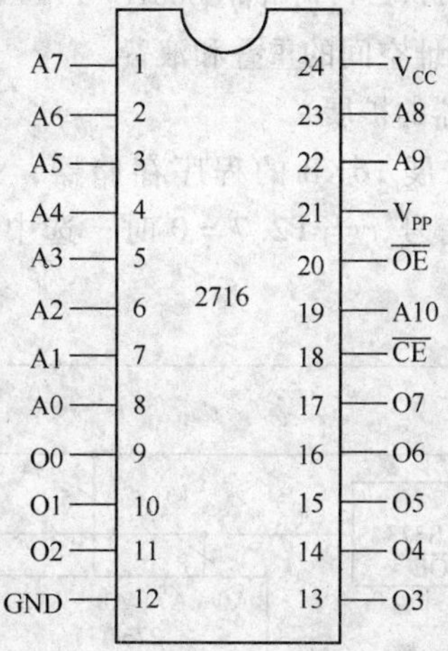

2716 引脚：

引脚	左	右	引脚
1	A7	V_{CC}	24
2	A6	A8	23
3	A5	A9	22
4	A4	V_{PP}	21
5	A3	$\overline{OE}$	20
6	A2	A10	19
7	A1	$\overline{CE}$	18
8	A0	O7	17
9	O0	O6	16
10	O1	O5	15
11	O2	O4	14
12	GND	O3	13

2732	2764	27128	27256	引脚
	V_{CC}	V_{CC}	V_{CC}	28
	$\overline{PGM}$	$\overline{PGM}$	A14	27
V_{CC}	未用	A13	A13	26
A8	A8	A8	A8	25
A9	A9	A9	A9	24
A11	A11	A11	A11	23
$\overline{OE}/V_{PP}$	$\overline{OE}$	$\overline{OE}$	$\overline{OE}$	22
A10	A10	A10	A10	21
$\overline{CE}$	$\overline{CE}$	$\overline{CE}$	$\overline{CE}$	20
O7	O7	O7	O7	19
O6	O6	O6	O6	18
O5	O5	O5	O5	17
O4	O4	O4	O4	16
O3	O3	O3	O3	15

图 8-7 常用 EPROM 芯片引脚

（1）线选法的单片程序存储器的扩展

【例 8-1】 试在 8051 的最小系统上扩展一片 EPROM 2764。

2764 是 8K×8 位程序存储器，芯片的地址引脚线有 13 条，顺序和单片机的地址线 A0～A12 相接。由于不采用地址译码器，所以高 3 位地址线 A13、A14、A15 不接，故有 $2^3 = 8$ 个重叠的 8KB 地址空间。因只用一片 2764，其片选信号$\overline{CE}$可直接接地（常有效），其连接电路如图 8-8 所示。

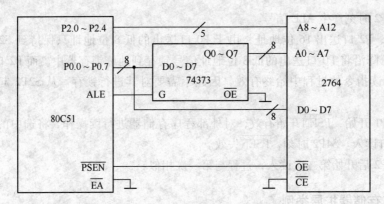

图 8-8   一片 2764 与 80C51 单片机的连接

图中所示电路的 8 个重叠的地址范围为

0000000000000000 ~ 0001111111111111，即 0000H ~ 1FFFH；

0010000000000000 ~ 0011111111111111，即 2000H ~ 3FFFH；

0100000000000000 ~ 0101111111111111，即 4000H ~ 5FFFH；

0110000000000000 ~ 0111111111111111，即 6000H ~ 7FFFH；

1000000000000000 ~ 1001111111111111，即 8000H ~ 9FFFH；

1010000000000000 ~ 1011111111111111，即 A000H ~ BFFFH；

1100000000000000 ~ 1101111111111111，即 C000H ~ DFFFH；

1110000000000000 ~ 1111111111111111，即 E000H ~ FFFFH。

在 64KB 的存储空间，造成地址空间的重叠和浪费。

（2）线选法的多片程序存储器的扩展

【例 8-2】   使用两片 2764 扩展 16KB 的程序存储器，采用线选法。其扩展连接图如图 8-9 所示。以 P2.7 作为片选信号，当 P2.7 = 0 时，选中 2764（1）；当 P2.7 = 1 时，选中 2764（2）。

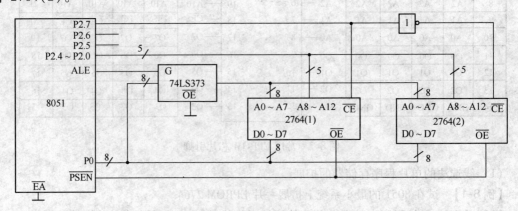

图 8-9   两片 2764EPROM 的扩展连接图

因两根线（A13、A14）未用，故两个芯片各有 $2^2 = 4$ 个重叠的地址空间。重叠的地址范围如下。

芯片 1：0000000000000000 ~ 0001111111111111，即 0000H ~ 1FFFH；

00100000000000000 ~ 0011111111111111，即 2000H ~ 3FFFH；

01000000000000000 ~ 0101111111111111，即 4000H ~ 5FFFH；

01100000000000000 ~ 0111111111111111，即 6000H ~ 7FFFH。

芯片 2：1000000000000000 ~ 1001111111111111，即 8000H ~ 9FFFH；

1010000000000000 ~ 1011111111111111，即 A000H ~ BFFFH；

1100000000000000 ~ 1101111111111111，即 C000H ~ DFFFH；

1110000000000000 ~ 1111111111111111，即 E000H ~ FFFFH。

（3）地址译码法的多片程序存储器扩展

【例 8-3】　用 2764 芯片扩展 8031 的片外程序存储器，地址范围为 0000H ~ 3FFFH。

本例要求的地址空间是唯一确定的，所以要采用全译码方法。由分配的地址范围可知：扩展的容量为 3FFFH − 0000H + 1 = 4000H = 16KB，2764 为 8K × 8 位，故需要两片。第 1 片的地址范围应为 0000H ~ 1FFFH，可见，A15A14A13 为 000；第 2 片的地址范围应为 2000H ~ 3FFFH，可见，A15A14A13 为 001。地址关系见表 8-3。

表 8-3　地址关系

P2.7	P2.6	P2.5	P2.4	P2.3	P2.2	P2.1	P2.0	P0.7	P0.6	P0.5	P0.4	P0.3	P0.2	P0.1	P0.0
A15	A14	A13	A12	A11	A10	A9	A8	A7	A6	A5	A4	A3	A2	A1	A0
0	0	0	×	×	×	×	×	×	×	×	×	×	×	×	×
0	0	1	×	×	×	×	×	×	×	×	×	×	×	×	×

由此可知，选用 74LS138 译码器时，其输出 $\overline{Y0}$ 应接在第 1 片的片选线上，$\overline{Y1}$ 应接在第 2 片的片选线上，扩展连接图如图 8-10 所示。

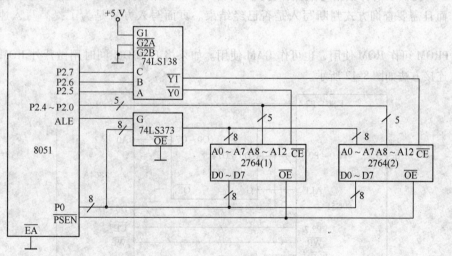

图 8-10　全译码两片 2764 EPROM 扩展连接图

2. E²PROM 扩展

E²PROM 是一种电可擦除可编程只读存储器，其主要特点是能在线修改，并能在断电的情况下保持修改的结果，因而在智能化仪器仪表、控制装置等领域得到普遍应用。2864A 是常用的 E²PROM 芯片。2864A 的管脚和原理框图如图 8-11 所示。

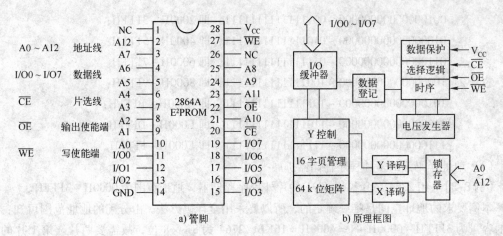

图 8-11　2864A 管脚及原理框图

E²PROM 的工作方式主要有读出、写入、维持三种，见表 8-4。

表 8-4　E²PROM 的工作方式

方式	控制脚			
	$\overline{CE}$	$\overline{OE}$	$\overline{WE}$	I/O0 ~ I/O7
读出	L	L	H	输出信息
写入	L	H	L	数据输入
维持	H	×	×	高阻
禁止写	×	×	H	—

2864A 提供了两种数据写入操作方式，字节写入和页面写入。字节写入每次只写入一个字节，而且需要查询方式判断写入是否已经结束。页面写入方式是为了提高写入速度而设置的。

E²PROM 可作 ROM 使用，也可作 RAM 使用。如果将 E²PROM 同时用做片外 ROM 和片外 RAM，连接方法如图 8-12 所示。

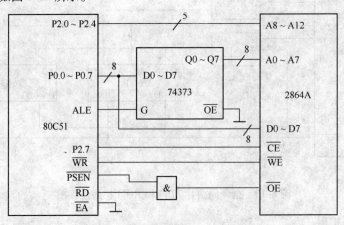

图 8-12　E²PROM 兼作外 ROM 和外 RAM 的连接方法

1）地址线、数据线仍按 8051 一般扩展外 ROM 的方式连接。

2）片选线一般由 8051 高位地址线控制，并决定 E²PROM 的地址范围，此处由 P2.7 控制。

3）E²PROM 用做外 ROM 时，执行 MOVC 指令，读选通由$\overline{\text{PSEN}}$控制。

4）E²PROM 用做外 RAM 时，执行 MOVX 指令，读选通由$\overline{\text{RD}}$控制，写选通由$\overline{\text{WR}}$控制。

读 E²PROM 时，速度与 EPROM 相当，完全能满足 CPU 要求；写 E²PROM 时，速度很慢，因此，不能将 E²PROM 当做一般 RAM 使用。每写入一个字节（页），要延时 10ms 以上，使用时应予以注意。

8.3　数据存储器扩展

8.3.1　数据存储器扩展原理

MCS-51 单片机片内有 256 字节的 RAM 存储器，它们可以作为工作寄存器、堆栈、软件标志和数据缓冲器等。CPU 对内部 RAM 有丰富的操作指令，因此这部分 RAM 是十分珍贵的资源，应充分利用，发挥它的作用。当片内的 RAM 存储器不够用时，需要进行扩展。扩展时单片机与数据存储器的连接方法如图 8-13 所示。

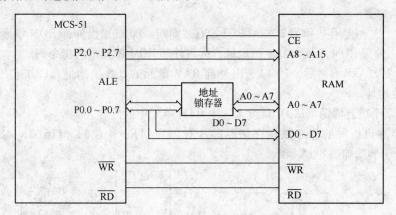

图 8-13　单片机与数据存储器的连接方法

P0 口为分时传送的 RAM 低 8 位地址/数据线，P2 口提供的高 8 位地址线用于对 RAM 进行寻址。在外部 RAM 读/写周期，CPU 产生$\overline{\text{RD}}$、$\overline{\text{WR}}$信号。访问内部数据存储器使用 MOV 指令，访问外部数据存储器时使用 MOVX 指令。

外部数据存储器通常设置两个数据区。

1）低 8 位地址线寻址的外部数据区。此区域寻址空间为 256 字节，CPU 可以使用下列读写指令来访问此存储区。

- 读存储器数据指令：`MOVX  A,@Ri`
- 写存储器数据指令：`MOVX  @Ri,A`

值得注意的是：这种情况下对外部 RAM 进行操作需将 P2 口全部清零。

2）16 位地址线寻址的外部数据区。当外部 RAM 容量较大，要访问 RAM 地址空间大于 256 字节时，则要采用如下 16 位寻址指令。

- 读存储器数据指令：`MOVX  A,@DPTR`
- 写存储器数据指令：`MOVX  @DPTR,A`

由于 DPTR 为 16 位的地址指针，故可寻址 64KB RAM 单元。

执行 MOVX 指令需要两个机器周期，第一个机器周期为取指令周期，即将 MOVX 的指令码从 ROM 中取出，第二个机器周期为指令执行周期，即存储器存取周期，如图 8-14 所示。

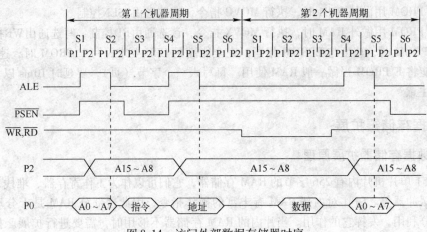

图 8-14　访问外部数据存储器时序

操作过程如下：

1）从第 1 次 ALE 有效到第 2 次 ALE 开始有效期间，P0 口送出外部 ROM 单元的低 8 位地址，P2 口送出外部 ROM 单元的高 8 位地址，读入外部 ROM 单元中的指令码。

2）在第 2 次 ALE 有效后，P0 口送出外部 RAM 单元的低 8 位地址，P2 口送出外部 RAM 单元的高 8 位地址。

3）在第 2 个机器周期，从 P0 口读入选中 RAM 单元中的内容。

常用于单片机扩展的静态数据存储器芯片有 2114（1K×4 位）、6116（2K×8 位）、6264（8K×8 位），引脚图如图 8-15 所示。

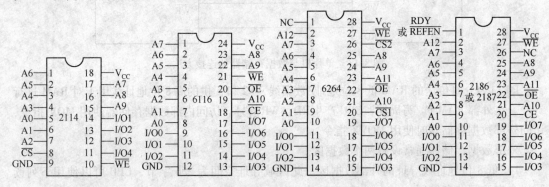

图 8-15　常用 RAM 芯片引脚

6264 有两个片选端$\overline{CS1}$、CS2。这只是为用户使用提供方便，其作用是两个信号同时有效才能选中芯片，相当于一个片选信号。

数据存储器的$\overline{OE}$、$\overline{WE}$信号线分别为输出允许和写允许控制端。2114 只有一个读写控制端$\overline{WE}$。当$\overline{WE}=0$时，是写允许；当$\overline{WE}=1$时，是输出允许。

动态 RAM 虽然集成度高、成本低、功耗小，但需要刷新电路，在单片机扩展中不如静态 RAM 方便，所以目前单片机的数据存储器扩展仍以静态 RAM 芯片居多。但现在的集成动态随机存储器 iRAM，把刷新电路一并集成在芯片内部，扩展使用与静态 RAM 一样方便。这种芯片有 2186、2187 等，它们都是 8K×8 位存储器，引脚如图 8-15 所示。2186 与 2187 的不同仅在于前者的引脚 1 是刷新引脚信号，后者的引脚 1 是刷新选通端。

8.3.2 数据存储器扩展举例

1. 线选法的单片数据存储器扩展

扩展一片片外数据存储器的电路如图 8-16、图 8-17 所示。

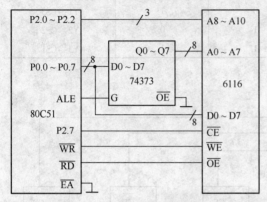

图 8-16 6116 与 8051 的典型连接

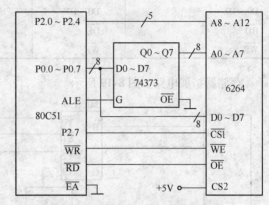

图 8-17 6264 与 8051 的典型连接

1）地址线：P0 口提供地址低 8 位，高位地址线视 RAM 芯片容量而定，6116 需 3 根，6264 需 5 根。

2）数据线：P0 口提供。

3）片选线：一般由高位地址线控制，并决定 RAM 的口地址。

按图 8-16 和图 8-17，设无关位为 1 那么 6116 的地址范围是 7800H ~ 7FFFH，6264 的地址范围是 6000H ~ 7FFFH。

4）读写控制线：由 CPU 的 $\overline{RD}$、$\overline{WR}$ 分别与 RAM 芯片的 $\overline{OE}$、$\overline{WE}$ 相接。

2. 两片数据存储器的扩展

【例 8-4】 采用 2114 芯片在 8031 片外扩展 1KB 数据存储器。因为 2114 为 1K×4 位的静态 RAM 芯片，所以需要两片进行字扩展，扩展连接如图 8-18 所示。

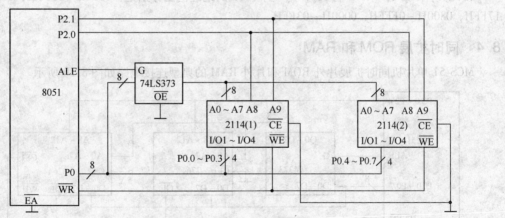

图 8-18 两片 2114 的扩展

因为用两个芯片相同地址的 4 位单元组合起来作为单片机系统的 8 位单元，所以片选信号要并接在一起，即两片同时选中。本例采用并接于地的方法。

3. 多片数据存储器的扩展

【例 8-5】 用 4 片 6116（2K×8）进行 8KB 数据存储器扩展，用地址译码法实现。8051 与 6116 的线路连接见表 8-5。

表 8-5　8051 与 6116 的连接

80C51	6116	二四译码器译码形成		
P0 口经锁存器锁存 A0 ~ A7	A0 ~ A7	A	B	译码控制片选
P2.0、P2.1、P2.2	A8 ~ A10	0	0	$\overline{Y0} \to CS4$
D0 ~ D7	D0 ~ D7	0	1	$\overline{Y1} \to CS3$
$\overline{RD}$	$\overline{OE}$	1	0	$\overline{Y2} \to CS2$
$\overline{WR}$	$\overline{WE}$	1	1	$\overline{Y3} \to CS1$

存储器扩展电路如图 8-19 所示。

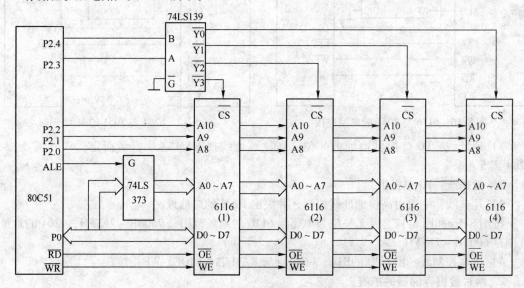

图 8-19　存储器扩展电路

设无关位 A15 A14 A13 取 000，则 4 片 6116 的地址范围分别是：1800H ~ 1FFFH，1000H ~ 17FFH，0800H ~ 0FFFH，0000H ~ 03FFH。

8.4　同时扩展 ROM 和 RAM

MCS-51 单片机同时扩展片外 ROM 和片外 RAM 的典型连接电路如图 8-20 所示。

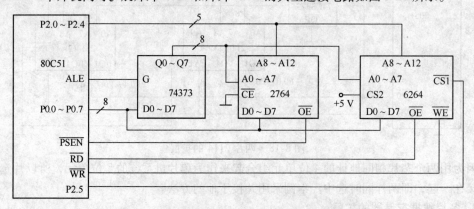

图 8-20　同时扩展外 ROM 和外 RAM 的典型连接电路

1）地址线：P0 口提供地址低 8 位，高位地址线视 RAM 芯片容量而定。

2）数据线：P0 口提供。

3）片选线：因片外 ROM 只有一片，无需片选。2764 的 $\overline{CE}$ 端直接接地，始终有效。外 RAM 虽然也只有一片，但系统可能还要扩展 I/O 口，而 I/O 口与外 RAM 是统一编址的，因此一般需要片选，6264 的 CS1 接 P2.5，CS2 接 V_{cc}，这样 6264 的地址范围为 C000H ~ DFFFH，P2.6、P2.7 可留给扩展 I/O 口片选用。

4）读写控制线：执行 MOVC 指令读片外 ROM 时，由 $\overline{PSEN}$ 控制 2764 的 $\overline{OE}$；执行 MOVX 指令读写片外 RAM 时，由 $\overline{RD}$ 控制 6264 的 $\overline{OE}$，$\overline{WR}$ 控制 6264 的 $\overline{WE}$。

8.5　闪速存储器及其扩展

闪速存储器（flash memory）是 EEROM 走向成熟和半导体技术发展到 $1\mu m$ 技术以下及对大容量电可擦存储器需求的产物。它具有存储容量大，价格低，可以整片擦除，支持对存储器高速连续存取等特点。特别适用于需要批量存储代码或语音数据、图形信息、图像处理等场合，在便携式移动存储和移动多媒体系统中应用前景广阔。Flash 存储器是一种非易失型存储器，掉电后，芯片内的数据不会丢失。它采用电擦写方式，可重复擦写 10 万次，而且擦写速度快，耗电量小。ATMEL51 系列单片机就是 Flash ROM 型单片机，特别适合新产品开发。

8.5.1　FLASH 存储器的分类

FLASH 存储器按接口的种类可分为 3 种类型。

1. 标准的并行接口

这种芯片具有独立的地址线和数据线，在和 CPU 接口时，和一般的存储器接口相似，只要三总线分别连接就可以。这种类型的芯片种类最多，如 Intel 公司的 A28F 系列，AMD 公司的 Am28F 和 Am29F，Atmel 公司的 AT29 系列等。

2. NAND（与非）型存储器

NAND 型存储器也是一种并行接口芯片，但是在接口时采用了引脚分时复用的方法，使得数据、地址和命令线分时复用 I/O 总线。这样接口的引脚数可以减少很多。当然，要特别注意这种芯片的接口时序，并保证和 CPU 有正确的连接。三星公司和日立公司都有 NAND 型 FLASH 存储器的产品。

3. 串行接口的 FLASH 存储器

这类产品通过串行接口和 CPU 连接，接口十分简单。但由于数据和地址都是由同一条线来传输，要用不同的命令来区分是地址操作还是数据操作。

8.5.2　并行 FLASH 存储器及其扩展

FLASH 存储器的容量一般都超过 64KB。当 FLASH 存储器在 8031 系统中使用时，既可以作为程序存储器，也可以作为数据存储器。因此 8031 芯片和 FLASH 存储器连接时有两个问题要特别注意。

1）FLASH 存储器既可以作为程序存储器使用，又可以作为数据存储器使用。当然，也可以将 FLASH 存储器只用做某一种存储器使用，而传统的方法是将程序存储器和数据存储器分开使用的。如果将 FLASH 存储器当做两种存储器同时使用，在连接时，必须保证无论是 $\overline{PSEN}$ 还是 $\overline{RD}$、$\overline{WR}$ 有效时，存储器都可以被访问。$\overline{PSEN}$ 有效时，作为 ROM 读出，$\overline{RD}$、$\overline{WR}$ 有效时，作为 RAM 可以读出或写入数据。

2）8031 正常的寻址范围只有 64KB，必须用适当的方法对 FLASH 存储器中 64KB 以外的区域来寻址，否则 FLASH 存储器就无法被充分使用。

下面以 AT29LV040A 芯片为例，介绍并行 FLASH 存储器的扩展。

AT29LV040A 是 Atmel 公司生产的容量为 512KB 的 FLASH 存储器。引脚如图 8-21 所示。

引脚功能如下：

数据线：D7 ~ D0，共 8 条，所以读写数据仍然是按字节进行。

地址线：A18 ~ A0，共 19 条，总共是 512KB 个存储单元。

控制线：$\overline{CE}$，为片选信号，低电平有效。$\overline{CE}$ 为低电平时，可以对 AT29C040 进行读写操作。

控制线：$\overline{OE}$，读控制信号，低电平有效。$\overline{OE}$ 为低电平时，可以对 AT29C040 进行读操作，既可以作为数据存储器的读出，也可以作为程序存储器的读出。

图 8-21　AT29LV040A 引脚图

控制线：$\overline{WE}$，写控制信号，也是低电平有效。$\overline{WE}$ 为低电平时，可以对芯片进行写操作，相当于对芯片进行擦除和改写操作。

由于 AT29LV040A 的容量是 512KB，需要有 19 条地址线才可以充分使用全部的存储单元。如果将它用于 8051 的存储器扩展，最简单的办法就是从 8051 的 P1 口分配几条线作为高位地址线使用。可以用 P1.0 ~ P1.2。8051 和 AT29LV040A 的连接方式如图 8-22 所示。

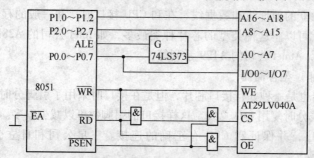

图 8-22　8031 和 AT29LV040A 的连接方式

地址线的具体连接方法是

8051 的 P0 口经地址锁存器接到 AT29LV040A 的 A0 ~ A7；

8051 的 P2 口 8 条线直接接到 AT29LV040A 的 A8 ~ A15；

8051 的 P1.0 ~ P1.2 连接到 AT29LV040A 的 A16 ~ A18。

另外，还需产生必要的片选信号和读信号。图中的几个与门实际上是起复合门的作用，即只要输入中有一个是低电平，输出就是低电平。$\overline{RD}$ 和 $\overline{PSEN}$ 经过与门加到 AT29LV040A 的 $\overline{OE}$。当 $\overline{PSEN}$ 有效时，AT29LV040A 作为程序存储器使用，地址从 0000H 开始，容量是 64KB；而当 $\overline{RD}$ 有效时，AT29LV040A 就当做数据存储器 RAM 使用，在使用时，RAM 的地址最好从 10000H 开始，RAM 的容量是 448KB。

在作为程序存储器使用时，直接用 $\overline{PSEN}$ 作为 AT29LV040A 的片选信号 $\overline{CS}$；在作为数据存储器使用时，$\overline{CS}$ 是由 $\overline{RD}$ 和 $\overline{WR}$ 经过复合门来产生的，无论是对 RAM 的读操作还是写操作都可以产生片选有效信号。

8051 的 $\overline{WR}$ 还可以直接和 AT29LV040A 的 $\overline{WE}$ 连接，这种连接和一般的 8051 与 RAM 连接没有什么不同。

8.5.3　串行 FLASH 存储器及其扩展

串行 Flash 存储器大多采用 I^2C 接口或 SPI 接口；与并行 Flash 存储器相比，所需引脚少、体积小、易于扩展、与单片机或控制器连接简单、工作可靠，所以串行 Flash 存储器越来越多地应用在各类电子产品、工业测控系统及智能卡中。

SSF1101 是上海新茂半导体有限公司生产的 4Mbit 串行接口可编程闪速存储器，该器件采用 SPI 串口模式与单片机通信，可方便构成大容量的数据存储装置。同时，该芯片具有封装尺寸小、集成度高、工作电压低、存储容量大、接口简单等优点，具有广泛的应用前景。

下面以 SSF1101 为例，一方面，介绍串行闪速存储器的工作原理和扩展方法，另一方面通过例题介绍目前流行的智能卡的工作原理及接口。

1. 芯片性能特点

SSF1101 具有以下特点：

- 串行数据接口符合 SPI 标准。
- 器件内具有 4Mb 闪速存储器，共 512 页，每页 1024 字节。
- 内置 4 位器件地址译码电路，可直接并联扩展存储容量，最多可连接 16 片。
- 带有双 1KB 的数据缓冲器，可在编程期间写入或读取数据，且读取/写入地址自动增减。
- 高速页面编程，典型时间为 20ms。
- 高速页面至数据缓冲器的传输，典型时间为 100μs。
- 页面擦除典型时间为 10ms。
- 器件擦除典型时间为 2s。
- 内置擦除/编程时序逻辑。
- 可硬件写保护。
- 时钟频率最高达 10MHz。
- 采用单 5V 电源工作，并有低电压 2.7 ~ 3.5V 可供选择。
- 低功耗，休眠电流典型值为 18μA。
- 与 CMOS 电平和 TTL 输入/输出电平兼容。
- 内置上电复位电路。
- 在数据缓冲器和主 FLASH 之间进行传送或比较时，可对未用的数据缓冲器和状态寄存器进行操作。

2. 引脚功能

SSF1101 的内部结构及外部引脚如图 8-23 所示。

引脚功能如表 8-6 所示。

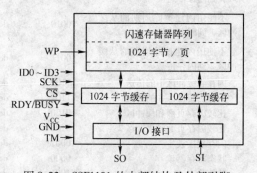

图 8-23　SSF1101 的内部结构及外部引脚

表 8-6　SSF1101 引脚功能

序号	引脚名	I/O	描述
1	RDY/$\overline{BUSY}$	O	闲/忙指示,此脚为低时表示器件忙,不能对闪存进行操作
2	$\overline{RST}$	I	复位,低有效
3	WP	I	写保护,高有效。此信号有效时不能对闪存进行写或擦除操作
6	V_{CC}	I	电源
7, 8	GND	I	地
4, 5, 9, 10	ID0 ~ ID3	I	芯片地址 A0 ~ A3,只有命令中的 Device ID 和 ID0 ~ ID3 引脚电平一致时,命令才会被器件接受
11	TM	I	测试引脚,正常使用时接地
12	$\overline{CS}$	I	片选,低有效,命令输入后应重新置为高电平
13	SCK	I	串行输入数据时钟
14	SI	I	命令和数据都由此脚串行输入
15	SO	O/Z	串行数据输出,三态
16 ~ 32	NC	Z	空脚

3. 操作命令

SSF1101 具有 4194304 位主存储单元,分成 512 个页面。每页 1024 字节,此外,它还包含 2 个 SRAM 缓冲器,每个缓冲器有 1024 字节,当主存储器内的 1 页正被编程时,缓冲器照样能接收输入数据。该芯片在编程期间,不需要高电压,编程电压仍为电源电压。

SSF1101 通过 SPI 串行口进行数据存取,器件的操作由主机发出的指令控制。一个有效指令包括一字节 4 位操作码,4 位器件地址以及目的缓冲器或主存储器地址。当 $\overline{CS}$ 为 0 时,主机向器件 SCK 端发送时钟信号,以引导操作码和地址从 SI 端写入到器件中。所有指令地址和数据都是先送高位,后送低位,操作命令见表 8-7。

表 8-7　SSF1101 操作命令

操作	命令	器件地址	页面地址	缓冲区地址
读缓冲区 1	1110	dddd	XXXXXXXXXXX	BA11 ~ BA0
读缓冲区 2	1111	dddd	XXXXXXXXXXX	BA11 ~ BA0
写缓冲区 1	0110	dddd	XXXXXXXXXXX	BA11 ~ BA0
写缓冲区 2	0111	dddd	XXXXXXXXXXX	BA11 ~ BA0
使用内建擦除周期的从缓冲区 1 到闪存传送	1010	dddd	PA11 ~ PA0	XXXXXXXXXXX
使用内建擦除周期的从缓冲区 2 到闪存传送	1011	dddd	PA11 ~ PA0	XXXXXXXXXXX
不使用内建擦除周期的从缓冲区 1 到闪存传送	0010	dddd	PA11 ~ PA0	XXXXXXXXXXX
不使用内建擦除周期的从缓冲区 2 到内存传送	0011	dddd	PA11 ~ PA0	XXXXXXXXXXX
闪存到缓冲区 1 的传送	1100	dddd	PA11 ~ PA0	XXXXXXXXXXX
闪存到缓冲区 2 的传送	1101	dddd	PA11 ~ PA0	XXXXXXXXXXX
比较闪存页面和缓冲区 1	0100	dddd	PA11 ~ PA0	BA11 ~ BA0
比较闪存页面和缓冲区 2	0101	dddd	PA11 ~ PA0	BA11 ~ BA0
闪存直接读	0001	dddd	PA11 ~ PA0	BA11 ~ BA0
状态寄存器读	0000	dddd	XXXXXXXXXXX	XXXXXXXXXXX
片擦除	1001	dddd	XXXXXXXXXXX	XXXXXXXXXXX

4. 状态寄存器 SR

SSF1101 具有一个 8 位状态寄存器，用于指示器件的工作状态。

- BF：忙标志。1 表示器件忙，无法执行对闪存的操作命令。
- CF：比较标志。1 表示缓冲区中的内容和指定的被比较的闪存页面不一致。
- WPF：写保护标志。1 表示器件处于硬件写保护状态。
- 位 2 ~ 位 0：容量指示位。全 1 表示闪存容量为 4Mb。
- Res：保留位。暂为 01。

当器件正确上电复位后 SR 为 00001111B。

5. 应用举例

【例 8-6】　为 SSF1101 设计一个 IC 卡读写电路。

电路如图 8-24 所示，单片机的 P1.0、P1.1、P1.2 分别与 SSF1101 的 SI、SCK、SO 端相连，以实现 SPI 三线串行通信。P1.3 与$\overline{CS}$相连，用于控制对器件的访问。图中的 C9 与 C10 是 IC 卡座的接通开关。当 IC 卡插入时开关闭合，C1 端接 +5V 电源，上电复位后读写电路进入正常的读写状态。当 IC 卡拔出后 C1 端经电阻 R2 向单片机的$\overline{INT0}$端发出中断请求，从而转向掉卡中断处理程序。下面的程序代码为与上述硬件电路配套的 IC 卡读写程序。

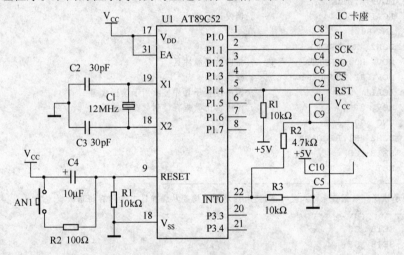

图 8-24　IC 卡读写电路

```
ORG 0000H
        LJMP RCARD
ORG 0030H
--------------------------------------------------
; 位定义
--------------------------------------------------
        SI  BIT  P1.0        ; 串行数据输入
        SCK BIT  P1.1        ; 串行时钟
        SO  BIT  P1.2        ; 串行数据输出
        CS  BIT  P1.3        ; 片选控制
--------------------------------------------------
; 内存定义
--------------------------------------------------
        RCMD EQU 30H         ; 读卡命令单元
        PAH EQU 31H          ; 闪存页面地址高位
        PAL EQU 32H          ; 闪存页面地址低位
```

```
            BAH EQU 33H                  ; 闪存地址高位
            BAL EQU 34H                  ; 闪存地址低位
            ICRDATA EQU 20H              ; 读写数据缓冲区首地址
            NUMBER1 EQU 80H              ; 数据块长度
--------------------
; 读闪卡子程序。采用闪存直接读方式
--------------------
RCARD:  SETB CS                          ; 初始化 SPI 时序
        SETB  SI
        SETB  SO
        CLR   SCK
        MOV   RCMD,#10H                  ; 闪存直接读方式命令
        MOV   PAH,#00H                   ; 00 页面
        MOV   PAL,#00H
        MOV   BAH,#00H                   ; 00 地址
        MOV   BAL,#00H
        CLR   CS                         ; 选中芯片
        MOV   R0,RCMD                    ; 指向命令单元
        MOV   R1,#04H                    ; 4 字节命令
TRCMD:  MOV   A,@R0
        LCALL  SOUT                      ; 调发送子程序
        INC R0
        DJNZ  R1,TRCMD
        MOV   R0,ICRDATA                 ; 指向数据缓冲区
        MOV   R1,#NUMBER1                ; 数据个数
RICDATA:LCALL  SIN                       ; 调用接收子程序接收闪卡读出数据
        MOV   @R0,A                      ; 闪卡读出数据存储到数据缓冲区
        INC   R0
        DJNZ  R1,RICDATA
        SETB  CS
        RET
------------------------------------------
; 写闪卡子程序。数据首先写入缓冲区,使用内建擦除周期从缓冲区1到闪存传送数据
------------------------------------------
WCARD:  SETB  CS
        SETB  SI
        SETB  SO
        CLR   SCK
        MOV   RCMD,#60H                  ; 写缓冲区1命令为60H
        MOV   BAH,#00H                   ; 写 00 地址单元
        MOV   BAL,#00H
        CLR CS
        MOV   R0,RCMD
        MOV   R1,#04H
TRCMD1: MOV   A,@R0
        LCALL  SOUT
        INC   R0
        DJNZ  R1,TRCMD
        MOV   R0,ICRDATA                 ; 指向读写数据缓冲区
        MOV   R1,#NUMBER1
TRDATA: MOV   A,@R0                      ; 取数据
        LCALL  SOUT
        INC   R0
        DJNZ  R1,TRDATA
```

```
            SETB SCK                    ; 输出结束后，需要 3~7 个脉冲
            CLR SCK
            SETB SCK
            CLR SCK
            SETB SCK
            CLR SCK
            MOV RCMD,#0A0H              ; 使用内建擦除周期从缓冲区 1 到闪存传送命令为 A0H
            MOV PAH,#00H                ; 00 页
            MOV PAL,#00H
            CLR  CS
            MOV R0,RCMD
            MOV R1,#04H
TRCMD2: MOV A,@R0
            LCALL  SOUT
            INC R0
            DJNZ  R1,TRCMD2
            SETB CS
            LCALL  DELAY
            RET
        ------------------------------------
; 接收一个字节数据子程序
        ------------------------------------
SIN:    MOV R6,#8                       ; 一个字节 8 位
RSHIFT: MOV C,SO                        ; 串行数据送 C
            SETB  SCK
            RLC  A                      ; 数据移动到 A
            CLR  SCK
            DJNZ  R6, RSHIFT
            RET
        ------------------------------------------
; 发送一个字节数据子程序
        ------------------------------------------
SOUT:   MOV  R7, #8
TSHIFT: RLC  A                          ; 数据送 C,准备发送
            MOV  SI, C
            SETB  SCK
            NOP
            CLR  SCK
            NOP
            CLR  SCK
            DJNZ  R7, TSHIFT
            RET
DELAY:
            MOV     R6,#60
D1:     MOV     R7,#248
            DJNZ    R7, $
            DJNZ    R6,D1
            RET
END
```

8.6 输入/输出接口扩展

MCS-51 单片机有 4 个 8 位的并行口 P0、P1、P2 和 P3，如果已对系统进行了扩展，那么由

于 P0 口是地址/数据总线口,P2 口是高 8 位地址线口,而 P3 口的第二功能也是经常用到的。这样,真正可以作为 I/O 口应用的就只有 P1 口了。在有些应用中,这是不够的,这就需要进行 I/O 接口的扩展。

由于 MCS-51 单片机的外部 RAM 和 I/O 接口统一编址,因此可以把单片机外部 64KB RAM 空间的一部分作为扩展外围 I/O 口的地址空间。这样,单片机就可以像访问外部 RAM 存储单元那样访问外部的 I/O 接口芯片,对 I/O 口进行读/写操作。

在 MCS-51 单片机应用系统中对 I/O 口进行扩展时,常用的芯片主要有两大类:通用 I/O 芯片、TTL/CMOS 锁存器/缓冲器电路芯片。

通用 I/O 芯片通常选用 Intel 公司的芯片,其接口最为简捷可靠,如 8255、8155 等。

TTL 或 CMOS 锁存器、三态门 I/O 扩展芯片具有体积小、成本低、配置灵活等特点。一般在扩展 8 位输入或输出口时十分方便。可以作为 I/O 扩展的 TTL 芯片有 74LS373、74LS277、74LS244、74LS273、74LS367 等。在实际应用中,根据芯片特点及输入、输出数据的特征,选择合适的种类。

根据扩展 I/O 口时数据线的连接方式,I/O 口扩展可分为总线扩展方法、串行口扩展方法和片内 I/O 口扩展方法。

1)总线扩展方法。一般用于并行 I/O 口扩展。此时数据线取自单片机的 P0 口。地址线取自单片机的 P2、P0 口。这种扩展方法只分时占用 P0 口,并不影响 P0 口与其他扩展芯片的连接操作,不会造成单片机硬件的额外开销。因此,在 MCS-51 单片机应用系统的 I/O 扩展中广泛采用这种扩展方法。

2)串行口扩展方法。这是 MCS-51 单片机串行口在方式 0 工作状态下所提供的 I/O 口扩展功能。串行口方式 0 为移位寄存器工作方式,因此接上串入并出的移位寄存器可以扩展并行输出口,而接上并入串出的移位寄存器则可扩展并行输入口。这种扩展方法只占用串行口,而且通过移位寄存器的级联可以扩展多个并行 I/O 口。对于不使用串行口的应用系统,可使用这种方法,但由于数据的输入输出采用串行移位的方法,因此传输速度较慢。

3)通过单片机片内 I/O 口的扩展方法。这种扩展方法的特征是扩展芯片的输入输出数据线不通过 P0 口,而是通过其他片内 I/O 口,如 P1 口。因为扩展片外 I/O 口的同时也占用片内 I/O 口,所以使用较少。

8.6.1 用串行口扩展并行口

MCS-51 单片机串行口工作于方式 0 时,串行口作为同步移位寄存器使用,这时以 RXD (P3.0)端作为数据移位的输入端或输出端,而由 TXD(P3.1)端输出移位脉冲。如果把能实现"并入串出"或"串入并出"功能的移位寄存器与串行口配合使用,就可使串行口转变为并行输入或并行输出口。

扩展并行输入口时,可用并入串出移位寄存器芯片,如 4014 和 74LS165 芯片。4014 芯片的引脚信号如图 8-25a 所示。PI1 ~ PI8 是 8 个并行输入端;SI 是串行数据输出端;CLK 是时钟脉冲端,时钟脉冲用于串行移位,也用于数据的并行置入;Q8、Q7、Q6 是移位寄存器高 3 位输出端;P/S 是并/串选择端,当它为高电平时,并行数据可置入 4014,低电平时,4014 可串行移位。74LS165 芯片的引脚信号如图 8-25b 所示。74LS165 与 4014 的工作情况类似。移位置数端 SHIFT/LOAD 为高电平时串行移位,低电平时为并行输入置数;串行移位仍在时钟脉冲的上升沿时实现,但并行数据进入与时钟无关;接口连接时,时钟禁止端接低电平。

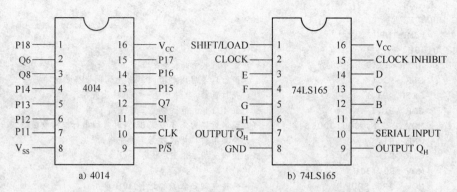

图 8-25　并行输入/串行输出移位寄存器芯片引脚图

　　扩展并行输出口时，可用串入并出移位寄存器芯片，如 4094 和 74LS164 芯片，4094 芯片的引脚信号如图 8-26a 所示。Q1 ～ Q8 是 8 个并行输出端；DATA 是串行数据输入端；CLK 是时钟脉冲端，时钟脉冲既用于串行移位，也用于数据的并行输出；Q_S、Q_8 是移位寄存器最高位输出端；OE 是并行输出允许端；STB 是选通脉冲端，STB 高电平时，4094 选通移位，低电平时，4094 可并行输出。74LS164 芯片的引脚信号如图 8-26b 所示，74LS164 与 4094 的使用类似。

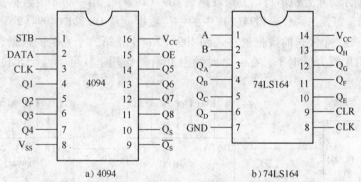

图 8-26　串行输入/并行输出移位寄存器芯片引脚图

1. 用串行口扩展并行输入口

　　如图 8-27 所示，当 $P/\overline{S} = 1$ 时，数据并行输入 4014，当 $P/\overline{S} = 0$ 时，数据串行输入 8031。

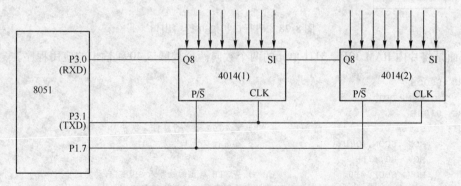

图 8-27　串行口扩展并行输入口

　　下面是从两个扩展的 8 位并行口输入数据存于片内 RAM 的 30H、31H 单元的应用程序。

```
ORG   0000H
      LJMP INPUT
ORG   0100H
INPUT: SETB  P1.7              ; 置 4014 于并行输入工作方式
       CLR   P3.1              ; 串行口未启动之前,P3.1 上无同步移位脉冲
       SETB  P3.1              ; 并行置数,软件产生一个脉冲上升沿
       CLR   P1.7              ; 置 4014 于串行移位工作方式
       MOV   SCON,#00010000B   ; 置串行口为工作方式 0,同时启动串行口接收数据
       JNB   RI, $             ; 检测串行口接收数据是否完毕,未完等待
       CLR   RI                ; 接收完毕后清 RI 标志
       MOV   R0,#30H
       MOV   @R0,SBUF          ; 将接收的 8 位数据送存 30H 单元
       MOV   SCON,#00010000B   ; 再启动串行口接收 4014 (2) 的 8 位数据
       JNB   RI, $             ; 检测串行口接收数据是否完毕,未完等待
       CLR   RI                ; 接收完毕后清 RI 标志
       INC   R0
       MOV   @R0,SBUF          ; 将接收到 4014 (2) 的 8 位数据送存 31H 单元
       SJMP  $
END
```

2. 用串行口扩展并行输出口

如图 8-28 所示,单片机串行口发送数据到 4094(1) 中,第一个 8 位数据发送完毕,接着发送第二个数据,每发送一位,4094(1) 中的一位数据就从 Q8 移向 4094(2)。这样发送完两个 8 位数据后,第一个发送的数据就移入到 4094(2) 中,第二个发送的数据在 4094(1) 中。此时,只要置 STB 端为低电平,在一个时钟上升沿的作用下,可将两个 8 位数据从扩展口输出。

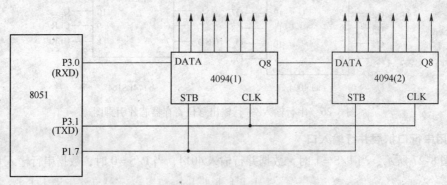

图 8-28   串行口扩展并行输出口

下面是将片内 RAM 30H、31H 单元的两个数向两个扩展口 4094 输出的应用程序。

```
ORG   0000H
      LJMP OUT
ORG   0100H
OUT:   SETB  P1.7             ; 置 4094 于串行移位工作方式
       MOV   SCON,#00H        ; 置串行口于工作方式 0
       MOV   R0,#31H
       MOV   SBUF,@R0         ; 将 31H 单元的数写入 SBUF,启动发送
       JNB   TI, $            ; 检测串行口发送数据是否完毕,未完等待
       CLR   TI               ; 发送完毕后清 TI 标志
       DEC   R0
       MOV   SBUF,@R0         ; 将 30H 单元的数写入 SBUF,再启动发送
```

```
        JNB   TI,$              ;检测串行口发送数据是否完毕,未完等待
        CLR   TI                ;发送完毕后清 TI 标志
        CLR   P1.7              ;置 4094 于并行输出工作方式
        CLR   P3.1              ;串行口数据发送完毕,P3.1 上已停止同步移位脉冲
        SETB  P3.1              ;为使 4094 并行输出数据,软件产生一个脉冲上升沿
        SJMP  $
    END
```

8.6.2　并行 I/O 接口扩展

在 MCS-51 单片机应用系统中，采用 TTL 或 CMOS 锁存器、三态门芯片，通过 P0 口可以扩展各种类型的简单输入/输出口。P0 口是系统的数据总线口，通过 P0 口扩展 I/O 口时，P0 口只能分时使用，故输出时接口应有锁存功能；输入时，视数据是常态还是暂态，接口应具有三态缓冲或锁存选通。

不论是锁存器，还是三态门芯片，都具有数据线和锁存允许及输出允许控制线，而无地址线和片选信号线。而扩展一个 I/O 口，相当于一个片外存储单元。CPU 对 I/O 口的访问，要有确定的地址，并用 MOVX 指令来操作。

图 8-29 为采用 74LS244 作为扩展输入、74LS273 作为扩展输出的 I/O 口扩展电路。

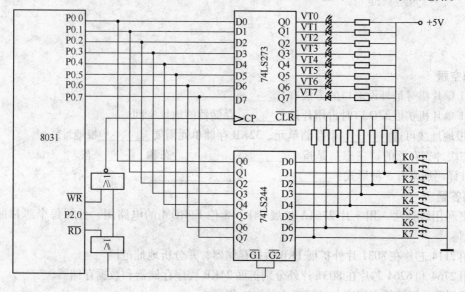

图 8-29　I/O 口扩展电路

1. 芯片及连线说明

在图 8-29 中采用的芯片为 TTL 电路 74LS244、74LS273。其中，74LS244 为 8 缓冲驱动器（三态输出），$\overline{G1}$、$\overline{G2}$ 为低电平有效的使能端，当二者之一为高电平时，输出为高阻态。74LS273 为 8D 触发器，$\overline{CLR}$ 为低电平有效的清除端，当 $\overline{CLR}=0$ 时，输出全为 0 且与其他输入端无关；CP 端是时钟信号，当 CP 由低电平向高电平跳变时，D 端输入数据传送到 Q 输出端。

P0 口作为双向 8 位数据线，既能够从 74LS244 输入数据，又能够从 74LS273 输出数据。输入控制信号由 P2.0 和 $\overline{RD}$ 相"或"后形成。当二者都为 0 时，74LS244 的控制端有效，选通 74LS244，外部的信息输入到 P0 数据总线上。当与 74LS244 相连的按键都没有按下时，输入全为 1，若按下某键，则所在线输入为 0。

输出控制信号由 P2.0 和 $\overline{WR}$ 相"或"后形成。当二者都为 0 后，74LS273 的控制端有效，

选通 74LS273，P0 上的数据锁存到 74LS273 的输出端，控制发光二极管 LED，当某线输出为 0 时，相应的 VT 发光。

2. I/O 口地址确定

因为 74LS244 和 74LS273 都是在 P2.0 为 0 时被选通的，所以二者的口地址都为 FEFFH（这个地址不是唯一的，只要保证 P2.0 = 0，则其他地址位无关），即占有相同的地址空间。但是由于两个芯片分别由 $\overline{RD}$ 和 $\overline{WR}$ 控制，而两个信号不可能同时为 0（执行输入指令，如 MOVX A,@DPTR 或 MOVX A,@Ri 时，$\overline{RD}$ 有效；执行输出指令，如 MOVX @DPTR,A 或 MOVX @Ri,A 时，$\overline{WR}$ 有效），所以逻辑上两者不会发生冲突。

3. 编程应用

下述程序实现的功能是按下任意键，对应的 VT 发光。

```
ORG  0000H
     LJMP LOOP
ORG  0100H
LOOP:  MOV DPTR, #0FEFFH    ; 数据指针指向 I/O 口地址
       MOVX A,@DPTR         ; 检测按键，从 74LS244 读入数据
       MOVX @DPTR,A         ; 向 74LS273 输出数据，驱动 LED
       SJMP LOOP            ; 循环

END
```

习题

一、填空题

1. 8051 单片机寻址外设端口的方法有_____。
2. 8051 单片机扩展 I/O 口时占用片外_____存储器的地址空间。
3. 12 根地址线可选_____个存储单元，32KB 存储单元需要_____根地址线。
4. 三态缓冲寄存器的"三态"是指_____态、_____态和_____态。
5. 地址译码通常有 3 种形式：_____、_____、_____。

二、简答题

1. 画出利用线选法，用 3 片 2764A 扩展 24K × 8 位 EPROM 的电路图。分析每个芯片的地址范围。
2. 采用 2114 芯片在 8031 片外扩展 1KB 数据存储器，并分析地址范围。
3. 采用 2764 和 6264 芯片在 8031 片外分别扩展 24KB 程序存储器和数据存储器。
4. 根据例题的汇编语言程序，编写对应的 C51 程序。

第9章 MCS-51单片机接口技术

接口是CPU与外部设备之间信息交换的桥梁，主要完成信息转换、时序匹配等重要任务。键盘是最常用的输入设备，可分为编码键盘和非编码键盘两类。键盘接口中，按键识别及键值形成是关键。LED、LCD是常用的显示输出设备，在LED显示器接口中，字段码和字位码的形成及驱动是关键；对于点阵式LCD显示器，点阵信息的形成及驱动是接口的核心任务。A/D转换器可以把现场的模拟信号转换为数字信号，接口中应重视模拟信号的采样、保持以及数字信号的处理。D/A转换器可以把数字信号转换为模拟信号，转换过程中应注意数字信号的缓冲及模拟信号的放大转换。熟练掌握常用的接口技术是设计开发高质量单片机应用系统的基础。

9.1 键盘接口

在实际应用中，单片机需要与外部环境进行信息交流，以实现其管理、控制功能。操作人员需要通过输入装置对系统进行初始化设置、命令输入等操作。系统运行的状态和结果也要通过输出装置送出，以便操作人员进行检测、分析。这些任务都需要输入/输出设备来完成。最常用的输入/输出设备就是键盘和显示器。

9.1.1 键盘概述

1. 键盘分类

按照结构原理，按键可分为触点式和无触点式两类。触点式开关按键有机械式开关按键、导电橡胶开关按键等。无触点式开关按键有电气式按键、磁感应按键等。前者造价低，后者寿命长。

按照接口原理，键盘可分为编码键盘与非编码键盘两类。它们的主要区别是识别键符及形成相应键码的方法不同。

编码键盘由硬件逻辑自动形成与按键对应的编码。一般都具有去抖动和多键、窜键保护电路。这种键盘使用方便，但需要较多的硬件，价格较贵，一般的单片机应用系统很少使用。

非编码键盘由软件形成与按键对应的编码，软件实现去抖动、多键识别、窜键保护等功能。这类键盘经济实用，多用于单片机应用系统。

2. 按键结构与特点

键盘的主要功能是把机械上的通断状态转换成为电气上的高低电平。

机械式按键在按下或释放时，由于机械弹性作用的影响，通常伴随有一定时间的触点机械抖动，如图9-1所示。抖动时间的长短与开关的机械特性有关，一般为5~10ms。

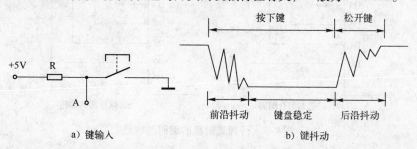

a) 键输入   b) 键抖动

图9-1 键盘抖动过程

在触点抖动期间检测按键的状态，可能导致判断出错，即按键一次按下或释放被错误地认为是多次操作。为了克服按键触点机械抖动导致的检测误判，必须采取去抖动措施。去抖动可从硬件、软件两方面考虑。在按键个数较少时，可采用硬件去抖，当按键个数较多时，常采用软件去抖动。

硬件去抖动是在按键输出端添加 R-S 触发器（双稳态触发器）、单稳态触发器或 RC 滤波器等电路。如图 9-2 所示。

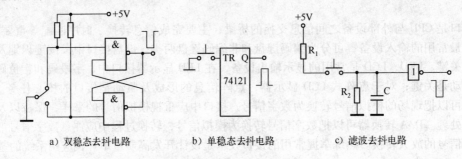

a）双稳态去抖电路　　　b）单稳态去抖电路　　　c）滤波去抖电路

图 9-2　硬件去抖动电路

软件去抖动的基本原理是在 CPU 检测到有键按下时，先执行一段延时程序（10ms 左右）后再检测此按键，若仍为按下状态，CPU 则认为该键确实按下。同样，当 CPU 检测到有键松开时，先延时一段时间后仍检测到按键在松开状态，则认为按键确实松开。

3. 按键编码

一个应用系统，通常会有多个按键，为了区别不同的按键，需要赋予它们不同的代码。键盘的结构不同，编码也不一样。无论有无编码，以及采用什么编码，CPU 最终得到的是按键的键值。下面介绍两种常见的键盘编码方式：

- 用键盘连接的 I/O 线的二进制组合表示键码。例如用 4 行、4 列线构成的 16 个键的键盘，可使用一个 8 位 I/O 口线的高、低 4 位口线的二进制数的组合表示 16 个键的编码，如图 9-3a 所示。各键相应的键值为 88H、84H、82H、81H、48H、44H、42H、41H、28H、24H、22H、21H、18H、14H、12H、11H。这种键值编码软件较为简单直观，但离散性大，不便安排散转程序的入口地址。

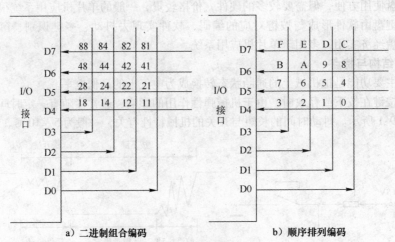

a）二进制组合编码　　　　b）顺序排列编码

图 9-3　行列式键盘的编码与键值

- 顺序排列编码。如图 9-3b 所示。首先确定按键的行号 m，再确定按键的列号 n，则键码 = 行号 $m \times 4$ + 列号 n。

4. 键盘程序

一个完善的键盘控制程序应具备以下功能：

- 检测有无按键按下，并采取相应措施，消除键盘抖动的影响。
- 有可靠的逻辑处理方法，每次只处理一个按键。
- 准确输出按键值（或键号）。

9.1.2　独立式按键

单片机控制系统中，往往只需要几个按键，因此，可采用独立式按键结构，如图 9-4 所示。图 9-4a 为低电平有效输入，图 9-4b 为高电平有效输入。独立式按键一般是每个按键占用一根 I/O 线。其特点为

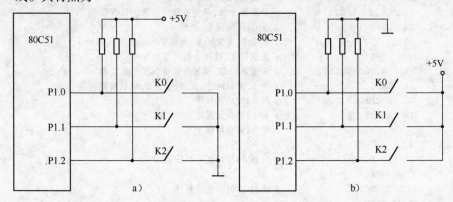

图 9-4　独立式按键

- 各按键相互独立，电路配置灵活。
- 软件结构简单。
- 按键数量较多时，I/O 线耗费较多，只适用于按键数量较少的场合。

独立式按键的软件编程常采用查询式结构。先逐位查询每根 I/O 口线的输入状态，确定按键是否按下，如果按下，则转向该键的功能处理程序。

图 9-4a 所示的独立按键扫描程序如下：

```
ORG  0000H
     LJMP KEYA
ORG  0100H
KEYA:   ORL  P1,#07H          ;置 P1.0～P1.2 为输入状态
        MOV  A,P1             ;读键值,键闭合相应位为 0
        CPL  A               ;取反,键闭合相应位为 1
        ANL  A,#00000111B     ;屏蔽高 5 位,保留有键值信息的低 3 位
        JZ   GRET            ;全 0,无键闭合,返回
        LCALL DY10ms          ;非全 0,有键闭合,延时 10ms,软件去抖动
        MOV  A,P1             ;重读键值,键闭合相应位为 0
        CPL  A               ;取反,键闭合相应位为 1
        ANL  A,#00000111B     ;屏蔽高 5 位,保留有键值信息的低 3 位
        JZ   GRET            ;全 0,无键闭合,返回;非全 0,确认有键闭合
        JB   ACC.0KA0         ;转 0#键功能程序
        JB   ACC.1KA1         ;转 1#键功能程序
        JB   ACC.2KA2         ;转 2#键功能程序
GRET:   SJMP $
KA0:    LCALL WORK0           ;执行 0#键功能子程序
```

```
        SJMP GRET
KA1:    LCALL  WORK1            ；执行1#键功能子程序
        SJMP GRET
KA2:    LCALL  WORK2            ；执行2#键功能子程序
        SJMP GRET
END
```

图 9-4b 所示的独立按键扫描程序如下：

```
ORG  0000H
        LJMP KEYB
ORG  0100H
KEYB:   ORL  P1,#07H            ；置P1.0～P1.2为输入态
        MOV  A,P1               ；读键值,键闭合相应位为1
        ANL  A,#00000111B       ；屏蔽高5位,保留有键值信息的低3位
        JZ   GRET               ；全0,无键闭合,返回
        LCALL  DY10ms           ；非全0,有键闭合,延时10ms,软件去抖动
        MOV  A,P1               ；重读键值,键闭合相应位为1
        ANL  A,#00000111B       ；屏蔽高5位,保留有键值信息的低3位
        JZ   GRET               ；全0,无键闭合,返回;非全0,确认有键闭合
        JB   ACCKB0             ；转0#键功能程序
        JB   ACCKB1             ；转1#键功能程序
        JB   ACCKB2             ；转2#键功能程序
GRET:   SJMP  $
KB0:    LCALL  WORK0            ；执行0#键功能子程序
        SJMP GRET
KB1:    LCALL  WORK1            ；执行1#键功能子程序
        SJMP GRET
KB2:    LCALL  WORK2            ；执行2#键功能子程序
        SJMP GRET
END
```

9.1.3　矩阵式键盘

若需要的按键数目较多，通常采用矩阵式（也称行列式）键盘。I/O端口线分为行线和列线，按键跨接在行线和列线的交叉处，按键按下时，行线与列线连通，形成回路。其特点是占用I/O线较少，但软件较复杂，矩阵式键盘结构如图9-5所示。

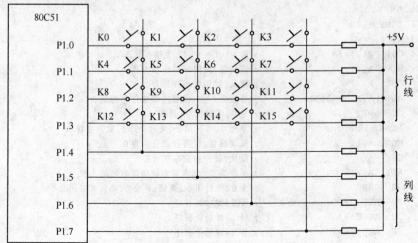

图 9-5　矩阵式键盘结构

　　键盘的工作过程分为两步进行：CPU 首先检测键盘上是否有键按下，若有键按下，则进一步识别是哪一个按键。

　　键盘识别处理可采用查询方式、定时扫描方式或中断方式工作。

1. 查询方式

　　查询式确认键盘中有无键按下的基本方法是（以图 9-5 为例）：P1.4 ~ P1.7 输出"0"，即所有列线置成低电平，然后将行线电平状态读入累加器 A 中。如果有键按下，总会有一根行线电平被拉至低电平，从而使行输入状态不全为"1"。也可先将行线输出"0"，检查列线状态。

　　确认键盘中哪一个键按下的方法是：确认有键按下后，读入列代码，通过带进位的左移检查确认列号。例如，按键在第一列，列代码为 1101。可以先设列号计数器的初值为 3，左移一次列号计数器减 1，第 3 次左移后，CY = 0，列号计数器的值为 1。同理用右移方法确定按键行号。因此，确认键码的过程是：先确认行号，再确认列号，键码 = 行号 × 4 + 列号。

　　参考子程序如下：

```
ORG  0100H
KEY:   MOV P1,#0F0H      ; 行线置低电平,列线置输入态
KEY0:  MOV A,P1          ; 读列线数据
       CPL A             ; 数据取反,"1"有效
       ANL A,#0F0H       ; 屏蔽行线,保留列线数据
       MOV R1,A          ; 存列线数据(R1 高 4 位)
       JZ  GRET          ; 全 0,无键按下,返回
KEY1:  MOV P1,#0FH       ; 行线置输入态,列线置低电平
       MOV A,P1          ; 读行线数据
       CPL A             ; 数据取反,"1"有效
       ANL A,#0FH        ; 屏蔽列线,保留行线数据
       MOV R2,A          ; 存行线数据(R2 低 4 位)
       JZ  GRET          ; 全 0,无键按下,返回
       JBC F0,WAIT       ; 已有消抖标志,转
       SETB F0           ; 无去抖标志,置去抖标志
       LCALL DY10ms      ; 调用 10ms 延时子程序消抖
       SJMP KEY          ; 重读行线列线数据
       MOV P1,#0FH
WAIT:  MOV A,P1          ; 等待按键释放
       CPL A
       ANL A,#0FH
       JNZ WAIT          ; 按键未释放,继续等待
KEY2:  MOV A,R1          ; 取列线数据(高 4 位)
       MOV R1,#03H       ; 取列线编号初值
       MOV R3,#03H       ; 置循环数
       CLR C
KEY3:  RLC A             ; 依次左移入 C 中
       JC  KEY4          ; C=1,该列有键按下,(列线编号存 R1)
       DEC R1            ; C=0,无键按下,修正列编号
       DJNZ R3,KEY3      ; 判循环结束否? 未结束继续寻找有键按下的列线
KEY4:  MOV A,R2          ; 取行线数据(低 4 位)
       MOV R2,#00H       ; 置行线编号初值
       MOV R3,#03H       ; 置循环数
       CLR C
KEY5:  RRC A             ; 依次右移入 C 中
       JC  KEY6          ; C=1,该行有键按下,(行线编号存 R2)
       INC R2            ; C=0,无键按下,修正行线编号
       DJNZ R3,KEY5      ; 判循环结束否? 未结束继续寻找有键按下的行线
```

```
KEY6:    MOV   A,R2              ; 取行线编号
         CLR   C
         RLC   A                 ; 行编号×2
         RLC   A                 ; 行编号×4
         ADD   A,R1              ; 行编号×4＋列编号＝按键编号
KEY7:    CLR   C
         RLC   A                 ; 按键编号×2
         RLC   A                 ; 按键编号×4(LCALL＋RET 共 4 字节)
         MOV   DPTR,#TABJ
         JMP   @A＋DPTR           ; 散转,执行相应键功能子程序
TABJ:    LCALL  WORK0            ; 调用执行 0#键功能子程序
         SJMP GRET
         LCALL  WORK1            ; 调用执行 1#键功能子程序
         SJMP GRET
         …     …
         LCALL  WORK15           ; 调用执行 15#键功能子程序
         SJMP GRET
GRET:RET ( 如果是中断服务程序用 RETI)
END
```

2. 定时扫描方式

定时扫描方式就是每隔一段时间对键盘扫描一次，它利用单片机内部的定时器产生一定时间（例如 10ms）的定时，当定时时间到就产生定时器溢出中断。CPU 响应中断后对键盘进行扫描，原理如图 9-6 所示。

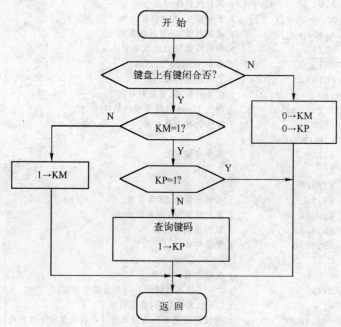

图 9-6   定时扫描方式的原理

KM、KP 分别是在单片机内部 RAM 的位寻址区设置的去抖标志和键处理标志，初始化时将这两个标志位设置为 0。执行中断服务程序时，首先判别有无键闭合，若无键闭合，将 KM 和 KP 置 0 后返回；若有键闭合，先检查 KM，当 KM＝0 时，说明还未进行去抖动处理，此时置 KM 为 1，并中断返回。由于中断返回后要经过 10ms 后才会再次中断，相当于延时了 10ms，

因此，程序无须再延时。下次中断时，因 KM = 1，CPU 再检查 KP，如 KP = 0 说明还未进行按键的识别处理，这时，CPU 先置 KP = 1，然后进行按键识别处理，再执行相应的按键功能子程序，最后中断返回。如 KP 已经为 1，则说明此次按键已做过识别处理，只是还未释放按键。当按键释放后，在下一次中断服务程序中，KM 和 KP 又重新置 0，等待下一次按键。

定时扫描方式特点不突出，实际应用中较少使用。

3. 中断方式

采用上述两种键盘扫描方式时，无论是否有键按下，CPU 都要扫描键盘，而单片机应用系统工作时，并非经常需要键盘输入，CPU 经常处于空扫描状态。为了提高 CPU 工作效率，可采用中断工作方式。

图 9-7 是一种简易键盘接口电路，该键盘是由 8051 的 P1 口分高、低字节构成的 4 × 4 键盘。键盘的列线与 P1 口的高 4 位相连，键盘的行线与 P1 口的低 4 位相连，因此，P1.4 ~ P1.7 是扫描输出线，P1.0 ~ P1.3 是扫描输入线。图 9-7 中的 4 输入与门用于产生按键中断，其输入端与各行线相连，并且通过上拉电阻接至 + 5V 电源，4 输入与门的输出端接至 8051 的外部中断输入端。

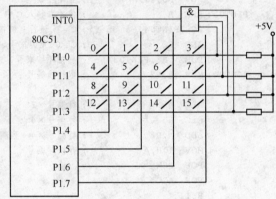

图 9-7　中断键盘接口电路

具体工作如下：首先，将列线全部置 "0"，当键盘无键按下时，与门各输入端均为高电平，其输出端也为高电平，无中断请求；当有键按下时，相应行线为低电平，与门输出端也为低电平，向 CPU 申请中断。若 CPU 开放外部中断，则会响应中断请求，转去执行键盘扫描子程序。

参考程序如下：

```
ORG  0000H           ;复位地址
     LJMP  STAT      ;转初始化
ORG  0003H           ;中断入口地址
     LJMP  PINT0     ;转中断服务程序
ORG  0100H           ;初始化程序首地址
STAT:  MOV  SP,#60H  ;置堆栈指针
       SETB  IT0     ;置为边沿触发方式
       MOV  IP,#00000001B   ;置INT0为高优先级中断
       MOV  P1,#00001111B   ;置行线 P1.0 ~ P1.3 为输入态,置列线 P1.4 ~ P1.7 为 "0"
       SETB  EA      ;CPU 开中断
       SETB  EX0     ;外中断 0 开中断
       SJMP  $       ;等待有键按下时中断
       ORG  0200H    ;中断服务程序首地址
PINT0:  PUSH  ACC    ;保护现场
        PUSH  PSW
        MOV  A,P1    ;读行线 (P1.0 ~ P1.3) 数据
        CPL  A       ;数据取反,"1"有效
        ANL  A,#0FH  ;屏蔽列线,保留行线数据
        MOV  R2,A    ;存行线 (P1.0 ~ P1.3) 数据 (R2 低 4 位)
        MOV  P1,#0F0H ;行线置低电平,列线置输入态
        MOV  A,P1    ;读列线 (P1.4 ~ P1.7) 数据
        CPL  A       ;数据取反,"1"有效
```

```
        ANL  A,#0F0H        ; 屏蔽行线,保留列线数据(A 中高 4 位)
        MOV  R1,#03H        ; 取列线编号初值
        MOV  R3,#03H        ; 置循环数
        CLR  C
PINT01: RLC  A              ; 依次左移入 C 中
        JC   PINT02         ; C=1,该列有键按下,(列线编号存 R1)
        DEC  R1             ; C=0,无键按下,修正列编号
        DJNZ R3,PINT01      ; 判循环结束否? 未结束继续寻找有键按下列线
PINT02: MOV  A,R2           ; 取行线数据(低 4 位)
        MOV  R2,#00H        ; 置行线编号初值
        MOV  R3,#03H        ; 置循环数
PINT03: RRC  A              ; 依次右移入 C 中
        JC   PINT04         ; C=1,该行有键按下,(行编号存 R2)
        INC  R2             ; C=0,无键按下,修正行线编号
        DJNZ R3,PINT03      ; 判循环结束否? 未结束继续寻找有键按下行线
PINT04: MOV  A,R2           ; 取行线编号
        CLR  C
        RLC  A             ; 行编号×2
        RLC  A             ; 行编号×4
        ADD  A,R1          ; 行编号×4 + 列编号 = 按键编号
        MOV  30H,A         ; 存按键编号
        POP  PSW
        POP  ACC
        RETI
    END
```

9.1.4　键盘控制器

键盘状态的识别,除了可以利用软件扫描外,还可以用键盘控制器。如 NS 半导体公司生产的 MM74C922,就可以完成 4×4 键盘的扫描识别。它直接输出与按键键值对应的二进制编码,使用十分方便,MM74C922 引脚如图 9-8 所示。

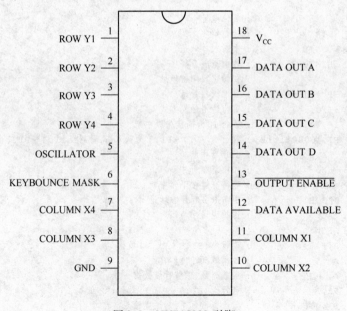

图 9-8　MM74C922 引脚

- DATA OUT A ~ DATA OUT D。键盘输出,接单片机输入口。
- COLUMN X1 ~ COLUMN X4。键盘列线。
- ROW Y1 ~ ROW Y4。键盘行线。
- Oscillator。振荡引脚,接电容。
- Keyboard Mask。按键硬件去抖动。
- Data Available。数据有效。
- Out Enable。输出使能。

MM74C922 芯片输出数据与按键的对应关系见表 9-1。

表 9-1 MM74C922 芯片输出数据与按键的对应关系

按键	DCBA	按键	DCBA	按键	DCBA	按键	DCBA
0	0000	8	1000	4	0100	12	1100
1	0001	9	1001	5	0101	13	1101
2	0010	10	1010	6	0110	14	1110
3	0011	11	1011	7	0111	15	1111

MM74C922 与单片机的典型连接如图 9-9 所示。MM74C922 芯片的输出数据可以连接到单片机的 I/O 口,可以用中断方式或查询方式读取键盘数据。

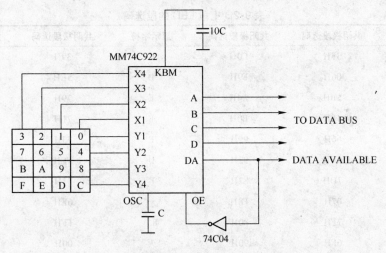

图 9-9 MM74C922 与单片机的典型连接

9.2 显示器接口

9.2.1 LED 数码管显示器结构

LED 数码管显示器是由发光二极管显示字段组成的。在单片机应用系统中通常使用的是七段 LED 数码管,有共阴极与共阳极两种。七段 LED 显示器中有 8 个发光二极管,其中从 a ~ g 管脚输入 7 位显示代码,可显示不同的数字或字符,Dp 构成小数点,如图 9-10a 所示。共阴极 LED 显示器的公共端为发光二极管阴极,通常接地,如图 9-10b 所示,当发光二极管的阳极为高电平时,发光二极管点亮。共阳极的 LED 显示器的公共端为发光二极管的阳极,通常接 +5V 电源,如图 9-10c 所示,当发光二极管的阴极为低电平时,发光二极管点亮。

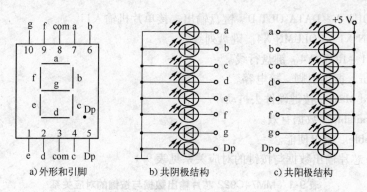

a) 外形和引脚   b) 共阴极结构   c) 共阳极结构

图 9-10 7 段 LED 数码管显示器

通常把控制发光二极管的 8 位二进制数称为段选码（显示代码）。各段码位与数据位的对应关系如下：

段码位	D7	D6	D5	D4	D3	D2	D1	D0
显示位	dp	g	f	e	d	c	b	a

共阴极与共阳极的段选码互为反码，见表 9-2。

表 9-2 七段 LED 的段选码

显示字符	共阴极段选码	共阳极段选码	显示字符	共阴极段选码	共阳极段选码
0	3FH	C0H	C	39H	C6H
1	06H	F9H	D	5EH	A1H
2	5BH	A4H	E	79H	86H
3	4FH	B0H	F	71H	8EH
4	66H	99H	P	73H	8CH
5	6DH	92H	U	3EH	C1H
6	7DH	82H	Γ	31H	CEH
7	07H	F8H	y	6EH	91H
8	7FH	80H	8.	FFH	00H
9	6FH	90H	"灭"	00H	FFH
A	77H	88H			
B	7CH	83H			

9.2.2 LED 数码管显示器工作原理

在单片机应用系统中，LED 显示常分为静态显示和动态显示两种。

1. LED 静态显示

静态显示是指数码管显示某一字符时，相应的发光二极管恒定导通或恒定截止。各位数码管相互独立，公共端恒定接地（共阴极）或接正电源（共阳极）。每个数码管的 8 个字段分别与一个 8 位 I/O 口线相连，一位数码管静态显示如图 9-11 所示，多位静态显示如图 9-12 所示。图 9-12 表示了一个 3 位静态 LED 显示电路，由于 74LS377 有锁存功能，P0 口可共用。显示器的每一位可独立显示，只要在该位的段选线上保持适当电平，该位就能保持相应的显示字符。

静态显示时，在同一时刻各位可以同时显示不同字符。

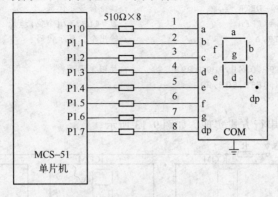

图 9-11　一位静态 LED 显示

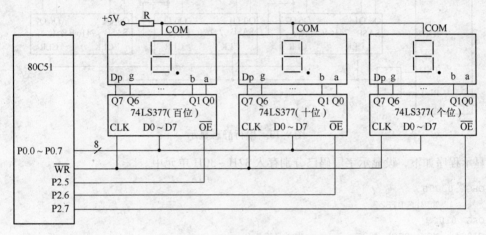

图 9-12　3 位静态 LED 显示

图 9-12 电路的静态显示参考程序如下，设要显示的数据（≤255）存在 30H 开始的内 RAM 中。显示代码表存在以 TAB 为首地址的 ROM 中。

```
ORG  0000H
       LJMP DIR1
ORG  0100H
DIR1:   MOV DPTR,#TAB
        MOV  A,30H                     ;读显示数
        MOV  B,#100                    ;置除数
        DIV  AB                        ;产生百位显示数字
        MOVC A,@A+DPTR                 ;读百位显示代码
        MOV  DPTR,#0DFFFH              ;置74LS377(百位)地址
        MOVX @DPTR,A                   ;输出百位显示代码
        MOV  A,B                       ;读余数
        MOV  B,#10                     ;置除数
        DIV  AB                        ;产生十位显示数字
        MOV  DPTR,#TAB                 ;置共阳字段码表首址
        MOVC A,@A+DPTR                 ;读十位显示代码
        MOV  DPTR,#0BFFFH              ;置74LS377(十位)地址
        MOVX @DPTR,A                   ;输出十位显示代码
        MOV  A,B                       ;读个位显示数字
```

```
        MOV  DPTR,#TAB              ；置共阳字段码表首址
        MOVC A,@A+DPTR             ；读个位显示代码
        MOV  DPTR,#7FFFH           ；置74LS377 (个位) 地址
        MOVX @DPTR,A               ；输出个位显示代码
        SJMP $
TAB:    DB 0C0H,0F9H,0A4H,0B0H,99H  ；共阳字段码表
        DB 92H,82H,0F8H,80H,90H
END
```

静态显示也可以用串行方式实现，如图9-13所示。

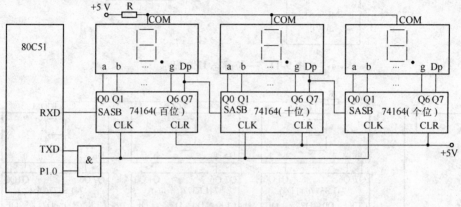

图9-13 串行静态显示

显示程序如下，设显示字段码已分别存入32H~30H单元中。

```
ORG  0000H
        LJMP DIR2
ORG 0100H
DIR2:   MOV  SCON,#00H     ；置串口方式0
        CLR  ES            ；串口禁止中断
        SETB P1.0          ；"与"门开,允许TXD发移位脉冲
        MOV  SBUF,30H      ；串行输出个位显示字段码
        JNB  TI,$          ；等待串行发送完毕
        CLR  TI            ；清串行中断标志
        MOV  SBUF,31H      ；串行输出十位显示字段码
        JNB  TI,$          ；等待串行发送完毕
        CLR  TI            ；清串行中断标志
        MOV  SBUF,32H      ；串行输出百位显示字段码
        JNB  TI,$          ；等待串行发送完毕
        CLR  TI            ；清串行中断标志
        CLR  P1.0          ；"与"门关,禁止TXD发移位脉冲
        SJMP $
END
```

在实际应用中，常常还会用到BCD显示，如图9-14所示。4511为BCD码LED显示器译码器，其输入为BCD，输出为相应的段选码（显示代码）。

参考程序如下，小数点固定在第二位，设要显示的数据为0、1、2。

```
ORG  0000H
        LJMP DIR3
ORG 0100H
```

```
DIR3:   MOV   P1,#11100000B        ; 选通个位
        ORL   P1,#00H              ; 输出个位显示数
        MOV   P1,#11010000B        ; 选通十位
        ORL   P1,#01H              ; 输出十位显示数
        MOV   P1,#10110000B        ; 选通百位
        ORL   P1,#02H              ; 输出百位显示数
        SJMP  $
END
```

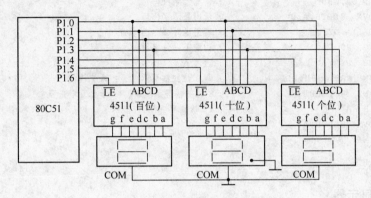

图 9-14　静态 BCD 显示

2. LED 动态显示

动态显示是一位一位地轮流点亮各位数码管，这种逐位点亮显示器的方式称为位扫描。各位数码管的段选线相应并联在一起，由一个 8 位的 I/O 口控制；各位的位选线（公共阴极或阳极）由另外的 I/O 口线控制。动态方式显示时，各数码管分时轮流选通，要使其稳定显示，必须采用扫描方式，即在某一时刻只选通一位数码管，并送出相应的段码，在另一时刻选通另一位数码管，并送出相应的段码。依此规律循环，即可使各位数码管显示要显示的字符。虽然这些字符是在不同的时刻分别显示，但由于人眼存在视觉暂留效应，只要每位显示间隔适当就可以给人以同时显示的感觉，如图 9-15 所示。

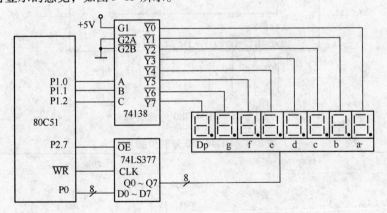

图 9-15　LED 动态显示

采用动态显示方式比较节省 I/O 口，硬件电路也比静态显示简单，但其亮度不如静态显示方式，编程较复杂，而且在显示位数较多时，CPU 要依次扫描，占用 CPU 较多的时间。

编制循环扫描 10 次动态显示程序，显示字段码已存入以 30H（低位）为首址的 8 字节内部 RAM 中。参考程序如下：

```
ORG   0000H
      LJMP  DIR4
ORG  0100H
DIR4:   MOV  R2,#10           ; 置循环扫描次数
        MOV  DPTR,#7FFFH      ; 置74LS377口地址
DLP1:   ANL  P1,#11111000B    ; 第0位先显示
        MOV  R0,#30H          ; 置显示字段码首址
DLP2:   MOV  A,@R0            ; 读显示字段码
        MOVX @DPTR,A          ; 输出显示字段码
        LCALL DY2ms           ; 调用延时2ms子程序
        INC  R0              ; 指向下一位字段码
        INC  P1              ; 选通下一位显示
        CJNE R0,#38H,DLP2     ; 判8位扫描显示完否? 未完继续
        DJNZ R2,DLP1          ; 8位扫描显示完毕,判10次循环完否?
        CLR  A               ; 10次循环完毕,关显示
        MOVX @DPTR,A
        SJMP $
END
```

9.2.3 液晶显示器

液晶显示器（LCD）是一种抗干扰能力很强的低功耗显示器，有字段型和点阵型。为使用方便，常将显示器、控制器、驱动电路集成在一起，做成液晶显示模块（LCM）。下面以HD44780 LCM 为例介绍液晶显示原理及应用。

1. HD44780 LCM 引脚

HD44780 LCM 外部引脚如图9-16 所示，引脚功能见表9-3。

图 9-16   HD44780 外部引脚

表 9-3   HD44780 外部引脚功能

引脚	符号	功能
1	V_{ss}	电源地
2	V_{DD}	电源: 5V
3	VC	驱动电压: 0~5V
4	RS	"0" 选指令寄存器 IR，"1" 选数据寄存器 DR
5	R/W	"0" 写操作，"1" 读操作
6	E	下降沿使能有效

（续）

引脚	符号	功能
7 ~ 10	DB0 ~ DB3	数据低位，4 位传送时，不用
11 ~ 14	DB4 ~ DB7	数据高位，4 位传送时，使用

2. HD44780 LCM 内部结构

HD44780 LCM 控制电路主要由指令寄存器 IR、数据寄存器 DR、忙标志 BF、地址计数器 AC、显示数据寄存器 DDRAM、字符发生器 CGROM、用户字符发生器 CGRAM、时序产生电路组成，如图 9-17 所示。HD44780LCM 可以工作于 16 字 ×1 行，20 字 ×1 行，20 字 ×2 行，40 字 ×2 行等模式，字符为 5 ×7 点阵。

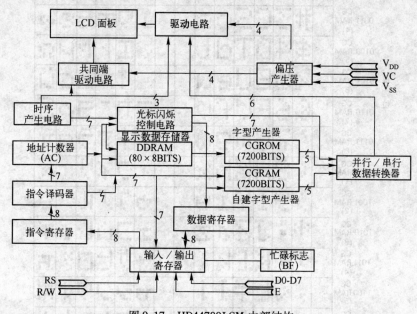

图 9-17　HD44780LCM 内部结构

- IR：指令寄存器，存储指令。
- DR：数据寄存器。DDRAM、CGRAM 的数据存取都要经过 DR，当 CPU 读取 DR 内容后，DR 会自动加载下一个数据内容。连续读数时，只需指定起始地址。
- BF："忙"标志。"1"表示器件正在进行内部工作，不能读写数据。
- AC：AC 的内容为 DDRAM 或 CGRAM 的地址指针。
- DDRAM：DDRAM 的内容与显示屏的物理位置一一对应。给 DDRAM 某一单元写入字符编码时，就在显示屏对应位置显示该字符。总共可以存储 80 字节，DDRAM 地址与显示位置的对应关系见表 9-4。

表 9-4　DDRAM 地址与显示位置的对应关系

	1	2	3		15	16	17	18	19	20
1	00	01	02	…	0E	0F	10	11	12	13
2	40	41	42	…	4E	4F	50	51	51	53
3	14	15	16	…	22	23	24	25	26	27
4	54	55	56	…	62	63	64	65	66	67

- CGROM：见表 9-5，CGROM 的内容为 192 个字符的点阵信息。

表 9-5　CGROM 内容

高四位

0000 0001 0010 0011 0100 0101 0110 0111 1000 1001 1010 1011 1100 1101 1110 1111

（低四位 CG RAM 行，0000 RAM (1) ～ 1111 RAM (8)，对应字符点阵图表）

- CGRAM：CGRAM 的内容为用户编写的特殊字符的点阵信息。容量为 64 字节，地址为 00H ~ 3FH，用 5×7 点阵可以定义 8 个字符，字符代码为 00H ~ 07H，每个字符占 8 个字节。
- CGRAM 地址与字符图形的对应关系见表 9-6。以"上"字为例，从表中可以看出，DDRAM 地址的 0 ~ 2 位等同于 CGRAM 地址的 3 ~ 5 位，表示字符代码的 0 ~ 7，CGRAM 地址的 0 ~ 2 位定义字符的行号。

"上"字的 CGRAM 数据为 04H，04H，04H，07H，04H，04H，1FH，对应的 CGRAM 地址为 00H ~ 07H，字符代码为 0。

表 9-6　CGRAM 地址与字符图形的对应关系

DD RAM数据	CG RAM 地址	CG RAM地址							
7 6 5 4 3 2 1 0	5 4 3 2 1 0	7	6	5	4	3	2	1	0
0 0 0 0　　0 0 0 (低 3 位 000 表示字符代码为 00H,111 表示字符代码是 07H)	0 0 0 0 0 0 第1行	0	0	0	0	0	1	0	0
	0 0 0 0 0 1	0	0	0	0	0	1	0	0
	0 0 0 0 1 0	0	0	0	0	0	1	0	0
	0 0 0 0 1 1	0	0	0	0	0	1	1	1
	0 0 0 1 0 0	0	0	0	0	0	1	0	0
	0 0 0 1 0 1	0	0	0	0	0	1	0	0
	0 0 0 1 1 0	0	0	0	1	1	1	1	1
	0 0 0 1 1 1 第8行	0	0	0	0	0	0	0	0

3. HD44780 LCM 指令

HD44780 LCM 指令见表 9-7。

表 9-7　HD44780 LCM 指令

功能	指令编码										执行时间
	RS	R/W	D7	D6	D5	D4	D3	D2	D1	D0	
清除显示屏	0	0	0	0	0	0	0	0	0	1	1.64ms
清除显示屏，并把游标移至左上角											
游标归位	0	0	0	0	0	0	0	0	1	×	1.64ms
光标移至左上角，显示内容不变											
设定进入模式	0	0	0	0	0	0	0	1	I/O	S	40μs
I/O = 1：地址递增，I/O = 0：地址递减 S = 1：开启显示屏，S = 0：关闭显示屏											
开关显示屏	0	0	0	0	0	0	1	D	C	B	40μs
D = 1 开启显示屏，D = 0 关闭显示屏 C = 1 开启光标，C = 0 关闭光标 B = 1 光标所在位置的字符闪烁，B = 0 光标所在位置的字符不闪烁											
移位方式	0	0	0	0	0	1	S/C	R/L	×	×	40μs
S/C = 1 显示屏移位，S/C = 0 游标右移位 R/L = 1 向右移，R/L = 0 向左移											
功能设定	0	0	0	0	1	DL	N	F	×	×	40μs
DL = 1 数据长度为 8 位、DL = 0 数据长度为 4 位 N = 1 双列字，N = 0 单列字 F = 15×10 字型、F = 05×7 字型											
GGRAM 寻址	0	0	0	1	CG RAM 地址						40μs
将所要操作的 GG RAM 地址放入地址计数器											
DDRAM 寻址	0	0	1	CG RAM 地址							40μs
将所要操作之 DD RAM 地址放入地址计数器											
读取 BF 与 AC	0	1	BF	地址计数器内容							40μs
读取地址计数器，并查询 LCM 是否忙碌 BF = 1 表示 LCM 忙碌、BF = 0 表示 LCM 可接受指令或数据											
写入资料	1	0	所要写入的资料								40μs
将资料写入 CG RAM 或 DD RAM											
读取数据	1	1	所要读取的资料								40μs
读取 CG RAM 或 DD RAM 的数据											

4. HD44780 LCM 与单片机的接口

HD44780 LCM 与单片机的连接方式如图 9-18 所示。

数据线 D0 ~ D7 与 P1 口相连，控制线 E、R/W、RS 分别连接单片机的 RXD、TXD、$\overline{\text{INT0}}$。

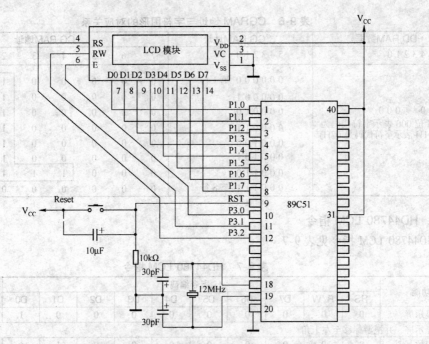

图 9-18   HD44780LCM 与单片机的连接方式

5. ASCII 字符显示应用举例

编写程序，在 HD44780 上第一行显示 "LCD testing prog"，2s 后在第二行显示 "TA- AN EE De-part." 再经 2s 后，在第一行显示 "TAIPEI，TAIWAN"，2s 后在第二行显示 www. taantech. com。

程序流程如图 9-19 所示。

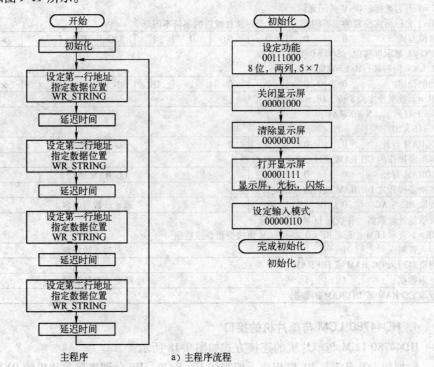

主程序   a）主程序流程

图 9-19   LCD 显示程序流程图

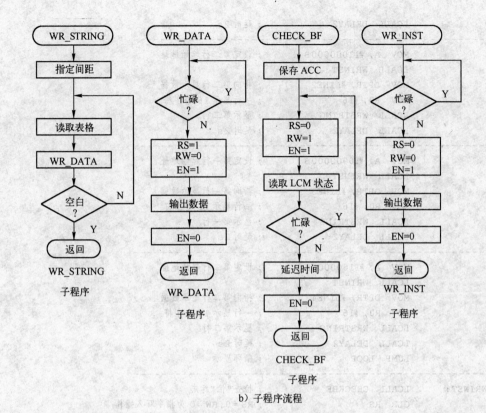

b）子程序流程

图 9-19　（续）

参考程序如下：

```
ORG  0000H
          LJMP INITIALIZE
          EN BIT P3.0
          RW BIT P3.1
          RS BIT P3.2
          LCD EQU P1
-----------------------------------------------------------
ORG 0300H
INITIALIZE:  MOV A, #00111000B      ;设定为 8 位,2 行,5×7 字型
          LCALL  WRINST
          MOV A, #00001000B      ;关闭显示器
          LCALL  WRINST
          MOV A, #00000001B      ;清除显示器
          LCALL  WRINST
          MOV A, #00001111B      ;开显示、游标、闪烁
          LCALL  WRINST
          MOV A, #00000110B      ;设定 AC +1
          LCALL  WRINST
-----------------------------------------------------------
LOOP:     MOV A, #10000000B      ;设定第一行起始地址
          LCALL  WRINST
          MOV DPTR, #LINE1       ;指向第一行显示数据
          MOV R0, #16            ;一行显示 16 个字符
          LCALL  WRSTRING        ;显示第一行
```

```
                LCALL  DELAY2              ; 延时 2 s
-------------------------------------------------------------------
                MOV  A, #11000000B         ; 设定第二行起始地址
                LCALL  WRINST
                MOV  DPTR, #LINE2           ; 指向第二行显示数据
                MOV  R0, #16                ; 一行显示 16 个字符
                LCALL  WRSTRING             ; 显示第二行
                LCALL  DELAY2               ; 延时 2 s
-------------------------------------------------------------------
                MOV  A, #10000000B          ; 设定第一行起始地址
                LCALL  WRINST
                MOV  DPTR, #LINE3           ; 指向第一行显示数据
                MOV  R0, #16                ; 一行显示 16 个字符
                LCALL  WRSTRING             ; 显示第一行
                LCALL  DELAY2               ; 延时 2 s
-------------------------------------------------------------------
                MOV  A, #11000000B          ; 设定第二行起始地址
                LCALL  WRINST
                MOV  DPTR, #LINE4           ; 指向第二行显示数据
                MOV  R0, #16                ; 一行显示 16 个字符
                LCALL  WRSTRING             ; 显示第二行
                LCALL  DELAY2               ; 延时 2 s
                LJMP  LOOP                  ; 循环显示
-------------------------------------------------------------------
WRINST:         LCALL  CHECKBF              ; 检查"忙"标志
                CLR  RS                     ; RS = 0, RW = 0 为指令写入操作
                CLR  RW
                SETB  EN
                MOV  LCD, A                 ; 传送指令
                CLR  EN                     ; 下降沿写入
                RET
-------------------------------------------------------------------
CHECKBF:        PUSH  ACC
BUSY:           CLR  RS                     ; RS = 0, RW = 1 为读取 BF 操作
                CLR  RW
                SETB  EN
                MOV  A, LCD
                CLR  EN
                JB  ACC.7, BUSY
                CALL  DELAY
                POP  ACC
                RET
-------------------------------------------------------------------
WRSTRING:       MOV  R1, #0                 ; 写入数据, R1 为计数器
NEXT:           MOV  A, R1
                MOVC  A, @A + DPTR          ; 查表读取数据
                LCALL  WRDATA
                INC  R1
                DJNZ  R0, NEXT
                RET
-------------------------------------------------------------------
WRDATA:         LCALL  CHECKBF
                SETB  RS                    ; RS = 0, RW = 1 为数据写入操作
                CLR  RW
```

```
                SETB   EN
                MOV    LCD, A
                CLR    EN
                RET
-------------------------------------------------------
DELAY:          MOV    R6, #15           ; "忙"标志检查延时
D1:             MOV    R7, #200
                DJNZ   R7, $
                DJNZ   R6, D1
                RET
-------------------------------------------------------
DELAY2:         MOV    R5, #20           ; 2s 延时
D3:             MOV    R6, #200
D2:             MOV    R7, #250
                DJNZ   R7, $
                VDJNZ  R6, D2
                DJNZ   R5, D3
                RET
-------------------------------------------------------
LINE1:          DB 'LCD testing prog'
LINE2:          DB 'TA - AN EE Depart.'
LINE3:          DB 'TAIPEI, TAIWAN'
LINE4:          DB 'www.taantech.com'
-------------------------------------------------------
END
```

6. 自建字符显示举例

在 HD44780 上显示自建字符"上",方法如下。

1)将自建字符"上"转换成 5×7 点阵代码,见表 9-6。

2)初始化与显示 ASCII 字符一样。

3)设置 CGRAM 地址(000～111),将自建字符点阵代码写入指定的 CGRAM 单元。

4)设置 DDRAM 地址,决定自建字符显示位置,并将自建字符点阵代码在 CGRAM 中的地址号(000～111)写入 DDRAM 指定单元。

参考程序如下:

```
ORG  0000H
                LJMP INITIALIZE
                EN BIT P3.0
                RW BIT P3.1
                RS BIT P3.2
                LCD EQU P1
                ZIFU EQU 38H             ; 自建字符点阵代码的 CGRAM 地址
-------------------------------------------------------
                ORG 0300H
INITIALIZE:     MOV A, #00111000B        ; 设定为 8 位,2 行,5×7 字型
                LCALL  WRINST
                MOV A, #00001000B        ; 关闭显示器
                LCALL  WRINST
                MOV A, #00000001B        ; 清除显示器
                LCALL  WRINST
                MOV A, #00001111B        ; 开显示、游标、闪烁
                LCALL  WRINST
                MOV A, #00000110B        ; 设定 AC +1
                LCALL  WRINST
```

```
                MOV  ZIFU, #0              ; 从 0 号地址开始
--------------------------------------------------------------------
WRCG:           MOV  A, #01000000B         ; 指定 CGRAM 起始地址
                LCALL  WRINST
                MOV  R2, #8                ; 8 个字节
                MOV  R0, #0
                MOV  DPTR, #CHAR           ; 自建字符点阵代码首地址
NEXTC:          MOV  A, R0
                MOVC  A, @A + DPTR         ; 取自建字符代码
                LCALL  WRDATA              ; 写入 CGRAM
                INC  R0
                DJNZ  R2, NEXTC
--------------------------------------------------------------------
WRZIFU:         MOV  A, #10000000B         ; 设定 DDRAM 第一行起始地址
                LCALL  WRINST
                MOV  A, ZIFU               ; 取自建字符的 CGRAM 地址
                LCALL  WRDATA              ; 写入 DDRAM
                SJMP  $
--------------------------------------------------------------------
WRINST:         LCALL  CHECKBF             ; 检查"忙"标志
                CLR  RS                    ; RS = 0, RW = 0 为指令写入操作
                CLR  RW
                SETB  EN
                MOV  LCD, A                ; 传送指令
                CLR  EN                    ; 下降沿写入
                RET
--------------------------------------------------------------------
CHECKBF:        PUSH  ACC
BUSY:           CLR  RS                    ; RS = 0, RW = 1 为读取 BF 操作
                CLR  RW
                SETB  EN
                MOV  A, LCD
                CLR  EN
                JB  ACC.7, BUSY
                LCALL  DELAY
                POP  ACC
                RET
--------------------------------------------------------------------
WRDATA:         LCALL  CHECKBF
                SETB  RS                   ; RS = 0, RW = 1 为数据写入操作
                CLR  RW
                SETB  EN
                MOV  LCD, A
                CLR  EN
                RET
--------------------------------------------------------------------
DELAY:          MOV  R6, #15               ; "忙"标志检查延时
D1:             MOV  R7, #200
                DJNZ  R7, $
                DJNZ  R6, D1
                RET
--------------------------------------------------------------------
CHAR:           DB 04H, 04H, 04H, 07H, 04H, 04H, 1FH, 00H
--------------------------------------------------------------------
END
```

9.3　A/D 转换器接口

9.3.1　概述

在单片机应用中，特别是在实时控制系统中，常常需要把外界连续变化的物理量（如温度、压力、流量、速度），变成数字量送入计算机内进行加工处理。反之，也需要将计算机输出的数字量转为连续变化的模拟量，用以控制调节一些执行机构，实现对被控对象的控制。若输入的是非电的模拟信号，还需要通过传感器转换成电信号。这种由模拟量变为数字量，或由数字量转为模拟量的转换，通常叫做模/数，或数/模转换。用以实现这类转换的器件，叫做模/数（A/D）转换器或数/模（D/A）转换器。图 9-20 是典型的具有模拟量输入和模拟量输出的单片机应用系统。

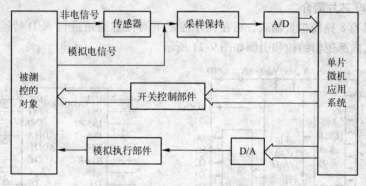

图 9-20　单片机应用系统结构

由图 9-20 可见，A/D 转换器在实际应用系统中十分重要，它的性能好坏在很大程度上决定了应用系统的性能指标。一般来说，A/D 转换器的主要性能指标有：

1）分辨率。通常用数字量的位数表示，如 8 位，10 位，12 位，16 位分辨率等。若分辨率为 8 位，表示它可以对全量程的 $1/2^8 = 1/256$ 的增量作出反应。分辨率越高，转换时对输入量的微小变化的反应越灵敏。

2）量程。即所能转换的电压范围，如 5V、10V 等。

3）精度。有绝对精度和相对精度两种表示方法。常用数字量的位数作为度量绝对精度的单位，如精度为 ±1/2LSB。用百分比来表示满量程时的相对误差，如 ±0.05%。注意，精度和分辨率是不同的概念。精度指的是转换后所得结果相对于实际值的准确度，而分辨率指的是能对转换结果产生影响的最小输入量。分辨率很高者可能由于温度漂移，线性不良等原因而并不具有很高的精度。

4）转换时间。对于计数—比较型或双积分型的 A/D 转换器而言，不同的输入幅度可能会引起转换时间的差异，在厂家给出的转换时间的指标中，它应当是最长转换时间的典型值。不同分辨率的器件，其转换时间的长短相差很大，可为几微秒至几百毫秒。在选择器件时，要根据应用的需要和成本来具体地对这项指标加以考虑，有时还需要同时考虑数据传输过程中，转换器件的一些结构和特点。例如有的器件虽然转换时间比较长，但是对控制信号有锁存的功能，所以在整个转换时间内并不需要外部硬件来支持它的工作，CPU 和其他硬件可以在它完成转换以前去处理别的事件而不必等待；而有的器件虽然转换时间不算太长，但是在整个转换时间内必须由外部硬件提供连续的控制信号，因而要求 CPU 处于等待状态或者要求另加硬件设备来支持其工作。

5）输出逻辑电平。多数转换器与 TTL 电平兼容。在考虑数字输出量与单片机数据总线的关系时，还要对其他一些有关问题加以考虑，如：是否要用三态逻辑输出，采用何种编码制式，是否需要对数据进行锁存。

6）工作温度范围。由于温度会对运算放大器和加权电阻网络等产生影响，所以只有在一定的温度范围内才能保证额定精度指标。较好的转换器件的工作温度为 -40 ~ 85℃，较差者为0 ~ 70℃。

7）对参考电压的要求。模/数转换器或数/模转换器都需要一定精度的参考电压源。因此要考虑转换器件是否具有内部参考电压，或需要外接参考电源。

9.3.2 A/D 转换应用

1. ADC0809 芯片简介

ADC0809 具有 8 路模拟量输入，可在程序控制下对任意通道进行 A/D 转换，输出 8 位二进制数字量。其内部逻辑结构和引脚如图 9-21 所示。

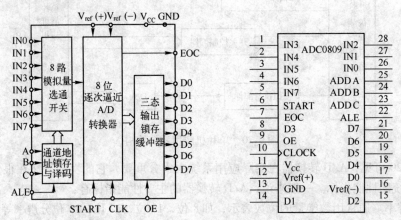

图 9-21   ADC0809 芯片的内部逻辑结构与引脚图

ADC0809 的引脚功能如下：

- IN0 ~ IN7：8 路模拟信号输入端。输入电压范围为 0 ~ +5V。
- C、B、A：8 路模拟信号转换选择端。一般与低 8 位地址中 A0 ~ A2 连接。由 A0 ~ A2 地址编码 000 ~ 111 选择 IN0 ~ IN7 8 路 A/D 通道。
- CLK：外部时钟输入端。时钟频率高，A/D 转换速度快。允许范围为 10 ~ 1280kHz。通常由 8051 ALE 端直接或分频后与 0809 CLK 端相连接。
- D0 ~ D7：数字量输出端。为三态缓冲输出形式，可以与单片机的数据线直接相连。
- OE：A/D 转换结果输出允许控制端。OE = 1，允许将 A/D 转换结果从 D0 ~ D7 端输出。通常由 8051 的 $\overline{RD}$ 端与 0809 片选端（例如 P2.0）通过"或非门"与 0809 的 OE 端相连接。
- ALE：地址锁存允许信号输入端。0809 的 ALE 信号有效时将当前转换的通道地址锁存。
- START：启动 A/D 转换信号输入端。当 START 端输入一个正脉冲时，立即启动 0809 进行 A/D 转换。START 端与 ALE 端连在一起，由 8051 的 $\overline{WR}$ 与 0809 片选端（例如 P2.0）通过"或非门"相连。

- EOC：A/D 转换结束信号输出端，高电平有效。EOC=0，正在进行转换；EOC=1，转换结束。该状态信号既可作为查询的状态标志，又可以作为中断请求信号使用。
- VREF(+)、VREF(–)：正负基准电压输入端。
- V_{cc}：正电源电压（ +5V）。
- GND：接地端。

ADC0809 芯片的主要部分是一个 8 位逐次逼近式 A/D 转换器。为了能实现 8 路模拟信号的分时采样，片内设置了 8 路模拟选通开关以及相应的通道地址锁存及译码电路，转换的数据送入三态输出数据锁存器。地址锁存与译码电路完成对 A、B、C 三个地址位进行锁存和译码，其译码输出用于通道选择，见表 9-8。

2. ADC0809 与单片机接口

图 9-22 是 ADC0809 与 8031 接口连接图。ADC0809 的转换时钟由单片机的 ALE 提供。ADC0809 的典型转换频率为 640kHz，ALE 信号频率与晶振频率有关，如果晶振频率取 12MHz，则 ALE 的频率为 2MHz，所以 ADC0809 的时钟端 CLK 与单片机的 ALE 端相接时，要考虑分频。8051 通过地址线 P2.0 和读写控制线 $\overline{RD}$、$\overline{WR}$ 来控制模拟输入通道地址锁存、启动和输出允许。模拟输入通道地址的译码输入 A、B、C 由 P0.0 ~ P0.2 提供，因 ADC0809 具有通道地址锁存功能，P0.0 ~ P0.2 不需经锁存器接入 A、B、C。根据 P2.0 和 P0.0 ~ P0.2 的连接方法，8 个模拟输入通道的地址依据 IN0 ~ IN7 顺序为 FEF8H ~ FEFFH。

表 9-8　ADC0809 通道地址选择表

C	B	A	选通的通道
0	0	0	IN0
0	0	1	IN1
0	1	0	IN2
0	1	1	IN3
1	0	0	IN4
1	0	1	IN5
1	1	0	IN6
1	1	1	IN7

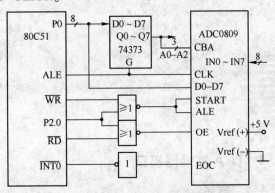

图 9-22　ADC0809 与 8051 的接口连接图

3. A/D 转换应用举例

设图 9-22 接口电路用于一个 8 路模拟量输入的巡回检测系统，使用中断方式采样数据，把采样以及转换所得的数字量按顺序存于片内 RAM 的 30H ~ 37H 单元中。采样完一遍后停止采集。其数据采集的初始化程序和中断服务程序如下：

初始化程序：

```
ORG   0000H
      LJMP   START
ORG   000BH
      LJMP   INTT0
ORG   0100H
START:  MOV  R0,#30H          ; 设立数据存储区指针
        MOV  R2,#08H          ; 设置 8 路采样计数值
        SETB IT0              ; 设置外部中断 0 为边沿触发方式
        SETB EA               ; CPU 开放中断
        SETB EX0              ; 允许外部中断 0 中断
        MOV  DPTR,#0FEF8H     ; 送入口地址并指向 IN0
```

```
LOOP:   MOVX  @DPTR,A                  ; 启动 A/D 转换,A 的值无意义
HERE:   SJMP  HERE                     ; 等待中断
中断服务程序:
INTT0:  MOVX  A,@DPTR                  ; 读取转换后的数字量
        MOV   @R0,A                    ; 存入片内 RAM 单元
        INC   DPTR                     ; 指向下一模拟通道
        INC   R0                       ; 指向下一个数据存储单元
        DJNZ  R2,INT                   ; 8 路未转换完,则继续
        CLR   EA                       ; 已转换完,则关中断
        CLR   EX0                      ; 禁止外部中断 0 中断
        RETI                           ; 中断返回
INT:    MOVX  @DPTR,A                  ; 再次启动 A/D 转换
        RETI                           ; 中断返回
END
```

用查询方式实现转换,参考程序如下:

```
ORG  0000H                            ; 主程序入口地址
     LJMP MAIN                        ; 跳转主程序
ORG  1000H
MAIN:  MOV  R0,#30H                   ; 设立数据存储区指针
       MOV  R2,#08H                   ; 设置 8 路采样计数值
       MOV  DPTR,#0FEF8H              ; 送入口地址并指向 IN0
       MOV  A,#00H
L0:    MOVX @DPTR,A                   ; 启动转换
L1:    JB   P3.2,L1                   ; 查询 INT0 是否为 0
       MOVX A,@DPTR                   ; INT0 为 0,则转换结束,读出数据
       MOV  @R0,A                     ; 存储转换结果
       INC  R0
       INC  DPTR                      ; 修改输入通道
       DJNZ R2,L0
       SJMP $
END
```

9.4　D/A 转换器接口

9.4.1　概述

D/A 转换是将 N 位数字量转换为对应的模拟量,以实现控制模拟对象的目的。D/A 转换器的主要性能指标有以下几个。

1) 分辨率　分辨率是 D/A 转换器对输入数字量变化敏感程度的描述。D/A 转换器的分辨率定义为当输入数字量发生单位数码变化时,即 LSB 最低有效位发生一次变化时所产生的对应输出模拟量的变化量。如果数字量的位数为 N,则 D/A 转换器的分辨率为 2^{-N},这就意味着数/模转换器能对满刻度的 2^{-N} 输入量作出反应。

例如,8 位 D/A 的分辨率为 1/256,10 位 D/A 的分辨率为 1/1024 等。因此,数字量位数越多,分辨率也就越高,亦即转换器对输入量变化的敏感程度也就越高。使用时,应根据分辨率的需要来选定转换器的位数。DAC 常可分为 8 位、10 位、12 位三种。

2) 建立时间　建立时间是描述 D/A 转换速度快慢的一个参数,指从输入数字量到输出达到终值(误差 ±LSB/2)时所需的时间。通常以建立时间来表示转换速度。根据建立时间的长短,把 D/A 转换器分成以下几档:

超高速　　　　　<100ns

较高速　　　　　100ns ~ 1μs

高速	$1 \sim 10\mu s$
中速	$10 \sim 100\mu s$
低速	$\geqslant 100\mu s$

3）输入编码形式　如二进制码，BCD 码等。

4）转换线性　通常给出在一定温度下的最大非线性度，一般为 $0.01\% \sim 0.03\%$。

5）输出电平　不同型号的 D/A 转换器，其输出电平相差很大。大部分是电压型输出，一般为 $5 \sim 10V$；也有高压输出型的，为 $24 \sim 30V$。还有一些是电流型的输出，低者为 20mA 左右，高者可达 3A。

9.4.2　D/A 转换应用

1. DAC0832 的引脚及功能

DAC0832 是一个 8 位 D/A 转换器。单电源供电，从 $+5 \sim +15V$ 均可正常工作。基准电压的范围为 $\pm 10V$；电流建立时间为 $1\mu s$；CMOS 工艺，低功耗 20mW。

DAC0832 为 20 引脚，双列直插式封装，其引脚排列如图 9-23 所示。

- DI0 ~ DI7：8 位数据输入端。
- ILE：输入数据允许锁存信号，高电平有效。
- $\overline{CS}$：片选端，低电平有效。
- $\overline{WR1}$：输入寄存器写选通信号，低电平有效。
  $\overline{WR2}$：DAC 寄存器写选通信号，低电平有效。
- $\overline{XFER}$：数据传送信号，低电平有效。
- IOUT1、IOUT2：电流输出端。
- RFB：反馈电流输入端。
- VREF：基准电压输入端。
- V_{CC}：正电源端。
- AGND：模拟地。
- DGND：数字地。

DAC0832 引脚排列：

1	$\overline{CS}$	V_{CC}	20
2	$\overline{WR1}$	ILE	19
3	AGND	$\overline{WR2}$	18
4	DI3	$\overline{XFER}$	17
5	DI2	DI4	16
6	DI1	DI5	15
7	DI0	DI6	14
8	VREF	DI7	13
9	RFB	IOUT2	12
10	DGND	IOUT1	11

图 9-23　DAC0832 引脚

2. DAC0832 逻辑结构

DAC0832 内部结构框图如图 9-24 所示。该转换器由输入寄存器和 DAC 寄存器构成两级数据输入锁存。

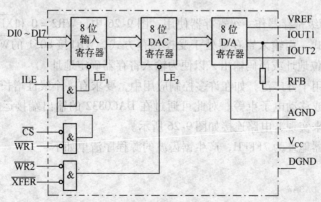

图 9-24　DAC0832 内部结构

3. DAC0832 工作方式

用软件指令控制这 5 个控制端：ILE、$\overline{CS}$、$\overline{WR1}$、$\overline{WR2}$、$\overline{XFER}$，可实现三种工作方式：

- 直通工作方式：5 个控制端均有效，直接 D/A 转换。
- 单缓冲工作方式：两个输入寄存器中任意一个处于直通方式，另一个工作于受控方式。
- 双缓冲工作方式：两个锁存器都处于受控状态。

4. DAC0832 单缓冲方式

在实际应用中，如果只有一路模拟量输出，或虽有几路模拟量但并不要求同步输出时，可采用单缓冲方式。单缓冲方式的两种连接方法如图 9-25 和图 9-26 所示。

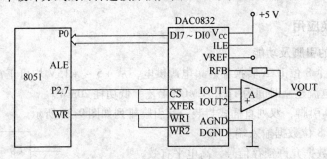

图 9-25　DAC 0832 单缓冲方式

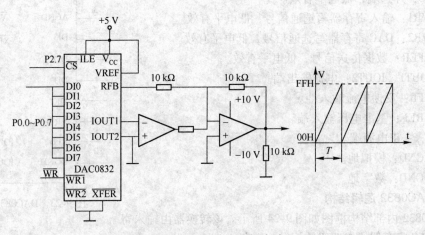

图 9-26　用 DAC 产生锯齿波

图 9-25 中，两级寄存器作一级寄存器使用。图 9-26 中，$\overline{WR2} = 0$ 和 $\overline{XFER} = 0$，因此 DAC 寄存器处于接通方式。而输入寄存器处于受控锁存方式，$\overline{WR1}$ 接 8051 的 $\overline{WR}$，ILE 接高电平，此外还应把 $\overline{CS}$ 接高位地址或译码输出，以便为输入寄存器确定地址。

单缓冲方式应用十分广泛，如在许多控制应用中，要求有一个线性增长的电压来控制检测过程，移动记录笔或移动电子束等。对此可通过在 DAC0832 的输出端接运算放大器，由运算放大器产生锯齿波来实现，电路连接如图 9-26 所示。

假定输入寄存器地址为 7FFFH，产生锯齿波的源程序清单如下：

```
ORG   0000H
      LJMP  DASAW
ORG  0200H
DASAW:  MOV  DPTR,#7FFFH          ;输入寄存器地址,假定 P2.7 接CS
        MOV  A,#00H               ;转换初值
```

```
WW:     MOVX  @DPTR,A              ; D/A 转换
        INC   A                    ; A 中的值加 1
        NOP                        ; 延时
        NOP
        NOP
        AJMP  WW                   ; 循环
END
```

对锯齿波的产生作如下几点说明：

- 程序每循环一次，A 加 1，因此实际上锯齿波的上升沿是由 256 个小阶梯构成的，但由于阶梯很小，所以从宏观上看就是线性增长的锯齿波。
- 可通过循环程序段的机器周期数计算出锯齿波的周期，并可根据需要，通过延时的办法来改变波形周期。当延迟时间较短时，可用 NOP 指令来实现；当需要延迟时间较长时，可以使用一个延时子程序。延迟时间不同，波形周期不同，锯齿波的斜率就不同。
- 通过 A 加 1，可得到正向的锯齿波；如要得到负向的锯齿波，改为减 1 指令即可实现。
- 程序中 A 的变化范围是 0 ~ 255，因此可得到满幅度的锯齿波。如要求得到非满幅锯齿波，可通过计算求得数字量的初值和终值，然后在程序中通过置初值判终值的办法即可实现。用 D/A 转换还可以产生多种波形。

矩形波参考程序：

```
ORG   0000H
        LJMP  BEGIN
ORG 0200H
BEGIN:  MOV  DPTR, #7FFFH
LP:     MOV  A, #DATAH              ; 矩形波上限
        MOVX  @DPTR, A
        LCALL  DELAYH               ; 高电平延时时间
        MOV  A,#DATAL               ; 矩形波下限
        MOVX  @DPTR, A
        LCALL  DELAYL               ; 低电平延时时间
        SJMP  LP
END
```

产生阶梯波的程序如下，阶梯波如图 9-27 所示。

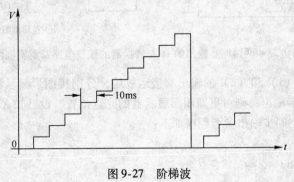

图 9-27　阶梯波

```
ORG  0000H
        LJMP  START
ORG  0100H
START:  MOV  A, #00H
        MOV  DPTR, #7FFFH            ; 0832 的地址送 DPTR
```

```
          MOV   R1, #0AH            ; 台阶数为 10
LP:       MOVX  @DPTR, A            ; 送数据至 0832
          LCALL DELAY 10ms          ; 10ms 延时
          DJNZ  R1, NEXT            ; 不到 10 台阶转移
          SJMP  START               ; 产生下一个周期
NEXT:     ADD   A, #10              ; 台阶增幅
          SJMP  LP                  ; 产生下一台阶
          END
```

5. DAC0832 双缓冲方式

对于多路 D/A 转换接口，要求同步进行 D/A 转换输出时，必须采用双缓冲同步方式连接法。0832 采用这种接法时，数字量的输入锁存和 D/A 转换输出是分两步完成的。

首先，CPU 的数据总线分时地向各路 D/A 转换器输入要转换的数字量并锁存在各自的输入寄存器中。

然后 CPU 对所有的 D/A 转换器发出控制信号，使各个 D/A 转换器输入寄存器的数据打入 DAC 寄存器，实现同步转换输出。

图 9-28 是一个两路同步输出的 D/A 转换器的接口电路及逻辑框图。P2.5 和 P2.6 分别选择两路 D/A 转换器的输入寄存器，控制输入锁存；P2.7 连到两路 D/A 转换器的 $\overline{XFER}$ 端控制同步转换输出；$\overline{WR}$ 端与所有的 $\overline{WR1}$、$\overline{WR2}$ 端相连，在执行 MOVX 输出指令时，8051 自动输出 $\overline{WR}$ 控制信号。

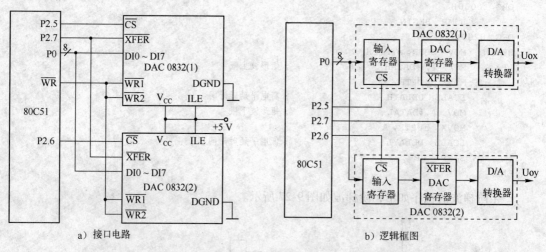

a）接口电路   b）逻辑框图

图 9-28 两路同步输出的 D/A 转换器的接口电路及逻辑框图

如果将 DAC0832（1）和（2）的输出端接运放后，分别接图形显示器 X 轴和 Y 轴偏转放大器输入端，实现同步输出，则可更新图形显示器的光点位置。设已知 X 轴信号和 Y 轴信号分别存于 30H、31H 中。同步输出参考程序如下：

```
ORG   0000H
      LJMP  DOUT
ORG   0200H
DOUT: MOV   DPTR, #0DFFFH         ; 置 DAC0832(1) 输入寄存器地址
      MOV   A, 30H                ; 取 X 轴信号
      MOVX  @DPTR, A              ; X 轴信号送 0832(1) 输入寄存器
      MOV   DPTR, #0BFFFH         ; 置 DAC0832(2) 输入寄存器地址
      MOV   A, 31H                ; 取 Y 轴信号
```

```
        MOVX  @DPTR, A              ; Y 轴信号送 0832 (2) 输入寄存器
        MOV   DPTR, #7FFFH          ; 置 0832 (1)、(2) DAC 寄存器地址
        MOVX  @DPTR, A              ; 同步 D/A, 输出 X、Y 轴信号
        SJMP  $
    END
```

9.5　步进电动机控制

　　步进电动机是一种将电脉冲转换成机械角位移或线位移的电磁机械装置。由于它所使用的电源是脉冲电源，所以也称为脉冲马达。每当输入一个电脉冲，电动机就转动一定角度前进一步。脉冲一个一个地输入，电动机便一步一步地转动。转动的角度大小与施加的脉冲数目成正比，转动的速度与脉冲频率成正比，转动方向与脉冲的顺序有关。

　　步进电动机主要由转子和定子两部分组成，如图 9-29 所示。转子和定子均由带齿的硅钢片叠成。定子上有分为若干相的绕组。当某相定子绕组通以直流电压激磁后，便会吸引转子，令转子转动一定的角度。向定子绕组轮流激磁，转子便连续旋转。

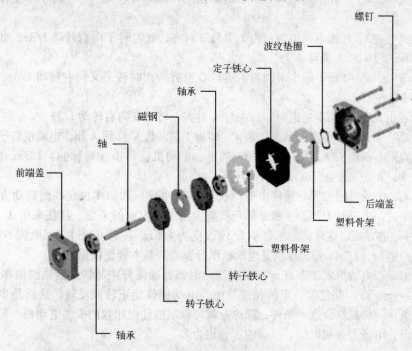

图 9-29　步进电动机组成

　　步进电动机的种类很多，按运动方式可分为，旋转式、直线式、平面式。按绕组相数可分为单相、两相、三相、四相、五相等。各相绕组可在定子上径向排列，也可在定子的轴向上分段排列。

9.5.1　步进电动机工作原理

　　电动机一旦通电，在定转子间将产生磁场（磁通量 Φ）。当转子与定子错开一定角度时，便会产生电磁力 F。F 的大小与电动机有效体积、匝数、磁通密度成正比。因此，电动机有效体积越大，励磁匝数越大，定转子间气隙越小，电动机力矩就越大，反之亦然。

　　下面以三相步进电动机为例，介绍步进电动机的工作原理。

　　步进电动机转子上均匀分布着很多小齿，相邻两转子齿轴线间的距离为齿距，以 τ 表示。定子齿有三个励磁绕阻，其几何轴线依次分别与转子齿轴线错开 0τ、$1/3\tau$、$2/3\tau$，即 A 与齿 1 相对齐，B 与齿 2 向右错开 $1/3\tau$，C 与齿 3 向右错开 $2/3\tau$，A′与齿 5 相对齐，（A′就是 A，齿 5 就是齿 1），如图 9-30 所示。

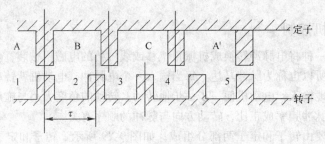

图 9-30　三相步进电动机原理

　　如 A 相通电，B，C 相不通电时，由于磁场作用，齿 1 与 A 对齐，（转子不受任何力，以下均同）。

　　如 B 相通电，A，C 相不通电时，齿 2 应与 B 对齐，此时转子向右转动 $1/3\tau$，此时齿 3 与 C 偏移为 $1/3\tau$，齿 4 与 A 偏移 $2/3\tau$。

　　如 C 相通电，A，B 相不通电时，齿 3 应与 C 对齐，此时转子又向右转动 $1/3\tau$，此时齿 4 与 A 偏移为 $1/3\tau$。

　　如 A 相通电，B，C 相不通电时，齿 4 与 A 对齐，转子又向右转动 $1/3\tau$。

　　经过 A、B、C、A 分别通电状态，齿 4（即齿 1 前一齿）移到 A 相，电动机转子向右转过一个齿距，如果不断地按 A，B，C，A……通电，电动机就每步（每脉冲）$1/3\tau$，向右旋转。如按 A，C，B，A……通电，电动机则反转。

　　由此可见，电动机的位置和速度由导电次数（脉冲数）和频率决定。而转动方向由导电顺序决定。不过，出于对力矩、平稳、噪声及减少角度等方面的考虑。往往采用 A-AB-B-BC-C-CA-A 这种导电方式，这样将原来每步 $1/3\tau$ 改变为 $1/6\tau$。甚至可通过二相电流不同的组合，使 $1/3\tau$ 变为 $1/12\tau$，$1/24\tau$ 等，这就是电动机细分驱动的基本理论依据。

　　不难推出，当电动机定子上有 m 相励磁绕阻时，其轴线分别与转子齿轴线偏移 $1/m\tau$，$2/m\tau\cdots(m-1)/m\tau$，1τ。并且按一定的相序导电，电动机就能正转或反转。这就是步进电动机旋转的物理条件。只要符合这一条件，理论上就可以制造任何相数的步进电动机，但出于成本等多方面考虑，市场上一般以二、三、四、五相为多。

9.5.2　步进电动机与单片机接口

　　以单片机输出的脉冲信号控制步进电动机工作，一般要经过两个过程，一是环行分配器，它的作用是给步进电动机输出所需的"相"信号；二是驱动电路，它的作用是放大电流信号，达到步进电动机所需的功率要求。目前，步进电动机驱动电路有很多专用芯片，如 UNL2003，TIP122，FT5754 等。

　　1）1 相驱动：1 相驱动方式是只有一组线圈被激磁，其他线圈休息。正转激励信号为 1000→0100→0010→0001→1000；反转激励信号为 1000→0001→0010→0100→1000。在 8051 单片机上产生这个序列信号，可先输出"11H"（00010001），经过一段延时，让步进电动机建立磁场及实现转动后，用"RL A"指令将"11H"左移成"22H"、"44H"、"88H"，或用"RR A"指令右移形成"88H"、"44H"、"22H""11H"输出即可。产生"11H"而不是"01H"

作为起始激励信号是为了简化控制，目的是在每次移位时不必判断是否已经超出范围。

2）2 相驱动：2 相驱动时，正转激励信号为 1100→0110→0011→1001→1100；反转激励信号为 1100→1001→0011→0110→1100。在 8051 单片机上产生这个序列信号，可先输出"33H"（00110011），经过一段延时后，用"RL A"或"RR A"指令将"33H"左移或右移输出即可。

由于步进电动机在加电启动时，定子与转子的位置是随机的，不一定符合图 9-30 的要求。因此，使用之前，应该先定位。否则，可能会出现非预期的状况。最简单的定位方法是，先送出一组驱动信号，让步进电动机工作一个循环。如对 1 相驱动，则依次送出"11H"、"22H"、"44H"、"88H" 4 个驱动信号，步进电动机即可抓住正确的位置，这就是定位或归零。

9.5.3　步进电动机应用举例

图 9-31 是单片机控制步进电动机的典型电路。单片机 89C51 通过 UNL2003 控制步进电动机先定位，然后以左移方式控制正转 200 步，以右移方式控制反转 200 步，延时程序决定旋转的速度。程序框图如图 9-32 所示。

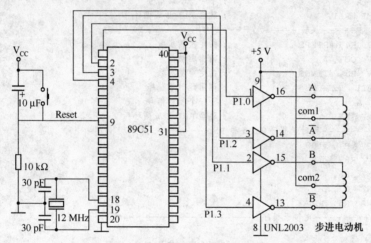

图 9-31　单片机控制步进电动机典型电路

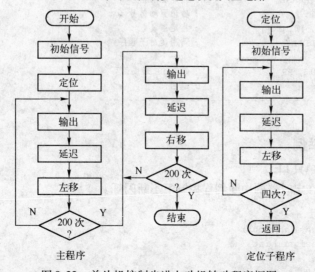

图 9-32　单片机控制步进电动机转动程序框图

参考程序如下：

```
; 延时 DELAY 子程序(0.05 秒×R5)
; P1 输出
; #11H 为 1 相驱动,#33H 为 2 相驱动
; 速度为 1/(0.05×TIMES)步/秒
        STEPS EQU 200              ; 步数设定
        TIMES EQU 10               ; 时间延迟重复次数
        PHASE EQU 11H              ; 驱动方式
        OUT EQU P1                 ; 输出口
; ------------------------------------------------
        ORG  0000H
        LCALL  POSITION            ; 调用定位子程序
START: MOV  A, #PHASE              ; 指定驱动信号
; -------------- 正转 -----------------------
        MOV R4, #STEPS             ; 指定正转步数
RL1:   MOV  OUT, A                 ; 输出驱动信号
        MOV R5, #TIMES             ; 指定重复次数
        LCALL  DELAY               ; 调用延时子程序
        RL A                       ; 下一个驱动信号
        LJMP  RL1                  ; 跳至 RL1 形成循环
; -------------- 反转 -----------------------
        MOV R4, #STEPS             ; 指定反转步数
RR1:   MOV  OUT, A                 ; 输出驱动信号
        MOV R5, #TIMES             ; 指定重复次数
        LCALL  DELAY               ; 调用延时子程序
        RR A                       ; 下一个驱动信号
        LJMP  RR1                  ; 跳至 RR1 形成循环
; -------------- 延时子程序 0.05 秒 R5 ----------
DELAY: MOV R7, #100
  D1: MOV R6, #250
        DJNZ  R6, $
        DJNZ  R7, D1
        DJNZ  R5, DELAY
; --------------- 定位子程序 --------------------
POSITION:
        MOV 30H, #4                ; 四个驱动信号
        MOV A,#PHASE               ; 指定驱动信号
PP:    MOV  OUT, A                 ; 输出驱动信号
        MOV R5, #TIMES             ; 指定重复数
        LCALL  DELAY               ; 调用延时子程序
        RL A                       ; 下一个驱动信号
        DJNZ  30H, PP              ; 跳至 PP 形成循环
        RET                        ; 返回
; ------------------------------------------------
END
```

9.6 C51 应用举例

1. 定时器控制单只 LED

P0.0 接 LED,在定时器的中断例程控制下不断闪烁。

```c
#include <reg51.h>
#define uchar unsigned char
#define uint unsigned int
sbit LED = P0^0;
uchar T_Count = 0;
// 主程序
void main()
```

```
{
    TMOD = 0x00;                    // 定时器 0 工作方式 0
    TH0 = (8192 - 5000)/32;         // 5ms 定时
    TL0 = (8192 - 5000)% 32;
    IE = 0x82;                      // 允许 T0 中断
    TR0 = 1;
    while(1);
}
// T0 中断函数
void LED_Flash() interrupt 1
{
    TH0 = (8192 - 5000)/32;         // 恢复初值
    TL0 = (8192 - 5000)% 32;
    if( ++T_Count ==100)            //0.5s 开关一次 LED
    {
        LED = ~ LED;
        T_Count = 0;
    }
}
```

2. K1-K4 按键状态显示

K1、K2 按下时 LED 点亮，松开时熄灭；K3、K4 按下并释放时 LED 点亮，再次按下并释放时熄灭，如图 9-33 所示。

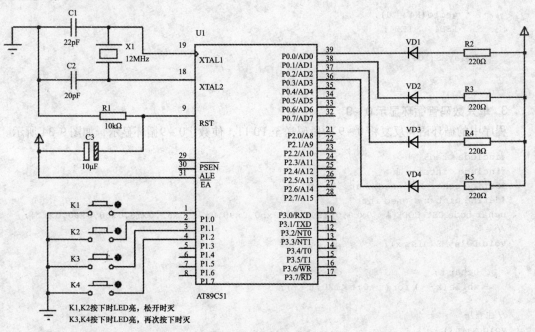

图 9-33 按键状态显示

```
#include < reg51.h >
#define uchar unsigned char
#define uint unsigned int
sbit LED1 = P0^0;
sbit LED2 = P0^1;
sbit LED3 = P0^2;
sbit LED4 = P0^3;
sbit K1 = P1^0;
sbit K2 = P1^1;
```

```
sbit K3 = P1^2;
sbit K4 = P1^3;
// 延时
void DelayMS(uint x)
{
    uchar i;
    while(x--) for(i=0;i<120;i++);
}
// 主程序
void main()
{
    P0 = 0xff;
    P1 = 0xff;
    while(1)
    {
        LED1 = K1;
        LED2 = K2;
        if(K3 ==0)
        {
            while(K3 ==0);
            LED3 = ~ LED3;
        }
        if(K4 ==0)
        {
            while(K4 ==0);
            LED4 = ~ LED4;
        }
        DelayMS(10);
    }
}
```

3. 单只数码管循环显示 0 ~ 9

程序中的循环语句反复将 0 ~ 9 的段码送至 P0 口, 使数字 0 ~ 9 循环显示, 如图 9-34 所示。

```
#include < reg51.h >
#include < intrins.h >
#define uchar unsigned char
#define uint unsigned int
uchar code DSY_CODE[]={0xc0,0xf9,0xa4,0xb0,0x99,0x92,0x82,0xf8,0x80,0x90,0xff};
// 延时
void DelayMS(uint x)
{
    uchar t;
    while(x--) for(t=0;t<120;t++);
}
// 主程序
void main()
{
    uchar i =0;
    P0 = 0x00;
    while(1)
    {
        P0 = ~ DSY_CODE[i];
        i = (i +1)% 10;
        DelayMS(300);
    }
}
```

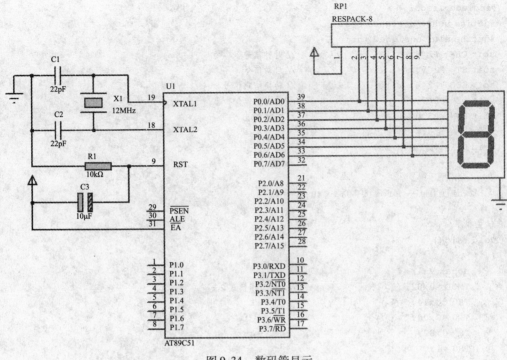

图 9-34　数码管显示

4. 用 ADC0808 控制 PWM 输出

使用数模转换芯片 ADC0808，通过调节可变电阻 RV1 来调节脉冲宽度。运行程序时，通过虚拟示波器观察占空比的变化，如图 9-35 所示。

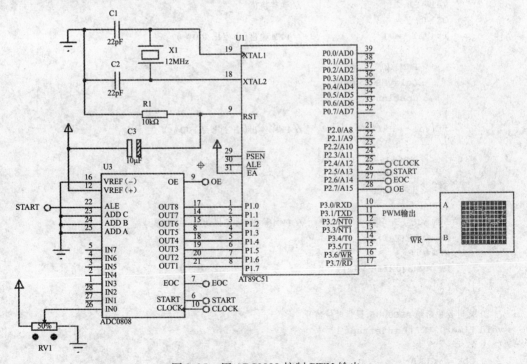

图 9-35　用 ADC0808 控制 PWM 输出

```c
#include <reg51.h>
#define uchar unsigned char
#define uint unsigned int
sbit CLK = P2^4;                    // 时钟信号
sbit ST = P2^5;                     // 启动信号
sbit EOC = P2^6;                    // 转换结束信号
sbit OE = P2^7;                     // 输出使能
sbit PWM = P3^0;                    // PWM 输出
// 延时
void DelayMS(uint ms)
{
    uchar i;
    while(ms--) for(i=0;i<40;i++);
}
// 主程序
void main()
{
    uchar Val;
    TMOD = 0x02;                    // T1 工作模式2
    TH0 = 0x14;
    TL0 = 0x00;
    IE = 0x82;
    TR0 = 1;
    while(1)
    {
        ST = 0; ST = 1; ST = 0;     // 启动 A/D 转换
        while(! EOC);               // 等待转换完成
        OE = 1;
        Val = P1;                   // 读转换值
        OE = 0;
        if(Val == 0)                // PWM 输出(占空比为0%)
        {
            PWM = 0;
            DelayMS(0xff);
            continue;
        }
        if(Val == 0xff)             // PWM 输出(占空比为100%)
        {
            PWM = 1;
            DelayMS(0xff);
            continue;
        }
        PWM = 1;                    // PWM 输出(占空比为0%~100%)
        DelayMS(Val);
        PWM = 0;
        DelayMS(0xff - Val);
    }
}
// T0 定时器中断给 ADC0808 提供时钟信号
void Timer0_INT() interrupt 1
{
    CLK = ~CLK;
}
```

习题

一、填空题

1. 键盘抖动可以使用_____和_____两种办法消除。

2. 8051 单片机的 I/O 接口和_____统一编址。

3. 数字 5 的共阴极七段 LED 显示代码是_____，数字 5 的共阳极七段 LED 显示代码是_____。

4. 液晶显示模块（LCM）是指将_____、_____、_____集成在一起的器件。

5. A/D 转换器的作用是将_____量转为_____量；D/A 转换器的作用是将_____量转为_____量。

二、简答题

1. 设有一个系统有 2 位 LED 数码管，分别对应十位和个位，待显数据（00H～09H）已放在 31H 和 30H 单元中。电路如图 9-36 所示，用 74LS164 的并行输出端接 LED 数码管。编写通过串行口和 74LS164 驱动共阳 LED 数码管查表静态显示程序。

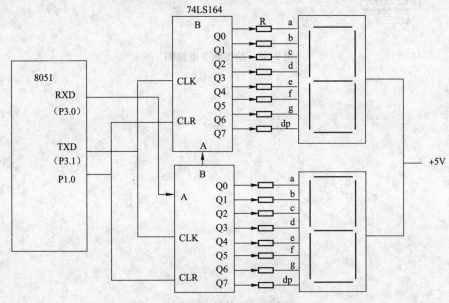

图 9-36　简答题 1 电路图

2. 电路如图 9-37 所示，编写程序，实现在数码管上循环显示数字 0～9。

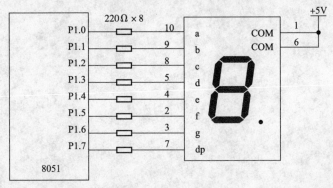

图 9-37　简答题 2 电路图

3. 电路如图 9-38 所示，编程使 DAC 0832 输出 0～5V 锯齿波，DAC 0832 为直通方式。DAC0832 地址为 7FFFH，脉冲周期要求为 100ms。

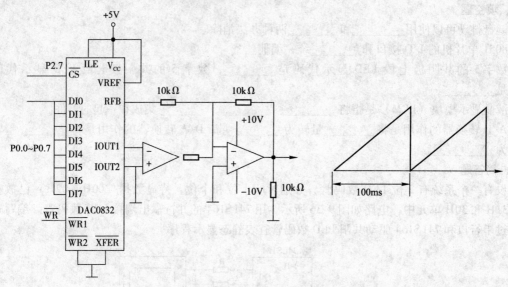

图 9-38   简答题 3 电路图

第10章 单片机应用系统设计

单片机应用系统主要由输入通道、输出通道、通信接口、人机接口等部分构成。输入通道主要完成模拟物理量到数字量的转换，输出通道则将数字量转换为能驱动外围设备的信号。通信接口是单片机与其他设备进行信息交流的桥梁，操作人员通过人机接口了解系统的工作状况、控制系统的行为。单片机应用系统开发一般包括需求分析、可行性分析、体系结构设计、软/硬件设计、综合调试和系统装配等几部分工作。深入领会系统设计的规律及原则，严格遵循系统设计的方法步骤，是设计高质量应用系统的基础。

10.1 单片机应用系统构成

单片机应用系统是为完成某一特定任务而设计的用户系统。一般由单片机、输入通道、输出通道、通信接口、人机对话设备等部分构成，如图10-1所示。

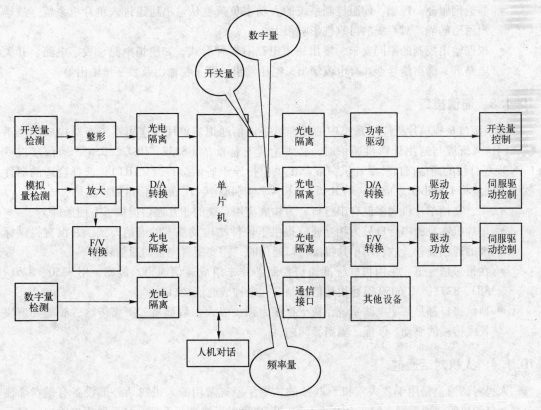

图10-1 典型的单片机应用系统

10.1.1 输入通道

输入通道通常包括传感器、采样保持、A/D 转换等部件。主要完成模拟物理量到数字电信号的处理。若传感器输出的是模拟信号，一般要放大后，再经 A/D 转换器转换成单片机能接收的数字量。若检测对象本身就是开关量或数字量，只需将其整形为单片机 I/O 口能接收的电平信号即可。输入通道具有以下特点：

- 它与现场采集对象相连，是现场干扰进入的主要通道，也是整个系统抗干扰设计的重点部位。
- 由于所采集的对象不同，信号形式多种多样，如开关量、模拟量等，它往往不能直接满足单片机输入的要求，故常需要信号变换调节电路，如测量放大器、V/F 变换、A/D 转换、放大电路、整形电路等，将其转换为单片机能接受的形式。
- 输入通道是一个模拟、数字混合电路系统，功耗也比较小，一般没有功率驱动要求。

10.1.2　输出通道

输出通道通常包括 D/A 转换器、F/V 转换器、功率驱动等电路。由于单片机的输出信号是归一化的 TTL 或 CMOS 电平的开关量或数字量，而许多控制对象执行机构所要求的电信号都是一些具有足够驱动能力的模拟量或开关量，所以需用 D/A 转换器将数字量转换成模拟量，并用功率驱动电路进行功率放大。输出通道的特点是：

- 大多数输出通道需要功率驱动。
- 靠近伺服驱动现场，伺服控制系统的大功率负荷易从输出通道进入单片机系统，故输出通道的隔离对系统的可靠性影响很大。
- 根据输出控制的不同要求，输出通道电路有多种形式，如模拟电路、数字电路、开关电路等，输出信号形式有电流输出、电压输出、开关量输出及数字量输出等。

10.1.3　通信接口

通信接口是指单片机应用系统中的标准数字通信通道。单片机应用系统需要构成多机系统、网络系统或与通用计算机通信时，必须配置有标准的 RS232、RS422/RS485 通信接口或 CAN 现场总线的通信接口。单片机一般都提供串行异步通信接口（UART），选择合适的器件就能方便地将 UART 扩展成相应的 RS232、RS422/RS485 接口。通信接口的特点是：

- 中、高档单片机大多设有串行口，为构成应用系统的相互通信提供了方便条件。
- 单片机本身的串行口只为相互通信提供了硬件结构及基本的通信方式，并没有提供标准的通信规程。故利用单片机串行口通信时，需要配置完整的通信软件。
- 在很多情况下，采用扩展标准通信控制芯片来组成通信通道。例如，用 8250、8251、SIO、8273、MC6850 等通用通信控制芯片来构成通信接口。
- 通信接口都是数字电路系统，抗干扰能力强。但大多数都需远距离传输，故需要解决长线传输的驱动、匹配、隔离等问题。

10.1.4　人机对话通道

人机对话通道是用于"人 - 机"联系的主要手段。常用的人机对话外部设备有键盘、显示器、打印机等。通过键盘输入命令或参数，用户可对系统进行干预。显示器用来输出、显示系统运行结果或提示信息。打印机可将数据或历史记录以定时或调用的方式打印出来，以便阅读或存档。人机对话通道的特点是：

- 由于大多数单片机应用系统一般是小规模系统，因此，应用系统中的人机对话通道以及人机对话设备的配置也都是小规模的，如微型打印机、功能键、LED/LCD 显示器等。若需高水平的人机对话配置，如通用打印机、CRT、硬盘、标准键盘等，则往往是将单片机系统通过外总线与通用计算机相连，共享通用计算机的外围人机对话设备。

- 单片机应用系统中，人机对话通道及接口大多采用内总线形式，与系统扩展密切相关。
- 人机通道接口一般都是数字电路，电路结构简单，可靠性好。

10.2　单片机应用系统设计方法

单片机应用系统设计一般包括产品需求分析、可行性分析、体系结构设计、软硬件设计、综合调试、系统安装等步骤，如图 10-2 所示。

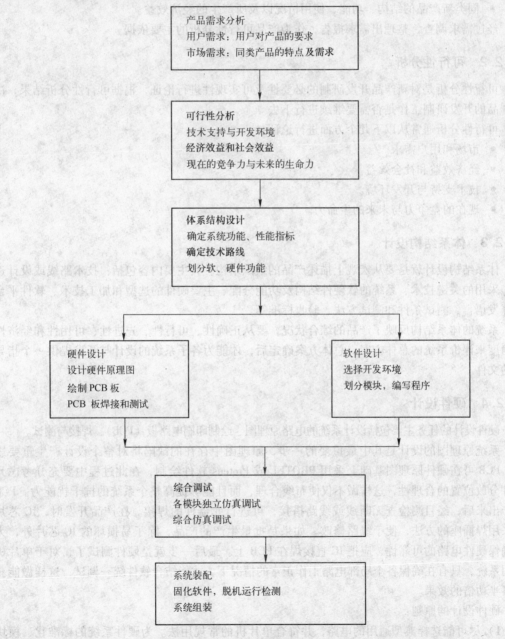

图 10-2　单片机应用系统开发过程

10.2.1　需求分析

当用户需要构建一个单片机应用系统时，首先要进行市场调查和用户需求分析，了解同类产品的性能特点及市场营销状况，掌握用户对产品的希望和要求。通过对各种需求信息的综合分析，得出市场和用户是否需要该产品的结论。需求分析的主要内容包括：

- 原有产品的结构、功能以及存在的问题。
- 国内、外同类产品的最新发展情况以及相关的技术资料。
- 同类新产品的结构、功能、使用情况以及所产生的经济效益。

经过需求调查，整理出需求报告，作为产品可行性分析的主要依据。

10.2.2　可行性分析

可行性分析是对新产品开发研制的必要性及可实现性进行论证，根据可行性分析结果，决定产品的开发研制工作是否需要继续进行下去。

可行性分析通常从以下几个方面进行论证：

- 市场和用户需求。
- 经济效益和社会效益。
- 技术支持与开发环境。
- 现在的竞争力与未来的生命力。

10.2.3　体系结构设计

体系结构设计就是要从宏观上描述产品的组织结构。其主要内容包括：技术路线或设计途径、采用的关键技术、系统的软硬件结构及功能分配、主要硬件的选型和加工技术、软件平台和开发语言、测试条件和测试方法、验收标准等。

系统的体系结构反映了产品的综合状况，要从正确性、可行性、先进性、可用性和经济性等角度来评价系统的总体方案。总体方案确定后，才能为各子系统的设计与开发提供一个指导性的文件。

10.2.4　硬件设计

硬件设计的任务主要包括设计系统的电路原理图、绘制印刷电路板（PCB）、焊接与测试。

系统原理图的设计是其中最重要的一步，原理图中存在的缺陷将对整个设计产生重要影响。PCB 可在硬件原理图基础上采用 PROTEL 或 Proteus 软件绘制，在此过程中要充分考虑元器件分放位置的合理性，这样做不仅使布线合理，而且能够提高整个系统的抗干扰能力。PCB生产出来后，经目测检查无断线或线路搭接，可进行元器件的焊接。在产品开发时，IC 芯片多采用焊插座的方法，便于线路修改。如果是批量生产的产品，除了易损坏的 IC 芯片外，为了确保硬件电路的可靠性，应把 IC 直接焊在 PCB 上。最后一步就是硬件测试了，对于单片机应用系统，只有在确保各个局部电路工作正常的情况下，才能结合软件统一调试，这样做能获得事半功倍的效果。

硬件设计的原则：

1）尽可能选择典型通用的电路，并符合单片机的常规用法。为硬件系统的标准化、模块化奠定良好的基础。

2）系统的扩展与外围设备配置的水平应充分满足应用系统当前的功能要求，并留有适当余地，便于以后进行功能扩充。

　　3）硬件结构应结合应用软件方案一并考虑。

　　4）整个系统中相关的器件要尽可能做到性能匹配，例如，选用晶振频率较高时，存储器的存取时间就短，应选择存取速度较快的芯片；选择 CMOS 芯片单片机构成低功耗系统时，系统中的其他芯片也应该选择低功耗产品。如果系统中相关的器件性能差异很大，系统综合性能将降低，甚至不能正常工作。

　　5）可靠性及抗干扰设计是不可忽视的一部分，它包括器件选择、去耦滤波、印刷电路板布线、通道隔离等。如果设计中只注重功能实现，而忽视可靠性及抗干扰设计，到头来只能是事倍功半，甚至会造成系统崩溃，前功尽弃。

　　6）单片机外围电路较多时，必须考虑其驱动能力。驱动能力不足时，系统工作不可靠。解决的办法是增加总线驱动器或者减少芯片功耗，降低总线负载。

10.2.5　软件设计

　　软件设计的任务主要包括编程语言的选择，软件任务划分，应用程序的编制。

　　单片机的编程语言不仅有汇编语言，还有一些高级语言，常用的高级语言有 C 语言、PL/M 语言、BASIC 语言。编制软件到底使用哪种语言，要视具体情况而定。采用汇编语言，具有占用内存空间小，实时性强等特点，不足之处在于编程麻烦，可读性差，修改不方便。因此，汇编语言往往用在系统实时性要求较高且运算不太复杂的场合。C 语言等高级语言具有丰富的库函数，编程简单，使开发周期大大缩短，程序可读性强，便于修改。对于复杂的系统软件，一般采用汇编、高级语言混合编程，这样既能完成复杂运算问题，又能解决局部实时性问题。

　　应用软件是根据系统功能要求设计的，应可靠地实现系统规定的功能。应用软件应该具有以下特点：

- 软件结构清晰、简捷、流程合理。
- 各功能程序实现模块化。
- 程序存储区、数据存储区规划合理，这样既能节约存储容量，又能给程序设计与操作带来方便。
- 运行状态实现标志化管理。各个功能程序的运行状态、运行结果以及运行需求都设置状态标志以便查询，程序的转移、运行、控制都可通过状态标志来控制。
- 经过调试修改后的程序应进行规范化，除去修改"痕迹"。规范化的程序便于交流、借鉴，也为软件模块化、标准化打下基础。
- 实现全面软件抗干扰设计。软件抗干扰是计算机应用系统提高可靠性的有力措施。
- 为了提高运行的可靠性，在应用软件中设置自诊断程序，在系统运行前先运行自诊断程序，用以检查系统各特征参数是否正常。

10.2.6　综合调试

　　程序编写完成并翻译成机器码后，还要进行综合调试。对于单片机应用系统而言，大多数程序模块的运行都依赖于硬件，没有相应的硬件支持，软件的功能将荡然无存。因此，要在硬件系统测试合格后，将硬件、开发系统和 PC 连接在一起，构成联机调试状态，完成大多数软件模块的调试。

　　系统软件调试成功后，可利用程序写入器将程序固化到 EPROM 中，然后插上单片机芯片，将应用系统脱离仿真器进行上电运行检查。由于单片机实际运行环境和仿真调试环境有差异，即使仿真调试成功，实际运行时也可能出错。这时应进行全面检查，针对出现的问题，分析修改硬件、软件或体系设计方案，直至系统运行正常为止。

10.2.7　系统安装

系统调试运行正常，确认软、硬件设计无误，达到要求后，就可以进行安装统调。包括固化程序、电路板制作、元件焊接、安装、整机统调等。所谓统调，就是对整个系统的软、硬件资源进行统一测试、调整，使产品能够正确稳定地工作。

10.3　温度监控系统设计

10.3.1　温度监控系统的需求分析

温度是自然界中普遍存在的一个基本的物理量，工农业生产和日常生活中经常需要测试温度，温度测量也是应用频率最高的技术之一，在存储、环境监测、过程控制、粮食仓库、中央空调监测、医学体温检测等领域有着广泛应用。因此，温度测量及控制在我们的日常活动中随处可见，市场需求大。

10.3.2　温度监控系统的可行性分析

本温度监控系统是基于单片机 AT89C51 设计的，所涉及的技术都是成熟的，所需元器件价格便宜，不需任何特殊材料，因此，不存在技术障碍。

本温度监控系统采用价格便宜的数字温度传感器 DS18B20 检测环境温度。因其内部集成了 A/D 转换器，使得电路结构更加简单。由于 DS18B20 芯片的小型化和单数据总线结构，故可以把数字温度传感器 DS18B20 做成探头，探入到狭小的地方，增加了实用性。另外，还可以将多个数字温度传感器 DS18B20 串接构成网络，进行大范围的温度检测。因此本温度监控系统具有良好的经济效益和社会效益。

10.3.3　温度监控系统的体系结构

温度监控系统主要由单片机最小系统（AT89C51 芯片、复位电路、晶振电路）、温度传感器 DS18B20、LCD1602 显示模块及直流电动机驱动模块组成，如图 10-3 所示。温度传感器 DS18B20 采集环境温度，发送至单片机。单片机将接收到的数据进行处理后，送 LCD1602 显示器显示。其次，单片机根据不同的温度值，驱动直流电动机以不同的方式转动，以加温或降温。本系统中当温度低于 0℃时，电动机反转，转动速度与温度成反比关系，以加温；当温度在 0 ~ 25℃ 范围时，电动机不转动；当温度在 25 ~ 50℃ 范围时，电动机正转，转动速度与温度成正比的关系，以降温；当温度大于 50℃时，电动机全速转动，以快速降温。

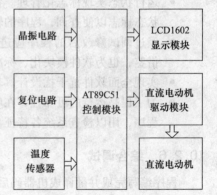

图 10-3　温度监控系统框架图

10.3.4　温度监控系统的硬件设计

1. 单片机选用 AT89C51

AT89C51 是美国 ATMEL 公司推出的单片机系列，它将 8 位 CPU 与 FPEROM （快闪可编程

/擦除只读存储器）结合在一块芯片上，是一种高性能、低功耗的 CMOS 控制器，为很多嵌入式控制应用提供了非常灵活而又价格适宜的方案。其主要特点如下：

1）标准的 MCS-51 内核和指令系统；

2）片内有 4KB 在线可重复编程快擦写程序存储器；

3）32 个可编程双向 I/O 引脚；

4）128 字节的内部 RAM；

5）两个 16 位可编程定时/计数器；

6）8 位 CPU，片内时钟振荡器，频率范围为 1.2 ~ 12MHz；

7）5 个中断源，两个中断优先级；

8）5.0V 工作电压；

9）可编程串行通信口；

10）三级程序存储器加密；

11）电源空闲和掉电模式。

另外，AT89C51 单片机应用资源丰富，有大量应用实例，便于系统开发实现。AT89C51 单片机的工作原理在前面章节已经介绍，此处不再赘述。

2. 温度传感器选用 DS18B20

美国 DALLAS 半导体公司生产的温度传感器 DS18B20 是第一片支持"单总线"接口的数字式温度传感器，主要由 64 位 ROM、温度敏感元件、非易失性温度告警触发器 TH 和 TL、配置寄存器等组成，具有结构简单、体积小、功耗小、抗干扰能力强、使用方便等优点。由于 DS18B20 芯片输出的温度信号是数字信号，因此简化了系统设计，提高了测量效率和精度。DS18B20 的引脚如图 10-4 所示。其中，GND 为电源地；DQ 为数字信号输入/输出端（即单总线），DQ 作

图 10-4　DS18B20 的引脚

为输出时为漏极开路，必须加 4.7kΩ 的电阻；VDD 接电源，既可采用寄生电源方式，又可采用外加电源工作方式，电压范围 3 ~ 5.5V。

DS18B20 的内部测温原理如图 10-5 所示。用高温度系数的振荡器确定一个门开通周期，DS18B20 在此门开通周期内对低温度系数的振荡器的脉冲进行计数来得到温度值。低温度系数振荡器的振荡频率受温度影响很小，产生固定频率的脉冲信号作为减法计数器 1 的输入，为计数器提供一个稳定的计数脉冲。高温度系数振荡器受温度影响较大，其脉冲信号输入计数器 2。

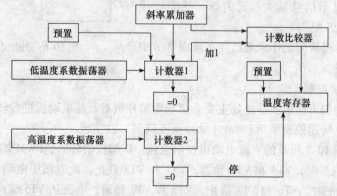

图 10-5　DS18B20 的测温原理

每次测量前，-55℃ 所对应的基数值分别置入计数器 1 和温度寄存器中。计数器 1 是一个

减法计数器，它对低温度系数振荡器产生的脉冲信号进行减法计数，当计数器 1 的值减到 0 时，温度寄存器中的值加 1。若计数器 2 没有计数至零（在门开通周期内），则计数器 1 的预置值将重新被装入，重新开始对低温度系数振荡器产生的脉冲信号进行计数，如此循环直到计数器 2 计数到 0 为止，此时温度寄存器中的值即为测量的温度值。斜率累加器对振荡器温度特性的非线性进行补偿。

DS18B20 的主要性能特点如下。

1）适用电压范围：3.0 ~ 5.5V。在寄生电源方式下由数据线供电。

2）独特的单线接口仅需一个端口引脚进行通讯。

3）简单的多点分布测温应用。多个 DS18B20 可以并联使用，实现组网多点测温。

4）传感器元件及转换电路集成在形如一只三极管的集成电路内。

5）测温范围：-55 ~ 125℃，在 -10 ~ 85℃ 范围内，可确保测量误差不超过 ±0.5℃。

6）可编程的分辨率为 9 ~ 12 位，对应的可分辨温度分别为 0.5℃、0.25℃、0.125℃ 和 0.0625℃。

7）零待机功耗。

8）在 9 位分辨率时，把温度转换为数字量的最大转换时间为 93.75ms。12 位分辨率时，把温度转换为数字量的最大转换时间为 750ms。

9）负压特性：电源极性接反时，芯片不会因发热而烧毁，但不能正常工作。

10）用户可定义的非易失性温度报警设置。

11）报警搜索命令识别并标志超过程序限定温度（温度报警条件）。

12）每一个器件有唯一的 64 位的序列号存储在内部存储器中。

在此系统中，选用外加电源工作方式，如图 10-6 所示，采用此方式能增强 DS18B20 的抗干扰能力，保证工作的稳定性。

3. 显示模块选用 LCD1602

LCD1602 液晶显示器是目前广泛使用的一种字符型液晶显示模块，由液晶板、控制器 HD44780、驱动器 HD44100 等组成。液晶显示屏的特点主要是体积小、形状薄、重量轻、耗能少（1 ~ 10μW/cm²）、低发热、工作电压低（1.5 ~ 6V）、无污染，无辐射、无静电感应，特别是视域宽、显示信息量大、无闪烁，并能直接与 CMOS 集成电路相匹配。

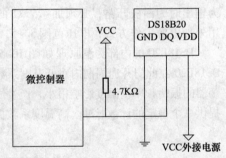

图 10-6　外加电源工作方式

LCD1602 显示模块的工作原理已经在前面章节中介绍，此处不再赘述。

4. 直流电动机控制

直流电动机控制方法很多。此处主要介绍利用单片机对直流电动机进行转向控制和转速控制的原理和方法。转速控制采用 PWM（脉冲宽度调制）波实现。

本系统采用图 10-7 所示的直流电动机控制电路。D 端控制转向，PWM 端控制转速。

当 D 端为高电平时，VT4 和 VT2 导通，VT1 和 VT3 截止，此时图中电动机左端为低电平。当 PWM 端为低电平时，VT6 和 VT8 截止，VT5 和 VT7 导通，电流从 VT5 流向 VT2，电动机正转；若此时 PWM 端为高电平，VT6 和 VT8 导通，VT5 和 VT7 截止，没有电流通过电动机。电动机制动停止。

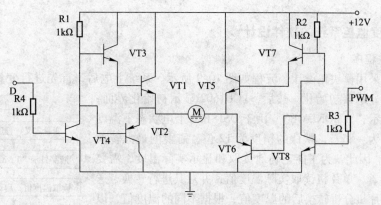

图 10-7　直流电动机控制电路

当 D 端为低电平时，VT4 和 VT2 截止，VT1 和 VT3 导通，当 PWM 端为高电平时，VT6 和 VT8 导通，VT5 和 VT7 截止，电流从 VT1 流向 VT6，电动机反转；若此时 PWM 端为低电平，则没有电流通过电动机。电动机制动停止。

因此，只要控制 D 和 PWM 的电平就可以控制直流电动机的正转、反转和停转。在 D 端电平确定（高或低）的情况下，若 PWM 端的信号是脉冲信号，则可以通过脉冲信号的占空比控制电动机的转速。占空比越大，电动机速度越快。

5. 系统硬件电路

系统的硬件电路如图 10-8 所示。温度由温度传感器检测，它输出的信号传递给单片机，由单片机将信号转化为十进制，传递给显示系统 LCD1602 显示，并根据条件驱动直流电动机工作。

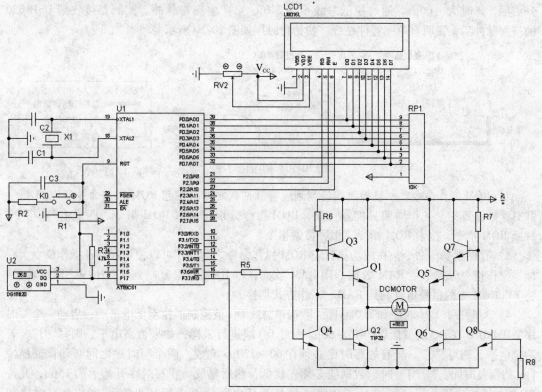

图 10-8　温度监控系统硬件电路

10.3.5 温度监控系统的软件设计

1. 系统主程序

系统程序采用模块化设计，流程如图 10-9 所示。系统上电后，首先进行变量定义、程序初始化、液晶显示器初始化。然后，LCD1602 显示初始化界面，即在第一行显示 "T MONITOR"。由于 DS18B20 上电状态下温度寄存器默认值为 +85℃，默认的精度为 12 位，需要的最大转换时间为 750ms。因此，为了能正确地读取和显示实际温度，需要延时 1s。紧接着，单片机读取实际温度值，并对其进行转换，送 LCD 显示。单片机分析转换后的温度值，根据不同的温度值，以不同的方式驱动直流电动机工作。

```
        ┌──────────┐
        │   开始    │
        └────┬─────┘
   ┌──────────────────────┐
   │ 变量定义、程序初始化      │
   └──────────┬───────────┘
   ┌──────────────────────┐
   │ 液晶显示 "T MONITOR"    │
   └──────────┬───────────┘
   ┌──────────────────────┐
   │ 读取温度值，启动DS18B20  │
   └──────────┬───────────┘
   ┌──────────────────────┐
   │     延时1秒            │◄──┐
   └──────────┬───────────┘   │
   ┌──────────────────────┐   │
   │     读取温度值          │   │
   └──────────┬───────────┘   │
   ┌──────────────────────┐   │
   │     转换温度值          │   │
   └──────────┬───────────┘   │
   ┌──────────────────────┐   │
   │     显示温度值          │   │
   └──────────┬───────────┘   │
   ┌──────────────────────┐   │
   │   驱动直流电动机工作      │───┘
   └──────────────────────┘
```

图 10-9 系统主程序流程图

2. 温度采集

本系统采用的温度传感器是 DS18B20 数字温度传感器，采用单总线协议，即在一根数据线上实现数据的双向传输，这就需要一定的协议，对读写数据提出了严格的时序要求，而 AT89C51 单片机硬件上并不支持单总线协议。因此，必须采用软件方法来模拟单总线协议，完成对 DS18B20 芯片的访问。

1）初始化。单总线上的所有操作均从初始化开始。初始化过程如下：控制器通过拉低单总线 480μs 以上，产生复位脉冲，然后释放该线，进入接收状态。控制器释放总线时，会产生一个上升沿。DS18B20 检测到该上升沿后，延时 15～60μs，通过拉低总线 60～240μs 来产生应答脉冲。控制器接收到 DS18B20 的应答脉冲后，说明有单线器件在线。初始化时序如图 10-10 所示。

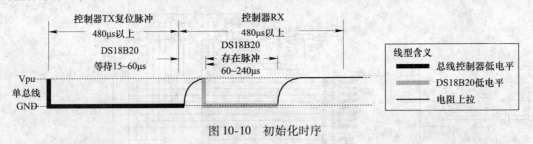

图 10-10 初始化时序

2）ROM 操作命令。一旦控制器检测到应答脉冲，便可以发起 ROM 操作命令。ROM 指令共有 5 条，每一个工作周期只能发一条，ROM 指令分别是读取 ROM 指令、匹配 ROM 指令、跳跃 ROM 指令、搜索 ROM 指令、报警搜索指令。

3）存储器操作命令。在成功执行了 ROM 操作命令之后，才可以使用存储器操作命令。存储器操作指令分别是写 RAM 数据、读 RAM 数据、将 RAM 数据复制到 EEPROM、温度转换、将 EEPROM 中的报警值复制到 RAM、工作方式切换。

4）写时序。写 1 时序和写 0 时序。数据单总线 DQ 被控制器拉至低电平后，启动一个写时序。DS18B20 在 DQ 线变低后的 15～60μs 内对 DQ 线进行采样，如果为高电平，则写 "1"，若为低电平，则写 "0"。所有的写时序必须在 60～120μs 完成，两个写时序之间必须保证最短 1μs 的恢复时间。写 "1" 时，数据线必须先拉低，然后释放，在写时序开始后的 15μs，允许 DQ 线拉至高电平。写 "0" 时，DQ 线必须拉至低电平且至少保持低电平 60μs。写时序如图 10-11 所示。

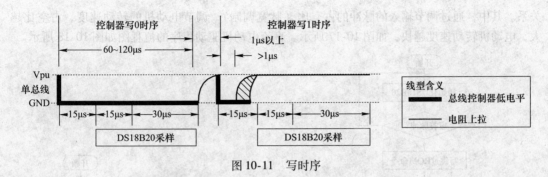

图 10-11　写时序

5）读时序。当控制器从 DS18B20 读数据时，把数据线从高电平拉至低电平，产生读时序。数据线 DQ 必须保持低电平至少 1μs，来自 DS18B20 的输出数据在读时序下降沿之后 15μs 内有效。因此，在此 15μs 内，控制器必须停止将 DQ 引脚置低。在读时序结束时，DQ 引脚将通过外部上拉电阻拉回高电平。所有的读时序必须至少持续 60μs，两个读时序之间必须保证最短 1μs 的恢复时间。读时序如图 10-12 所示。

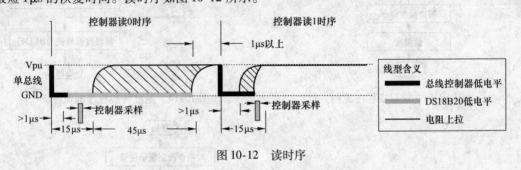

图 10-12　读时序

DS18B20 的每一次操作都必须满足以上步骤，若缺少步骤或顺序混乱，器件将不会有返回值。单片机读取温度值的流程如图 10-13 所示。

3. 温度转换

当温度值从 DS18B20 读出后，以两个字节形式的二进制数据存放在指定位置。单片机需要将其转换成十进制数，然后显示。

对应的温度计算：当符号位 C = 0 时，表示测得的温度值为正值，可直接将温度值转换为十进制数；当 C = 1 时，表示测得的温度值为负值，则温度值以补码的形式存在，则先将补码变为原码，再转换成十进制值数。其中，单片机对温度进行了四舍五入，保留了小数点后两位。温度转换程序的流程图如图 10-14 所示。

4. 温度显示

LCD 显示模块程序由 LCD 显示初始界面程序和显示温度值程序两部分组成。

1）LCD 显示初始界面，即在 LCD1602 的第一行显示 "T MONITOR"，程序流程图如图 10-15 所示。首先，将 "T MONITOR" 对应的显示代码制成表。然后，单片机通过查表获得显示代码，送 LCD 显示。

2）LCD 显示温度值，即温度值显示在 LCD1602 的第二行，程序流程图如图 10-16 所示。

5. 直流电动机驱动

单片机根据温度值的不同，以不同的方式驱动直流电动机动作。当温度为 0～25℃ 时，电动机不转动。当温度大于 50℃，电动机全速反转。当温度为 25～50℃，电动机正转，转动的速度与温度值成正比的关系。当温度低于 0℃ 时，电动机反转，转动的速度与温度值成反比的关系。其中，通过调节输入的脉冲的占空比（脉宽调制），调节电动机的转动速度，占空比越大，电动机转动速度越快，如图 10-17 所示。直流电动机驱动程序的流程图如图 10-18 所示。

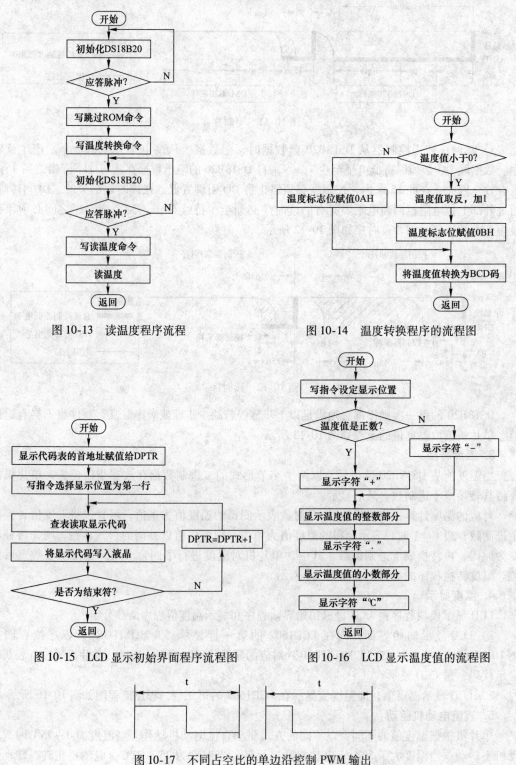

图 10-13　读温度程序流程

图 10-14　温度转换程序的流程图

图 10-15　LCD 显示初始界面程序流程图

图 10-16　LCD 显示温度值的流程图

图 10-17　不同占空比的单边沿控制 PWM 输出

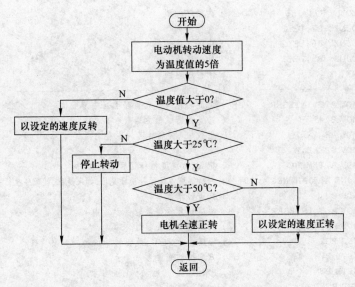

图 10-18 直流电动机转动程序的流程图

系统参考程序如下：

```
TEMPER_L   EQU   31H        ; 用于保存读出温度的低字节
TEMPER_H   EQU   30H        ; 用于保存读出温度的高字节
T_INTEGER  EQU   32H        ; 温度的整数部分
T_IN_BAI   EQU   35H        ; 温度的百位
T_IN_SHI   EQU   36H        ; 温度的十位
T_IN_GE    EQU   37H        ; 温度的个位
T_SHIFEN   EQU   38H
T_BAIFEN   EQU   39H
FLAG       BIT   33H        ; 标志位
TEMPHC     EQU   34H        ; 正、负温度值标记
SPEED      EQU   45H        ; 电动机的速度调节位
RW         BIT   P2.1       ; LCD1602R/W 引脚由 P2.1 引脚控制
RS         BIT   P2.0       ; LCD1602RS 引脚由 P2.0 引脚控制
E          BIT   P2.2       ; LCD1602E 引脚由 P2.2 引脚控制
DQ         BIT   P1.7       ; DS18B20 数据线
PWM        BIT   P3.6       ; 定义速度控制位 PWMP3.7
D          BIT   P3.7       ; 定义方向控制位 P3.2
           ORG   0000H      ; 在 0000H 单元存放转移指令
           SJMP  MAIN       ; 转移到主程序
           ORG   0060H      ; 主程序从 0060H 开始
MAIN:      LCALL DELAY20ms  ; 系统延时 20ms 启动
           LCALL INIT       ; 调用 LCD 初始化函数
           LCALL READ_TEM   ; 开启 DS18B20
           LCALL MENU       ; 调用液晶初始界面
           LCALL DELAY1S    ; 调用 1s 延时,使 DS18B20 能完全启动
LOOP:      LCALL READ_TEM   ; 读取温度,温度值存放
           LCALL CONVTEMP   ; 调用温度转化程序
           LCALL DISPLAY    ; 调用显示程序
           LCALL MOTOR      ; 调用电动机转动程序
           LJMP LOOP        ; 循环调用
DELAY1S:   MOV   R5,#10     ; 1S 延时程序,给 R5 赋值,外循环控制
DEL1:      MOV   R6,#200    ; 中循环控制
```

```
DEL2:      MOV   R7,#250          ; 内循环控制
DEL3:      DJNZ  R7,DEL3          ; 内循环体
           DJNZ  R6,DEL2          ; 中循环体
           DJNZ  R5,DEL1          ; 外循环体
           RET                    ; 子程序返回
; ----------------------- 电动机转动程序 -----------------------
MOTOR:     MOV A,T_INTEGER        ; 温度转化的整数暂存于 A 中
           MOV B,#5               ; 给寄存器赋值立即数 5
           MUL AB                 ; 整数*5,提高转速的占空比
           MOV SPEED,A
           MOV A,TEMPHC           ; 把正、负温度值标记暂存于 A 中
           CJNE A,#0AH,NEG        ; 判断温度值标记是正还是负,如果是正,就顺序执行;否则,跳转到 NEG
           CLR C                  ; 把进位清零
WIN:       MOV A,T_INTEGER        ; 温度转化的整数暂存于 A 中
           SUBB A,#25             ; 判断温度是否超过 25℃
           JNC POS                ; 温度大于 25℃,跳转到 POS
           SETB D                 ; 方向控制端置 1
           SETB PWM               ; PWM 端置 1,电动机停止转动
           JMP REND               ; 子程序返回
POS:       MOV A,T_INTEGER        ; 温度转化的整数暂存于 A 中
           SUBB A,#50             ; 判断温度是否大于 50℃
           JNC POS2               ; 温度大于 50℃,跳转到 POS2
POS1:      SETB D                 ; 方向控制端置 1
           CLR PWM                ; 正转,PWM=0
           MOV A, SPEED           ; 时间常数为 SPEED
           LCALL  DELAY_MOTOR     ; 调用电动机转动延时子程序
           SETB  PWM              ; 电动机停止转动,PWM=1
           MOV A, #255            ; 时间常数为 255-TMP
           SUBB A, SPEED
           LCALL  DELAY_MOTOR     ; 调用电动机延时子程序
           JMP REND               ; 子程序返回
POS2:      MOV SPEED,#250         ; SPEED 赋值为 250
           JMP POS1               ; 跳转到 POS1
NEG:       CLR  D                 ; 方向控制端置 0
           SETB  PWM              ; 反转,PWM=1
           MOV A, SPEED           ; 时间常数为 SPEED
           LCALL  DELAY_MOTOR     ; 调用电动机延时子程序
           CLR PWM                ; PWM=0
           MOV A, #255            ; 时间常数为 255-TMP
           SUBB A, SPEED
           LCALL  DELAY_MOTOR     ; 调用延时子程序
REND:      RET                    ; 子程序返回
; --------------------- 电动机转动延时子程序 ---------------------
DELAY_MOTOR:MOV R6, #5            ; 设循环次数
D1:        DJNZ R6, D1            ; 循环等待
           DJNZ ACC,D1            ; 循环等待
           RET                    ; 子程序返回
; --------------------- 温度转化程序 ---------------------
CONVTEMP:  MOV  A,TEMPER_H        ; 判温度是否零下
           ANL A,#08H
           JZ TEMPC1              ; 温度没有零下,跳转到 TEMPC1
           CLR C                  ; 进位清零
           MOV  A,TEMPER_L        ; 温度的低字节二进制数求补
           CPL A                  ; 取反
```

```
            ADD   A,#01H              ;加 1
            MOV   TEMPER_L,A
            MOV   A,TEMPER_H          ;温度的高字节二进制数求补(双字节)
            CPL   A                   ;取反
            ADDC  A,#00H
            MOV   TEMPER_H,A
            MOV   TEMPHC,#0BH         ;负温度标志
            LJMP  TEMPC11             ;跳转到 TEMPC11
TEMPC1:  MOV   TEMPHC,#0AH           ;正温度标志
TEMPC11: MOV   A,TEMPER_L
            MOV   50H,A
            ANL   A,#0F0H             ;取出高四位
            SWAP  A
            MOV   TEMPER_L,A
            MOV   A,TEMPER_H          ;取出低四位
            ANL   A,#0FH
            SWAP  A
            ORL   A,TEMPER_L          ;把温度的高字节和低字节重新组合为一个字节
            MOV   T_INTEGER,A         ;把组合成字节存于 T_INTEGER
            MOV   B,#100              ;把温度整数部分化为 BCD 码
            DIV   AB
            MOV   T_IN_BAI,A
            MOV   A,B
            MOV   B ,#10
            DIV   AB
            MOV   T_IN_SHI,A
            MOV   T_IN_GE,B
            MOV   A,50H
            ANL   A,#0FH
            MOV   DPTR,#T_S
            MOVC  A,@A+DPTR
            MOV   B,#10
            DIV   AB
            MOV   T_SHIFEN,A
            MOV   T_BAIFEN,B
            RET
T_S:DB 06,13,19,25,31,38,44,50,56,62,69,75,81,88,90
;------------------------读温度程序-----------------------------
READ_TEM: LCALL   Set_18B20        ;DS18B20 初始化
            MOV     A,#0CCH          ;跳过 ROM 匹配
            LCALL   WRITE_1820       ;写 DS18B20 的子程序
            MOV     A,#44H           ;发出温度转换命令
            LCALL   WRITE_1820       ;写 DS18B20 的子程序
            LCALL   Set_18B20        ;准备读温度前先初始化
            MOV     A,#0CCH          ;跳过 ROM 匹配
            LCALL   WRITE_1820       ;写 DS18B20 的子程序
            MOV     A,#0BEH          ;发出读温度命令
            LCALL   WRITE_1820       ;写 DS18B20 的子程序
            LCALL   READ_1820        ;读 DS18B20 的程序
            RET                      ;子程序返回
;-----------------------DS18B20 初始化程序-----------------------
Set_18B20:SETB    DQ               ;数据线拉高
            NOP
            CLR     DQ               ;赋值数据线低电平
```

```
            MOV     R2,#255            ; 主机发出延时 500μs 的复位低脉冲
            DJNZ    R2, $
            SETB    DQ                 ; 拉高数据线
            MOV     R2,#30
            DJNZ    R2, $              ; 延时 60μs 等待 DS18B20 回应
            JNB     DQ,INIT1
            JMP     Set_18B20          ; 超时而没有响应,重新初始化
INIT1:      MOV     R2,#120
            DJNZ    R2, $              ; 延时 240μs
            JB      DQ,INIT2           ; 数据变高,初始化成功
            JMP     Set_18B20          ; 初始化失败,重新初始化
INIT2:      MOV     R2,#240
            DJNZ    R2, $
            RET
; ----------------- 写 DS18B20 的子程序(有具体的时序要求) -----------------
WRITE_1820:
            MOV     R2,#8              ; 一共 8 位数据
WR0:  CLR     DQ                       ; 开始写入 DS18B20 总线要处于复位
            MOV     R3,#6              ; 总线复位保持 14μs 以上
            DJNZ    R3, $
            RRC     A                  ; 把一个字节分成 8 个 BIT 环移给 C
            MOV     DQ,C
            MOV     R3,#20             ; 等待 40μs
            DJNZ    R3, $
            SETB    DQ                 ; 重新释放总线
            NOP
            NOP
            DJNZ    R2,WR0             ; 写入下一位
            SETB    DQ
            RET
; ------ 读 DS18B20 的程序,从 DS18B20 中读出两个字节的温度数据 -----------------
READ_1820:
            MOV     R4,#2              ; 将温度高位和低位从 DS18B20 中读出
            MOV     R1,#TEMPER_L       ; 低位存入 31H(TEMPER_L)
RE0:  MOV     R2,#8
RE1:   SETB    DQ                       ; 数据总线拉高
            NOP
            NOP
            CLR     DQ                 ; 读前总线保持为低
            NOP
            NOP
            SETB    DQ                 ; 开始读总线释放
            MOV     R3,#4              ; 延时一段时间
            DJNZ    R3, $
            MOV     C,DQ               ; 从 DS18B20 总线读得一位
            RRC     A                  ; 把读取的位值环移给 A
            MOV     R3,#30             ; 延时一段时间
            DJNZ    R3, $
            DJNZ    R2,RE1             ; 读下一位
            MOV     @R1,A
            DEC     R1                 ; 高位存入 30H(TEMPER_H)
            DJNZ    R4,RE0
            RET
```

```
; -------------------- 显示程序 ----------------------
DISPLAY: MOV A,#0C4H            ; 设定显示位置
        LCALL WRC               ; 调用写入命令程序
        MOV A, TEMPHC           ; 判断温度是正还是负
        CJNE A,#0BH,FZ          ; 温度是负,顺序执行;是正,跳转到 FZ
        MOV A,#2DH              ; "-"号显示
        AJMP WDA                ; 跳转到 WDA
FZ:     MOV A,#2BH              ; "+"号不显示
WDA:    LCALL WRD               ; 写数据
        MOV R0,#35H             ; 显示温度的百位、十位、个位
WDA1:   MOV A,@R0
        ADD A,#30H
        LCALL WRD               ; 写数据
        INC R0
        CJNE R0,#38H,WDA1       ; 判断温度是否显示完
        MOV A,#2EH
        LCALL WRD
        MOV A,38H
        ADD A,#30H
        LCALL WRD
        MOV A,39H
        ADD A,#30H
        LCALL WRD
        ;MOV A,#0C9H            ; 设定显示位置
        ;LCALL WRC             ; 写入命令
        MOV A,#0DFH            ; "。"的 ASCII 码
        LCALL WRD              ; 写数据
        MOV A,#043H           ; "C"的 ASCII 码
        LCALL WRD             ; 写数据
        RET                  ; 子程序返回
;******************* 显示正确信息子程序 ***********************
MENU:   MOV DPTR,#M_1         ; 指针指到显示消息
LINE1:  MOV A,#80H            ; 设置 LCD 的第一行地址
        LCALL WRC             ; 写入命令
FILL:   CLR A                ; 填入字符
        MOVC A,@A+DPTR        ; 由消息区取出字符
        CJNE A,#0,LC1         ; 判断是否为结束码
        JMP RET_END          ; 子程序返回
LC1:    LCALL WRD            ; 写入数据
        INC DPTR            ; 指针加1
        JMP FILL           ; 继续填入字符
RET_END: RET
M_1:    DB "  T Monitor  ",0

; --------------- 液晶初始化程序 ------------------
INIT:   MOV A,#01H           ; 清屏
        LCALL WRC            ; 调用写命令子程序
        MOV A,#38H           ; 8 位数据,2 行,5×8 点阵
        LCALL WRC            ; 调用写命令子程序
        MOV A,#0cH           ; 开显示和光标,字符不闪烁
        LCALL WRC            ; 调用写命令子程序
        MOV A,#06H           ; 字符不动,光标自动右移1格
        LCALL WRC            ; 调用写命令子程序
```

```
        RET                     ; 子程序返回
    ; --------------忙检查子程序-------------
CBUSY: PUSH ACC                 ; 将 A 的值暂存于堆栈
       PUSH DPH                 ; 将 DPH 的值暂存于堆栈
       PUSH DPL                 ; 将 DPL 的值暂存于堆栈
       PUSH PSW                 ; 将 PSW 的值暂存于堆栈
WEIT:  CLR RS                   ; RS=0,选择指令寄存器
       SETB RW                  ; RW=1,选择读模式
       CLR E                    ; E=0,禁止读/写 LCD
       SETB E                   ; E=1,允许读/写 LCD
       NOP
       MOV A,P0                 ; 读操作
       CLR E                    ; E=0,禁止读/写 LCD
       JB ACC.7,WEIT            ; 忙碌循环等待
       POP PSW                  ; 从堆栈取回 PSW 的值
       POP DPL                  ; 从堆栈取回 DPL 的值
       POP DPH                  ; 从堆栈取回 DPH 的值
       POP ACC                  ; 从堆栈取回 A 的值
       LCALL DELAY              ; 延时
       RET                      ; 子程序返回
    ; --------------写子程序-------------
WRC: LCALL CBUSY                ; 写入命令子程序
     CLR E                      ; E=0,禁止读/写 LCD
     CLR RS                     ; RS=0,选择指令寄存器
     CLR RW                     ; RW=0,选择写模式
     SETB E                     ; E=1,允许读/写 LCD
     MOV P0,A                   ; 写操作
     CLR E                      ; E=0,禁止读/写 LCD
     LCALL DELAY                ; 延时
     RET                        ; 子程序返回
WRD: LCALL CBUSY                ; 写入数据子程序
     CLR E                      ; E=0,禁止读/写 LCD
     SETB RS                    ; RS=1,选择数据寄存器
     CLR RW                     ; RW=0,选择写模式
     SETB E                     ; E=1,允许读/写 LCD
     MOV P0,A                   ; 写操作
     CLR E                      ; E=0,禁止读/写 LCD
     LCALL DELAY                ; 延时
     RET                        ; 子程序返回
  ; ------------延时程序----------------
DELAY20ms:MOV R7,#20            ; 延时程序 20ms
    D2:MOV R6,#248
       DJNZ R6, $
       DJNZ R7,D2
       RET

DELAY:   MOV R7,#5              ; 延时程序
LP1:     MOV R6,#0F8H
         DJNZ R6, $
         DJNZ R7,LP1
         RET
         END                    ; 汇编结束
C51 参考程序
```

```
#include < reg51.h >                // 预处理命令,定义 SFR 的头
#include < math.h >
#define uchar unsigned char         // 定义缩写字符 uchar
#define uint   unsigned int         // 定义缩写字符 uint
#define lcd_data P0                 // 定义 LCD1602 接口 P0
sbit DQ = P1^7;                     // 将 DQ 位定义为 P1.7 引脚
sbit lcd_RS = P2^0;                 // 将 RS 位定义为 P2.0 引脚
sbit lcd_RW = P2^1;                 // 将 RW 位定义为 P2.1 引脚
sbit lcd_EN = P2^2;                 // 将 EN 位定义为 P2.2 引脚
sbit motor_D = P3^6;               // 将单价加 1 键定义为 P3_6
sbit motor_PWM = P3^7;             // 将单价减 1 键定义为 P3_7
sbit PWM = P3^7;                    // 将 PWM 定义为 P3.7 引脚
sbit  D = P3^6;                     // 将 d 定义为 P3.6 引脚,转向选择位
uchar t[2],speed,temperature;       // 用来存放温度值,测温程序就是通过这个数组与主函数通信的
uchar DS18B20_is_ok;
uchar TempBuffer1[16] = {0x20,0x20,0x20,0x20,0x2e,0x20,0x20,0xdf,0x43,'\0'};
uchar tab[16] = {0x20,0x20,0x20,0x54,0x20,0x4d,0x6f,0x6e,0x69,0x74,0x6f,0x72,'\0'};

                                    // 显示"T Monitor"
/********** lcd 显示子程序***********/

void delay_20ms(void)               /* 延时20ms 函数 */
{
  uchar i,temp;                     // 声明变量 i,temp
  for(i = 20;i > 0;i--)            // 循环
  {
   temp = 248;                      // 给 temp 赋值 248
   while(--temp);                   // temp 减 1 是否等于 0,否则继续执行该行
   temp = 248;                      // 给 temp 赋值 248
   while(--temp);                   // temp 减 1 是否等于 0,否则继续执行该行
   }
}
void delay_38μs(void)               /*延时38μs 函数 */
{  uchar temp;                      // 声明变量 temp
   temp = 18;                       // 给 temp 赋值
   while(--temp);                   // temp 减 1 是否等于 0,否则继续执行该行
}
void delay_1520μs(void)             /*延时1520μs 函数 */
{  uchar i,temp;                    // 声明变量 i,temp
   for(i = 3;i > 0;i--)            // 循环
   {
   temp = 252;                      // 给 temp 赋值
   while(--temp);                   // temp 减 1 是否等于 0,否则继续执行该行
   }
}
uchar lcd_rd_status()               /*读取 lcd1602 的状态,主要用于判断忙 */
{
 uchar tmp_sts;                     // 声明变量 tmp_sts
 lcd_data = 0xff;                   // 初始化 P3 口
 lcd_RW = 1;                        // RW =1  读
 lcd_RS = 0;                        // RS =0  命令,合起来表示读命令(状态)
 lcd_EN = 1;                        // EN =1,打开 EN,LCD1602 开始输出命令数据,100ns 之后命令数据有效
 tmp_sts = lcd_data;                // 读取命令到 tmp_sts
```

```
    lcd_EN = 0;                          // 关掉 LCD1602
    lcd_RW = 0;                          // 把 LCD1602 设置成写
    return tmp_sts;                      // 函数返回值 tmp_sts
}
void lcd_wr_com(uchar command )  /* 写一条命令到 LCD1602 */
{
    while(0x80&lcd_rd_status());
// 写之前先判断 LCD1602 是否忙,看读出的命令的最高位是否为 1,为 1 表示忙,继续读,直到不忙
    lcd_RW = 0;
    lcd_RS = 0;                          // RW = 0,RS = 0 写命令
    lcd_data = command;                  // 把需要写的命令写到数据线上
    lcd_EN = 1;
    lcd_EN = 0;                          // EN 输出高电平脉冲,命令写入
}
void lcd_wr_data(uchar sjdata )  /* 写一个显示数据到 lcd1602 */
{
    while(0x80&lcd_rd_status());         // 写之前先判断 lcd1602 是否忙,看读出的命令的最高位是否
                                         // 为 1,为 1 表示忙,继续读,直到不忙
    lcd_RW = 0;
    lcd_RS = 1;                          // RW = 0,RS = 1 写显示数据
    lcd_data = sjdata ;                  // 把需要写的显示数据写到数据线上
    lcd_EN = 1;
    lcd_EN = 0;                          // EN 输出高电平脉冲,命令写入
    lcd_RS = 0;
}
void Init_lcd(void)                      /* 初始化 lcd1602 */
{
    delay_20ms();                        // 调用延时
    lcd_wr_com(0x38);                    // 设置 16*2 格式,5*8 点阵,8 位数据接口
    delay_38μs();                        // 调用延时
    lcd_wr_com(0x0c);                    // 开显示,不显示光标
    delay_38μs();                        // 调用延时
    lcd_wr_com(0x01);                    // 清屏
    delay_1520μs();                      // 调用延时
    lcd_wr_com(0x06);                    // 显示一个数据后光标自动 +1
}
void GotoXY(uchar x, uchar y)            // 设定位置,x 为行,y 为列
{
    if(y==0)                             // 如果 y=0,则显示位置为第一行
            lcd_wr_com(0x80 |x);
    if(y==1)
            lcd_wr_com(0xc0 |x);         // 如果 y=1,则显示位置为第二行
}
void Print(uchar * str)                  // 显示字符串函数
{
    while(* str! = '\0')                 // 判断字符串是否显示完
    {
            lcd_wr_data(* str);          // 写数据
            str ++;
    }
}
void LCD_Print(uchar x, uchar y, uchar * str)
// x 为行值,y 为列值,str 是要显示的字符串
```

```
{
  GotoXY(x,y);                            // 设定显示位置
  Print(str);                             // 显示字符串
}


/****************** 系统显示子函数*******************/

void covert1()                            // 温度转化程序
{
  uchar x = 0x00, y = 0x00;               // 变量初始化
  uchar T_s[16] = {0,6,13,19,25,31,38,44,50,56,62,69,75,81,88,90};
  if(t[1] > 0x07)                         // 判断正负温度
  {
   TempBuffer1[0] = 0x2d;                 //0x2d 为 " - "的 ASCII 码
   t[1] = ~t[1];                          // 负数的补码
   t[0] = ~t[0];                          // 换算成绝对值
   x = t[0] +1;                           // 加 1
   t[0] = x;                              // 把 x 的值送入 t[0]
   if(x > 255)                            // 如果 x 大于 255
   t[1] ++;                               // t[1]加 1
  }
  else
   TempBuffer1[0] = 0x2b;                 //0xfe 为变" + "的 ASCII 码
   t[1] <<=4;                             // 将高字节左移 4 位
   t[1] = t[1]&0x70;                      // 取出高字节的 3 个有效数字位
   x = t[0];                              // 将 t[0]暂存到 X,因为取小数部分还要用到它
   x >>=4;                                // 右移 4 位
   x = x&0x0f;                            // 和前面两句就是取出 t[0]的高四位
   t[1] = t[1] |x;                        // 将高低字节的有效值的整数部分拼成一个字节
   temperature = t[1];
   TempBuffer1[1] = t[1]/100 +0x30;       // 加 0x30 变为 0 ~9 的 ASCII 码
   if(TempBuffer1[1] ==0x30)              // 如果百位为 0
   TempBuffer1[1] = 0xfe;                 // 百位数消隐
   TempBuffer1[2] = (t[1]%100)/10 +0x30;  // 分离出十位
   TempBuffer1[3] = (t[1]%100)%10 +0x30;  // 分离出个位
   t[0] = t[0]&0x0f;
   t[0] = T_s[t[0]];
  TempBuffer1[5] = t[0]/10 +0x30;
  TempBuffer1[6] = t[0]%10 +0x30;
}
/****************** DS18B20 函数*******************/
void delay_18B20(uint i)                  // 延时程序
{
    while(i --);
}
uchar Init_DS18B20(void)                  // ds18b20 初始化函数
{
    uchar x =0;
    DQ = 1;                               // DQ 复位
    delay_18B20(8);                       // 稍做延时
    DQ = 0;                               // 单片机将 DQ 拉低
    delay_18B20(80);                      // 精确延时大于 480μs
    DQ = 1;                               // 拉高总线
```

```
        delay_18B20(14);
        x = DQ;                            // 稍做延时后,如果 x = 0 则初始化成功;如果 x = 1 则初
                                           //   始化失败
        delay_18B20(20);
        return x;
}
uchar ReadOneChar(void)                    // ds18b20 读一个字节函数
{
    unsigned char i = 0;
    unsigned char dat0 = 0;
    for (i = 8; i > 0; i --)
     {
            DQ = 0;                        // 读前总线保持为低
            dat0 >>=1;
            DQ = 1;                        // 开始读总线释放
            if(DQ)                         // 从 DS18B20 总线读得一位
            dat0 |= 0x80;
            delay_18B20(4);                // 延时一段时间
     }
        return(dat0);                      // 返回数据
}
void WriteOneChar(uchar dat1)              // ds18b20 写一个字节函数
{
    uchar i = 0;
    for (i = 8; i > 0; i --)
        {
            DQ = 0;                        // 开始写入 DS18B20 总线要处于复位(低)状态
            DQ = dat1&0x01;                // 写入下一位
            delay_18B20(5);
            DQ = 1;                        // 重新释放总线
            dat1 >>=1;                     // 把一个字节分成 8 个 BIT 循环移位给 DQ
     }
}
void ReadTemperature()                     // 读取 ds18b20 当前温度
{
    uchar start;
    delay_18B20(80);                       // 延时一段时间
    start = Init_DS18B20();                // DS18B20 初始化
    if(start == 1)                         // 如果 start 为 1,DS18B20 初始化成功
        DS18B20_is_ok = 0;
    else
    {
        WriteOneChar(0xCC);                // 跳过读序号列号的操作
        WriteOneChar(0x44);                // 启动温度转换
        delay_18B20(80);                   // 延时一段时间
        Init_DS18B20();                    // DS18B20 初始化
        WriteOneChar(0xCC);                // 跳过读序号列号的操作
        WriteOneChar(0xBE);
// 读取温度寄存器
        delay_18B20(80);                   // 延时一段时间
        t[0] = ReadOneChar();              // 读取温度值低位
        t[1] = ReadOneChar();              // 读取温度值高位
        DS18B20_is_ok = 1;
    }
}
```

```
void delay_motor(uchar i)              // 延时函数
{
    uchar j,k;                         // 变量 i、k 为无符号字符数据类型
    for(j=i;j>0;j--)                   // 循环延时
    for(k=255;k>0;k--);                // 循环延时
}
/***************** 电动机转动程序 *****************/
void motor(uchar tmp)
{
    uchar x;
    if(TempBuffer1[0]==0x2b)           // 温度为正数
    {
        if(tmp<25)                     // 温度小于 25℃
        {
         D=0;                          // 电动机停止转动
         PWM=0;
        }
        else if(tmp>32)                // 温度大于 32℃,全速转动
        {
         D=0;                          // D 置 0
         PWM=1;                        // 正转,PWM=1
         x=250;                        // 时间常数为 x
         delay_motor(x);               // 调延时函数
         PWM=0;                        // PWM=0
         x=5;                          // 时间常数为 x
         delay_motor(x);               // 调延时函数
        }
        else
        {
         D=0;                          // D 置 0
         PWM=1;                        // 正转,PWM=1
         x=5*tmp;                      // 时间常数为 x
         delay_motor(x);               // 调延时函数
         PWM=0;                        // PWM=0
         x=255-5*tmp;                  // 时间常数为 255-x
         delay_motor(x);               // 调延时函数
        }
    }
    else if (TempBuffer1[0]==0x2d)     // 温度小于 0,反转
    {
        D=1;
        PWM=0;                         // PWM=0
        x=5*tmp;                       // 时间常数为 tmp
        delay_motor(x);                // 调延时函数
        PWM=1;                         // PWM=1
        x=255-5*tmp;                   // 时间常数为 255-tmp
        delay_motor(x);                // 调延时函数
    }
}

void delay(unsigned int x)             // 延时函数名
{
  unsigned char i;                     // 定义变量 i 的类型
  while(x--)                           // x 自减 1
```

```
    {
        for(i =0;i <123;i ++){;}                    // 控制延时的循环
    }
}
/*********************** main 主程序*********************/
void main(void)
{
    delay_20ms();                                   // 系统延时20ms启动
    ReadTemperature();                              // 启动 DS18B20
    Init_lcd();                                     // 调用 LCD 初始化函数
    LCD_Print(0,0,tab);                             // 液晶初始显示
    delay(1000);                                    // 延时一段时间
    while(1)
    {
        ReadTemperature();                          // 读取温度,温度值存放在一个两个字节的数组中,
        delay_18B20(100);
        covert1();                                  // 数据转化
        if(DS18B20_is_ok ==1)
        {
        LCD_Print(4,1,TempBuffer1);                 // 显示温度
        motor(temperature);                         // 电动机转动
        }
    }
}
```

10.3.6 温度监控系统调试

单片机控制系统调试包括硬件调试、软件调试、综合调试三个步骤。

1. 硬件调试

硬件设计完成后,要进行调试。硬件调试的任务是排查硬件电路故障,包括设计性错误和工艺性故障。硬件调试可按静态调试和动态调试两步进行。

1)静态调试。系统未联机前的硬件检查过程。因为在联机之前,一般要先排除硬件可能出现的比较明显的故障,否则,有可能烧坏在线仿真器,甚至导致应用系统崩溃。静态调试方法如下。

- 不加电检查。元器件焊接好之后,应对照原理图,检查电路板上的线路和元器件是否有连线错误、开路及短路现象,特别是电源部分的短路故障要重点检查。另外要仔细核对元器件型号。通过目测查出一些明显的安装及焊接错误。
- 加电检查。将所有可插拔器件拔掉。开启电源后,检查所有 IC 芯片插座上的电源电压是否正常。然后,在断电状态下将各个芯片逐个插入相应的插座上,然后加电测试,并仔细检查各部分电路是否有异常情况。若无异常,则可进行动态调试。

2)动态调试。动态调试可以排除各部件内部存在的故障和部件之间的逻辑错误。动态调试方法如下。

- 把硬件系统按功能分为若干模块,并逐一调试。注意,把与调试模块无关的芯片全部拔下。
- 编制相应模块的测试程序,并在开发系统上运行测试程序,观察被测试模块电路工作是否正常。经独立模块调试后,大部分的硬件故障基本可以排除。

2. 软件调试

软件设计完成后要进行软件调试。软件调试的任务是通过对系统应用程序的汇编、连接、

执行来发现程序中的语法及逻辑错误，并加以纠正。由于大多数程序的运行依赖于硬件，因此，应用程序必须在联机状态下进行软件调试。

先单步/断点，后连续。在联机调试过程中，准确发现各程序模块和硬件错误的最有效方法是采用单步运行方式。单步运行可以方便地观察程序中每条指令执行的情况，从而确定是硬件错误、数据错误还是程序设计错误。当然，对于一个较长的程序，若用单步运行查找错误，就太费时间了。设计者可将较长的程序分为多个程序段，在每段的结束处设置断点，利用断点进行调试。

先独立，后联合。在软件设计中，一般都采用模块化结构设计。因此，可将各个软件模块独立仿真调试。当各个程序模块都调试成功后，再将所有模块连接起来进行联调，以解决程序模块之间可能出现的逻辑错误。

3. 综合调试

软硬件单独调试完成后，还要进行综合调试，找出硬件软件之间不相匹配的地方，并反复修改和调试。综合调试完成后，可将系统拿到工作现场进行测试，并根据运行及测试中出现的问题反复进行修改、完善。

10.3.7 系统安装

系统调试运行正常，确认软、硬件设计无误，达到设计要求后，就可以进行系统安装。把程序固化到程序存储器芯片中，焊接、固定相关器件，安装机器外壳，整机统调等。检验合格后，就可以作为产品使用了。

习题

简答题

1. 按照单片机应用系统设计方法，设计一个单片机应用系统。

第11章　单片机应用实践

实践教学是培养应用开发能力，提高综合素质的重要途径，是教学体系的核心环节，认真做好实践教学环节，是熟练应用单片机技术的基础。本章通过 10 个典型的单片机应用实践，培养、训练学生对单片机应用系统的分析、设计和开发、调试能力。每个实践项目的设计都遵从"从易到难、循序渐进、实用有趣"的原则，以适应不同读者、不同教学要求的需要。在教学过程中，可根据实际情况合理安排。

11.1　汇编语言程序调试

1. 实践目的

1) 掌握 MCS-51 单片机指令系统、寻址方式、存储器资源分配、程序基本结构。
2) 熟悉单片机开发环境的软硬件资源及使用方法。
3) 掌握汇编语言程序设计和调试方法。

2. 实践内容

(1) 寻址方式练习

熟悉单片机开发环境的使用方法，输入下列程序，用单步方式运行。每执行一条指令，通过打开的寄存器、存储器显示界面，观察、分析、记录各寄存器、存储器单元内容的变化情况。总结各种寻址方式的特点。

参考程序 1：

```
ORG   0000H
      LJMP SY1
ORG   0030H
SY1: MOV A,#78H                        ; 立即寻址
     MOV 50H,A                         ; 直接寻址
     MOV R0,#56H
     MOV @R0,A                         ; 间接寻址
     SJMP $
END
```

分别改变各条指令的目标操作数和源操作数的地址或数值，再执行上述程序，观察、分析、记录各数据存放地址单元的内容变化情况。

(2) 数据传送练习

输入下列程序，认真阅读、分析各条指令的功能。运行前先在片内 RAM 的 50H 单元和片外 RAM 的 0050H 单元存入指定数据如 AAH，88H。然后用单步方式运行，每执行一条指令，通过打开的寄存器、存储器显示界面，观察、分析、记录相关寄存器、存储单元的内容变化情况。分析用@Ri 间接寻址方法所得的寻址范围、数据传送过程及 P2 口内容的设置。

参考程序 2：

```
ORG   0000H
      LJMP SY1
ORG   0030H
SY1: MOV R0,#50H                       ; 设置地址指针
```

```
        MOV A,@R0                       ; 片内 RAM 间址取数
        MOV R7,A                        ; 保存数据
        MOV P2,#00H
        MOVX A,@R0                      ; 片外 RAM 中取数
        MOV R6,A                        ; 保存数据
        SJMP  $                         ; 死循环
    END
```

改变相关指令或寻址方式，实现数据在内部 RAM 之间、外部 RAM 之间、内部 RAM 和外部 RAM 之间进行数据传送。

（3）程序设计

1）编写一个数据传送程序。把片外 RAM 的 0000H～000AH 单元的数据传送到片外的 2000H～200AH 单元中。

2）编写一个排序程序。用冒泡法将内部 RAM50～59H 中 10 个单元中的无符号整数，按从小到大的次序重新排列，数据存储地址不变。

3）编写一个查表子程序，实现 $Y = A^2 + 2B^2 + 4C^2$。设 A、B、C 均小于 5，用 DB 伪指令定义平方表，A 存放在片内 RAM 的 30H 单元中，B 存放在片内 RAM 的 31H 单元中，C 存放在片内 RAM 的 32H 单元中，Y 存放在片内 RAM 的 33H 单元中。

3. 思考与讨论

1）立即数寻址与直接寻址的区别、直接寻址与间接寻址的区别是什么？

2）访问外部 RAM 的数据时，访问的地址在 256 字节范围内与超出 256 字节范围时应如何实现？有哪些方法？

3）若在参考程序 2 中的"MOVX A，@R0"语句前面不加"MOV P2，#00H"或改成"MOV P2，#10H"指令，再单步执行上面的程序，会得到什么样的结果？

4）改变参考程序 2，在"MOVX A，@R0"前面加一条"MOV DPTR，#2000H"指令，然后执行上面一段程序，观察从外部 RAM 读到 A 中的值如何变化。

11.2 彩灯

1. 实践目的

1）了解发光二极管（LED）的工作原理及驱动方法。

2）掌握 MCS-51 单片机的输入输出方法。

3）学习延时程序的编写和应用。

2. 实践内容

做宣传广告时，为了使广告内容醒目，引人注意，往往用灯光闪烁或明暗对比等手段。利用单片机 I/O 口的输出功能控制发光二极管的闪烁即可达到上述目的；如果控制多个发光二极管循环闪烁，即可模拟霓虹灯；如果利用三基色原理控制红、黄、蓝三种颜色光的强弱变化即可模拟彩灯效果。

1）设计一个 MCS-51 单片机最小系统，在单片机 P2.0 引脚接一个 LED。编写程序控制该 LED 点亮与熄灭。

2）在上述实践基础上，编写一个延时程序，控制发光二极管不断闪烁。改变延时程序的延时时间，观察 LED 的闪烁情况。

3）在 P2 口的 8 个引脚接 8 个 LED，编写程序从 P2.0 开始，每次点亮一只 LED 并延时一段时间。依次循环到 P2.7 后再从 P2.0 开始，循环不止。

4）在 P1 口和 P0 口依次接 4 个红色发光二极管，4 个绿色发光二极管，4 个蓝色发光二极管。利用三基色原理编写程序，控制点亮红色发光二极管、绿色发光二极管、蓝色发光二极管的数目，实现控制红色光、绿色光、蓝色光的强弱，模拟彩灯效果。

3. 思考与讨论

1）发光二极管的工作原理是什么？如何调节闪烁的频率？

2）如何修改程序，改变 LED 发光二极管的循环点亮方向？

3）如何驱动 LED 使其更亮？

11.3　抢答器

1. 实践目的

1）掌握 MCS-51 单片机的中断过程及中断技术的使用方法。

2）掌握中断处理程序的结构及编程方法。

3）熟悉蜂鸣器的工作原理及驱动方法。

2. 实践内容

在很多场合，如智力竞赛，经常用到抢答器。抢答器的功能可以用单片机的中断系统来模拟实现。当一个选手按下按键时，通过单片机的外部中断向 CPU 申请，实现一次中断过程，选手即可获得一次抢答机会。当有多个选手参加抢答时，可按选手按下按键的时间先后顺序申请中断，也可通过设置优先级将选手分组管理。请设计一个 8 人抢答器。系统可有 8 位选手，8 个抢答按键。首先是时间优先，即最先按下按键者最先得到答题权，如果多位选手同时按下按键，则按位置优先原则，即 0 号位置优先级最高，7 号位置优先级最低。若有人抢答成功，蜂鸣器响一声，对应的位置编号指示灯闪烁 5 秒，以示抢答成功。

1）设计一个 MCS-51 单片机最小系统，在单片机 P2.0 引脚接一个 LED1，在 INT0 引脚接一个开关 K1。利用边沿触发方式编写程序，通过开关 K1 实现单一外部中断。当有外部中断 INT0 发生时，LED1 闪烁 5 次。

2）在单片机 P2.1 引脚接一个 LED2，在 INT1 引脚接开关 K2。编写程序利用电平触发方式实现单一外部中断。如先点亮 LED2，当有外部中断 INT1 发生时，LED2 闪烁 5 次。

3）两级中断源控制。设置 INT0 为高优先级，由开关 K1 控制，INT1 为低优先级，由开关 K2 控制。编写程序先点亮 LED1，LED2。当有 INT1 中断时，LED2 闪烁 10 次，在此期间，若有 INT0 中断，则 LED1 先闪烁 5 次后，再完成 LED2 的闪烁。

4）在 P1 口连接 8 个开关，代表 8 个中断源，利用查询方式扩展 8 个外部中断源。编写程序，以实现当任一开关按下时，按照"时间优先"、"位置优先"的原则实现中断响应，有中断响应时，喇叭声音提示，对应位置的 LED 指示灯闪烁，对应的数码管显示得到响应选手的位置代号，即选手号。此即抢答器系统。

3. 思考与讨论

1）中断服务程序的编写原则是什么？

2）有几种外部中断源的扩展方法？分别是哪几种？硬件如何实现？

3）如何调整各位选手的位置优先权？

4）抢答器还有别的实现方法吗？

11.4　数字秒表

1. 实践目的

1）掌握 MCS-51 单片机定时器/计数器的工作原理及其使用方法。

2）掌握 LED 数码管的工作原理及驱动方法。

2. 实践内容

数字秒表在生活中应用广泛。利用单片机内部的定时器/计数器产生一个固定的时间基准，如 50ms，再利用循环就可以方便地实现数字秒表的功能。

1）设计一个 MCS-51 单片机最小系统，在 P0、P2 口连接两位 LED 数码管。编写程序利用 T0 方式 0 产生 00～99 秒时间信号，并用 2 位数码管显示。

2）利用 T1 定时方式 1 设计一个 60 秒倒计时器，并用两位数码管显示。

3）利用 T1 定时方式 2 设计一个 60 秒倒计时器，并用两位数码管显示。利用指拨开关控制倒数计时器的起停。上电时，显示 59，当拨动开关后才开始倒数计时。

3. 思考与讨论

1）定时器/计数器 0 和定时器/计数器 1 的区别是什么？

2）本实验采用定时器/计数器方式 0 和方式 1，若要采用方式 2 或方式 3 来完成本实验的功能，程序应如何修改？

3）如何实现按键中断？即按下控制按键秒表停止，再按控制开关秒表继续。

11.5　双机通信

1. 实践目的

1）掌握 MCS-51 单片机串行接口的结构、工作原理及使用方法。

2）掌握 MCS-51 单片机串行接收、发送程序的特点及设计方法。

2. 实践内容

单片机串行通信，需要的数据线少，且适合远距离传送，应用广泛。将单片机 A 作为发送方，单片机 B 作为接收方，编程实现双机串行通信。

1）设有两个单片机 A 和 B，将单片机 A 的 TXD 引脚和 RXD 引脚分别与单片机 B 的 RXD 引脚和 TXD 交叉连接。编写程序以串行方式 1 进行数据传送，波特率为 1200b/s，A 机将存储于内部 RAM40H～4FH 单元中的 16 个字节数据发送到 B 机，B 机接收后将数据存储于内部 RAM50H 开始的数据区。

2）在上面实验内容的基础上增加下列功能：用一个指拨开关控制数据传送起停，即开关拨上，数据传送开始；开关拨下，数据传送停止。

3）在上面实验内容的基础上，用单片机 P2 口作为 2 位 LED 数码管的字形控制，P1.0 和 P1.1 作为数码管的位选控制，P1.3 连接一个发光二极管，在数据传送时发光二极管闪烁提示，数据结束后，数码管显示"ED"。

3. 思考与讨论

1）MCS-51 单片机串行通信时，各种工作方式的波特率是多少？如何设置？

2）如何用多机通信方式实现单片机 A 向单片机 B 和单片机 C 发送数据？

11.6　存储器扩展

1. 实践目的

1）掌握存储器扩展原理和方法。

2）掌握存储器扩展时的三总线分配原则及地址译码方法。

3）了解 6264RAM 芯片的特性。

2. 实践内容

单片机的内部存储器容量较小，在很多场合，如数据采集，都需要进行外部存储器的扩展。存储器扩展的核心是地址、数据、控制总线的合理分配。本实践要求在 MCS-51 单片机最小系统的基础上扩展一片 6264，即扩展 8KB 数据存储器。

1）设计一个 MCS-51 单片机最小系统，熟悉 6264 芯片结构及使用方法。

2）根据存储器扩展原理连接 6264 引脚，并使其地址从 0000H 开始。

3）根据 6264 引脚与单片机的连接情况，计算 6264 的地址范围。

4）编写程序将数据 00H~3FH 连续写入 6264RAM 的地址区 0000H~003FH。

5）编写程序，从外部数据存储器地址 003FH~0000H 读出数据送内部 RAM3FH~00H 区，并检查是否正确。

6）在上述内容基础上，在 P1 口接 8 个发光二极管，将从内部 RAM 中读出的二进制数据送到发光二极管上显示，每个数据显示 0.5 秒，检查是否正确。

3. 思考与讨论

1）程序存储器扩展与数据存储器扩展有何不同？

2）设 MCS-51 单片机的晶振频率为 12MHz，请计算 6264RAM 芯片与 MCS-51 单片机的时序是否匹配？

11.7　按键与显示

1. 实践目的

1）掌握独立按键及编码键盘的工作原理。

2）掌握 4×4 键盘的软件扫描方法。

3）熟悉键盘控制器 MM74C922 的使用方法。

4）掌握数码管动态显示原理及实现方法。

2. 实践内容

在单片机应用系统中，通常都需要有人机对话功能，如通过输入输出设备，操作人员可以对应用系统工作状态进行了解和干预。键盘与显示器是实现这些功能的基本器件。本实践分别用硬件方式（键盘控制器）和软件方式实现对 4×4 键盘的扫描控制，并将所得键值在 8 位数码管上动态显示。

1）设计一个单片机最小系统，熟悉 MM74C922 键盘控制器结构及功能。

2）用 MM74C922 键盘控制器设计一个 4×4 键盘系统，并在此基础上设计一个 8 位数码管动态显示系统。

3）编写程序，显示按键键值。第 1 次按下的按键键值显示在最低位，第 8 次按下的按键键值显示在最高位，第 9 位从最低位开始显示，依次类推。

4）软件扫描键盘。用 P1 口的高 4 位（P1.7~P1.4）连接 4×4 键盘的行线，P1 口的低 4 位（P1.3~P1.0）连接 4×4 键盘的列线。

5）编写程序，用软件扫描法读取 4×4 键盘的扫描值，并将其转换成对应的键值。再将键值在 8 位数码管上动态显示。

3. 思考与讨论

1）用 MM74C922 键盘控制器扫描键盘，观察有没有"抖动"困扰？

2）用软件扫描 4×4 键盘时，应如何消除按键抖动？

3）软件扫描时，若 P1 口的高 4 位与低 4 位对调连接，即 P1.7~P1.4 与 P1.3~P1.0 对调，则程序要如何修改，才能得到正确的键值？

　　4）LED 数码管静态显示电路和动态显示电路各有什么特点？

11.8　波形发生器

1. 实践目的

1）掌握数/模转换的基本原理及编程方法。

2）掌握 D/A 转换芯片 0832 的内部结构、工作原理及使用方法。

3）掌握利用串行口扩展 I/O 口的方法。

2. 实践内容

信号发生器是实验室必备的电子设备，各种波形的电信号是实验研究和生产实践经常用到的基本信号。利用 8051 单片机和 DAC0832 数/模转换器可以方便地产生方波、锯齿波、三角波、梯形波、正弦波等波形，且波形的极性、周期等可由程序设置，修改、调整。

1）设计一个单片机最小系统，熟悉 DAC0832 的结构及功能，并按照输入输出接口扩展原理，将 DAC0832 连接到最小系统。

2）编写程序，使系统能够在开关控制下输出：1 方波、2 锯齿波、3 三角波、4 梯形波、5 正弦波，并在示波器上观察波形。即开关 K1 按下时输出方波，开关 K2 按下时输出锯齿波，开关 K3 按下时输出三角波，开关 K4 按下时输出梯形波，开关 K5 按下时输出正弦波。

3）利用串/并转换芯片 74LS164 扩展一位 LED 数码管，当输出波形时显示波形的代号。

3. 思考与讨论

1）如何改变信号频率？如何改变信号幅度？

2）DAC0832 有几种工作方式？各有何特点？

3）要产生正弦波等非脉冲波时，除了利用建立输出数据表的方法外，还有没有其他方法？

11.9　数字温度计

1. 实践目的

1）掌握模/数转换的基本原理及编程方法。

2）掌握 A/D 转换芯片 0804、温度传感器 AD590、DS18B20 的内部结构、工作原理及使用方法。

3）掌握利用单片机进行数据采集的基本原理及系统构成。

4）熟悉继电器的工作原理及控制方法。

2. 实践内容

数据采集是实验研究、生产实践中经常要做的工作，A/D 转换是数据采集的重要组成部分。本实践利用单片机、温度传感器 AD590、ADC0804 设计一个数字温度计，利用 DS18B20 设计一个温度控制器。

1）熟悉 AD590、DS18B20、ADC0804 等器件的结构、原理、使用方法。

2）设计一个单片机最小系统，按照扩展输入输出接口原理扩展 ADC0804。将 AD590 的输出经过调整放大后接入 ADC0804 的输入端，构成数据采集系统。

3）在上述内容基础上，扩展 2 位 LED 数码管，将 AD590 检测的环境温度经单片机处理后显示出来。

4）利用集成温度传感器 DS18B20 制作一个数字温度控制器，当环境温度高于 28℃时，通过继电器启动风扇降温至 25℃停止。当环境温度低于 10℃时，通过光耦电路启动加热设备，加温至 25℃ 停止。

3. 思考与讨论

1）AD590 的输出为何要进行调整？

2）如果要进行多点温度检测，系统应如何改进？

11.10   交通灯

1. 实践目的

1）掌握 MCS-51 单片机定时器/计数器、中断、串行接口及 I/O 口的综合应用。

2）了解交通灯的工作原理及设计实现方法。

3）掌握单片机应用系统设计、调试方法。

2. 实践内容

现代城市交通日益拥挤，为保证城市交通井然有序，交通信号灯在交通管理中的作用越来越大。本实践设计一个基本交通灯控制系统，控制东西、南北两个方向的交通，红绿黄灯用红绿黄三种颜色的 6 个发光二极管代替，用 4 位 LED 数码管分别显示东西、南北方向通行时间，LED 数码管减 1 计数显示，并能用按键控制系统让急救车优先通行。

1）仔细观察十字路口交通灯的工作情况。

2）设计一个单片机最小系统，并将其扩展为一个交通灯控制系统。编写程序使其具有如下功能：状态 0：南北方向通行绿灯亮，而东西方向红灯亮；状态 1：南北方向的绿灯熄灭，而黄灯闪烁，东西方向仍亮红灯；状态 2：南北方向红灯亮，东西方向绿灯亮；状态 3：东西方向的绿灯熄灭，而黄灯闪烁，南北方向仍然亮红灯；状态 0：东西方向红灯亮，而南北方向绿灯亮。系统按顺序在此闭环（状态 0—状态 1—状态 2—状态 3—状态 0）中循环工作，在以上基础上，扩展 4 位 LED 数码管接口电路，分别显示东西南北方向通行时间，其中红灯亮 30s，绿灯亮 25s，黄灯亮 5s。

3）扩展开关 K1，并将其接在 $\overline{INT0}$ 输入端，当有急救车、消防车等特殊车辆通过时，按下开关 K1，可以使两个方向均亮红灯，救护车或消防车通过后，再按下开关 K1 恢复系统原来状态。

3. 思考与讨论

1）如何驱动大功率 LED 数码管？

2）如何提高系统的抗干扰能力？

3）除了用开关来实现急救车优先通行外，还有其他方法吗？

附录 A C51 简介

在单片机应用系统开发过程中，可以采用汇编语言，或者 C 语言编写程序。汇编语言可直接操纵系统的硬件资源，程序代码短，运行速度快；但可读性差、修改调式困难。C 语言程序可读性强，可移植性强，编写程序相对容易；因此，得到广泛应用。本章以 Keil C51 编译器为例，对 MCS-51 单片机 C51 编程进行简要介绍。

A.1 Keil C51 简介

Keil C51 是一个基于 WINDOS 平台的集成开发环境，既可以编辑、编译和调试汇编语言程序，也可以编辑、编译和调试 C51 程序。它不但可以仿真一般的程序运行，还可以仿真单片机的 I/O 口、定时/计数器、串行口及中断等功能部件。

一个完整的 C51 程序由一个 main() 函数（又称主函数）和若干个其他函数组合而成，或仅由一个 main() 函数构成。

例：仅由 main() 函数构成的 C51 程序。

```
#include <reg51.h>
#include <stdio.h>
#include <intrins.h>
void main (void)
{
P0 =0x00;
P1 =0x01;
P2 =0x02;
P3 =0x03;
}
```

运行结果：将 P0、P1、P2 及 P3 口依次设置为 0x00、0x01、0x02 及 0x03。

程序说明：

reg51.h 为寄存器说明头文件；stdio.h 为输入输出说明头文件；intrins.h 为部分特殊指令说明头文件。可根据对 8051 编程的需要选择头文件，一般情况下若只用于简单控制这三个头文件就够了。所以一般编程时先写上这三个头文件，如果编译出错再根据错误信息加其他的头文件。

```
void main (void)
{
P0 =0x00;
P1 =0x01;
P2 =0x02;
P3 =0x03;
}
```

为主函数。由于 P0、P1、P2 及 P3 在 reg51.h 中已有说明，故直接赋值即可。

A.2 C51 基础知识

1. 标识符

程序中某个对象的名字。这些对象可以是变量、常量、函数、数据类型及语句等。标识符命名规则如下。

1）有效字符：只能由字母、数字和下划线组成，且以字母或下划线开头。

2）有效长度：随系统而异，但至少前 8 个字符有效。如果超长，则超长部分被舍弃。

2. 关键字

C51 用于说明类型、语句功能等专门用途的标识符。又称保留字。如 int、printf 等。标准 C 语言的关键字共有 32 个，根据关键字的作用，可分为数据类型关键字、控制语句关键字、存储类型关键字和其他关键字四类。C51 结合单片机的特点在此基础上又扩展了一部分关键字。如 data、sfr 及 bit 等。

3. 存储空间

单片机内部存储空间小，如 8051 内部只有 128 字节的 RAM，因此首先必须根据需要指定各种变量的存放位置。C51 定义的存储器类型关键字及对应存储变量的存储空间如表 A-1 所示。

表 A-1　C51 存贮类型

存储类型	与 MCS（51 系列单片机存储空间的对应关系	备　　注
data	直接寻址片内数据存储区，访问速度快	内部 RAM 00H ~ 7FH
bdata	可按位寻址片内数据存储区，允许位与字节混合访问	片内 RAM 20H ~ 2FH
idata	间接寻址片内数据存储区，可访问片内全部 RAM	内部 RAM 00H ~ FFH
pdata	分页寻址片外数据存储区，每页 256 字节	外部 RAM 00H ~ FFH，由 MOVX @Ri 访问
xdata	片外数据存储区，64KB 空间	外部 RAM 0000H ~ 0FFFFH，由 MOVX @DPTR 访问
code	程序存储区，64KB 空间	ROM 0000H ~ 0FFFFH，由 MOVC @DPTR 访问

4. 数据类型

数据类型是数据的不同格式，数据按一定的数据类型进行的排列、组合、架构称为数据结构。C51 编译器支持的数据类型、长度和数据表示域如表 A-2 所示。

表 A-2　C51 数据类型

数据类型	长度（bit）	长度（byte）	数据表示域
bit	1		0，1
unsigned char	8	1	0 ~ 255
signed char	8	1	- 128 ~ 127
unsigned int	16	2	0 ~ 65 535
signed int	16	2	- 32768 ~ 32 767
unsigned long	32	4	0 ~ 4 294 967 295
signed long	32	4	- 2 147 483 648 ~ 2 147 483 647
float	32	4	± 1.176E - 38 ~ ± 3.40E + 38（6 位数字）
double	64	8	± 1.176E - 38 ~ ± 3.40E + 38（10 位数字）
指针类型	24	3	存储空间 0 ~ 65 536

5. 存储模式

在程序设计时，有经验的程序员一般会给定存储类型，如果用户不对变量的存储类型定义，则 C51 编译器自动选择默认的存储类型，默认的存储类型由编译器的编译控制命令的存储模式部分决定。存储模式决定了变量的默认存储器类型、参数传递区和无明确存储区类型的说明，存储器模式说明如表 A-3 所示。

表 A-3 存储器模式

存储器模式	说　明
SMALL	默认的存储类型为 data，参数及局部变量放入可直接寻址的片内 RAM 中。另外，所有对象（包括堆栈），都必须嵌入片内 RAM 中
COMPACT	默认的存储类型为 pdata，参数及局部变量放入分页的外部 RAM，通过 @R_0 或 @R_1 间接访问，堆栈空间位于片内 RAM 中
LARGE	默认的存储类型为 xdata，参数及局部变量放入外部 RAM，使用数据指针 DPTR 来进行寻址，用此指针访问效率较低。栈空间也位于外部 RAM 中

在 C51 中有两种方法来指定存储模式，以下为以两种方法来指定 COMPACT 模式。

方法 1：在编译时指定。如使用命令

```
C51 PROC.C COMPACT
```

方法 2：在程序的第一句加预处理命令

```
# pragma compact
```

当然由于 C51 支持混合模式，所以一般在编程时很少指定存储模式，而是在定义变量的同时指定存储模式。如 char data x，就表示为在片内 RAM 中定义字符型变量 x。

6. C51 的常量

整型常量：在 C 语言中，8 位整型和 16 位常整型量以下列方式表示。

十进制整型常量：如 250，–12 等，其每个数字位可以是 0~9。

十六进制整型常量：如果整型常量以 0x 或 0X 开头，那么这就是用十六进制形式表示的整型常量：十进制的 128，用十六进制表示为 0x80，其每个数字位可以是 0~9，a~f。

浮点型常量：十进制数浮点表示是由数字和小数点组成的，如，3.141 59，–7.2，9.9 等都是用十进制数的形式表示的浮点数。指数型浮点数又称为科学记数法，它是为方便计算机对浮点数的处理而提出的。如，十进制的 180000.0 用指数形式可表示为 1.8e5，其中，1.8 称为尾数，5 称为指数，字母 e 也可以用 E 表示。又如 0.001 23 可表示为 1.23E-3。需要注意的是，用指数形式表示浮点数时，字母 e 或 E 之前（即尾数部分）必须有数字，且 e 后面的指数部分必须是整数，如，e-3，9.8e2.1，e5 等都是不合法的指数表示形式。

字符型常量：字符型常量是由一对单引号括起来的一个字符，如 'a'，'d' 等。C51 还允许使用一些特殊的字符常量，这些字符常量都是以反斜杠字符 \ 开头的字符序列，称为"转义字符"。常用转义字符如表 A-4 所示。

表 A-4 常用转义字符表

转义字符	含义	ASCII 码（十六/十进制）	转义字符	含义	ASCII 码（十六/十进制）
\o	空字符（NULL）	00H/0	\f	换页符（FF）	0CH/12
\n	换行符（LF）	0AH/10	\'	单引号	27H/39
\r	回车符（CR）	0DH/13	\"	双引号	22H/34
\t	水平制表符（HT）	09H/9	\\	反斜杠	5CH/92
\b	退格符（BS）	08H/8			

字符串常量：除了允许使用字符常量外，C51 还允许使用字符串常量。字符串常量是由一

对双引号括起来的字符序列，如，"string" 就是一个字符串常量。C51 规定，每一个字符串的结尾，系统都会自动加一个字符串结束标志 \0，以便系统据此判断字符串是否结束。\0 代表空操作字符，它不引起任何操作，也不会显示到屏幕上。例如，字符串 "I am a student" 在内存中存储的形式如下：

```
I a m a s t u d e n t \0
```

它的长度不是 14 个字符，而是 15 个字符，最后一个字符为 \0。注意，在写字符串时不能加上 \0。所以，字符串 "a" 与字符 a 是不同的两个常量。前者由字符 a 和 \0 构成，而后者仅由字符 a 构成。需要注意的是，不能将字符串常量赋给一个字符变量。在 C51 中没有专门的字符串变量，如果要保存字符串常量，则要用一个字符数组来存放。

7. 常用运算符

C51 的运算符与 C 语言的运算符基本一致。它把除了控制语句和输入输出以外的几乎所有基本操作都作为运算符处理，例如，将赋值符号 "=" 作为赋值运算符，方括号作为下标运算符。

算术运算符：

- ＋加法运算符，或正值运算符。如 2 + 9 = 11，+6
- －减法运算符，或负值运算符。如 9 - 5 = 4，-5
- ＊乘法运算符。如 4 * 8 = 32
- /除法运算符。如 7/2 = 3，两个整数相除结果为整数，舍去小数
- ％求模运算符，或称求余运算符，要求两侧均为整型数。如 9%2 = 1，9%5 = 4

自增、自减运算符：

- ++n 表示在用该表达式的值之前先使 n 的值增 1
- n++ 表示在用该表达式的值之后再使 n 的值增 1
- --n 表示在用该表达式的值之前先使 n 的值减 1
- n-- 表示在用该表达式的值之后再使 n 的值减 1

关系运算符：

- ＞大于
- ＜小于
- ＞＝大于等于（不小于）
- ＜＝小于等于（不大于）
- ＝＝等于
- ！＝不等于

逻辑运算符：

- &&（逻辑与）
- ‖（逻辑或）
- ！（逻辑非）

位运算符：

- ＆ 按位与
- ｜ 按位或
- ＾ 按位异或
- ～ 按位取反

- << 左移位
- >> 右移位

"按位与"的运算规则：如果两个运算对象的对应二进制位都是 1，则结果的对应位是 1；否则，为 0。例如，假如 x 是字符型变量（占 8 个二进制位），要将 x 的第 2 位置 0，可进行如下运算：

```
x = x & 0xfb;
```

或写成：

```
x & = 0xfb;
```

为了判断 x 的第 4 位是否为 0，可进行如下运算：

```
if(( x & 0x10 ) !=0 ) ......
```

若条件表达式为真（即不为 0），则 x 的第 4 位为 1；否则，为 0。

"按位或"的运算规则：只要两个运算对象的对应位有一个是 1，结果的对应位就是 1；否则，为 0。"按位或"运算通常用于对一个数据（变量）中的某些位置 1，而其余位不发生变化。如将 x 中的第 6 位置 1 可进行如下运算：

```
x = x |0x40;
```

或写成：

```
x | = 0x40;
```

"按位异或"的运算规则：如果两个运算对象的对应位不同，则结果的对应位为 1；否则，为 0。"按位异或"运算有如下一些应用。

1）使数据中的某些位取反，其余位保持不变。即 0 变 1，1 变 0。例如，要将 x 中的第 5 位取反，可进行如下的运算：

```
x = x ^ 0x20;
```

或写成：

```
x ^ = 0x20;
```

2）同一个数据进行"异或"运算后，结果为 0。例如，要将 x 变量清 0，可进行如下运算：

```
x ^ = x;
```

3）"异或"运算具有如下的性质，即

```
( x ^ y ) ^ y = x
```

如，若 x = 0x17，y = 0x06，则

```
x ^y = 0x11,0x11 ^ y = 0x17。
```

"按位取反"的运算规则：将运算对象中的各位的值取反，即将 1 变 0，将 0 变 1。

"左移"的运算规则：将运算对象中的每个二进制位向左移动若干位，从左边移出去的高位部分丢失，右边空出的低位部分补零。

"右移"的运算规则：将运算对象中的每个二进制位向右移动若干位，从右边移出去的低位部分丢失。对无符号数来讲，左边空出的高位部分补 0。

例如：若 x = 0x17，则语句

```
x = x << 2;
```

表示将 x 中的每个二进制位左移 2 位后存入 x 中。由于 0x17 的二进制表示为 00010111，所以，左移 2 位后，将变为 01011100，即 x = x << 2 的结果为 0x5c，其中，语句

```
x = x << 2;
```

可以写成：

```
x << = 2;
```

例如：x = 0x08，则语句

```
x = x >> 2;
```

表示将 x 中的每个二进制位右移 2 位后存入 x 中。由于 0x08 的二进制表示为 00001000，所以，右移 2 位后，将变为 00000010，即 x = x >> 2 的结果为 0x02，其中，语句

```
x = x >> 2;
```

可写成：

```
x >> = 2;
```

在进行"左移"运算时，如果移出去的高位部分不包含 1，则左移 1 位相当于乘以 2，左移 2 位相当于乘以 4，左移 3 位相当于乘以 8，依此类推。因此，在实际应用中，经常利用"左移"运算进行乘以 2 倍的操作。

在进行"右移"运算时，如果移出去的低位部分不包含 1，则右移 1 位相当于除以 2，右移 2 位相当于除以 4，右移 3 位相当于除以 8，依此类推。因此，在实际应用中，经常利用"右移"运算进行除以 2 的操作。

赋值运算符：C51 语言的赋值运算符是" = "，它的作用是将赋值运算符右边的表达式的值赋给其左边的变量。如：

x = 12；作用是执行一次赋值操作（运算），将 12 赋给变量 x

a = 5 + x；作用是将表达式 5 + x 的值赋给变量 a

在赋值号" = "的左边只能是变量。

复合的赋值运算符：C 语言规定，凡是双目运算符都可以与赋值符" = "一起组成复合的赋值运算符。一共有 10 种，即：

```
 += - = * = / = % = << = >> = & = |= ^ =
```

例如：a += 5 等价于 a = a + 5

x* = y + 8 等价于 x = x*(y + 8)

a% = 2 等价于 a = a%2

x% = y + 8 等价于 x = x%(y + 8)

x << = 8 等价于 x = x << 8

y^ = 0x55 等价于 y = y^0x55

x& = y + 8 等价于 x = x&(y + 8)

使用这种复合的赋值运算符有两个优点：一是可以简化程序，使程序精炼；二是为了提高编译效果，产生质量较高的目标代码。

8. 表达式

算术表达式：由算术运算符和圆括号将运算对象连接起来的有意义的式子称为算术表达式。如 a * (b + c)。

关系表达式：用关系运算符将两个表达式（可以是算术表达式或关系表达式、逻辑表达式、赋值表达式、字符表达式）连接起来构成关系表达式。

例：若 a = 4，b = 3，c = 5，则

a + b > c 等价于 (a + b) > c，结果为"真"，表达式的值为 1。

b >= c + a 等价于 b >= (c + a)，结果为"假"，表达式的值为 0。

c + a == b - c 等价于 (c + a) == (b - c)，结果为"假"，表达式的值为 0。

逻辑表达式：用逻辑运算符将若干关系表达式或任意数据类型（除 void 外）的数据连接起来的有意义的式子称为逻辑表达式

例：a = 5，b = 0，则：

1)! a 的值为 0。因为 a 的值为非 0，被认为是"真"，对它进行"非"运算，得"假"，所以! a 值为 0。

2）a&b 的值为 0。因为 a 被认为是"真"，b 的值为 0，被认为是"假"，所以 a&b 的值为"假"，即为 0。

赋值表达式：由赋值运算符将一个变量和一个表达式连接起来的式子称为赋值表达式。赋值表达式的一般形式为：

变量 赋值运算符 表达式

例如：

x = 5, x = 7%2 + y

A.3　C51 基本语句

1. 表达式语句

在表达式后加上一个";"就构成表达式语句。
例如：

```
a = b + c; y = (m + n) * 10/u; j ++;
```

2. 复合语句

复合语句是由若干条语句组合在一起形成的语句。以"{"开始，以"}"结束，中间是若干条语句，语句间用";"分隔。复合语句的一般形式为：

```
{
局部变量定义;
语句1;
语句2;
……
语句N;
}
```

下面为一个复合语句的例子：

```
if (X1 == Y1)
{
a = 2;
```

```
b - a +3;
}
```

其中：

```
{
a =2;
b - a +3;
}
```

为复合语句。当条件 X1 == Y1 成立时，执行该复合语句。

3. if 条件选择语句

if 条件选择语句是通过给定条件的判断，来决定所要执行的操作。if 条件选择语句的一般形式如下：

```
if(条件表达式)
语句1
[else
语句2]
```

其中，"［"和"］"括起来的部分表示可选项。

if 语句当（条件表达式）成立时执行语句 1；不成立时执行语句 2。语句 1 和语句 2 可以是任何语句，当然，也包括 if 语句本身。

例如：

```
if (txd_point >=4)
{
txd_end =1;
txd_data_full_flag =0;
txd_point =0;
}
else
{
SBUF =txd_buf[txd_point];
}
```

4. switch 多分支选择语句

if…else 语句一般适用于两路选择，即在两个分支中选择一个执行。尽管可以通过 if 条件选择语句的嵌套形式来实现多路选择的目的，但这样做的结果使得 if 条件选择语句的嵌套层次太多，降低了程序的可读性。switch 多分支选择语句提供了更方便的多路分支选择功能。用 switch 语句实现的多分支程序结构如图 A-1 所示。

switch 语句的一般格式如下：

```
switch(<表达式 e>)
{ case <常量 e1 >: <语句1 > break;
  case <常量 e2 >: <语句2 > break;
  ........................
  case <常量 en >: <语句 n > break;
  default: <语句 n +1 >
}
```

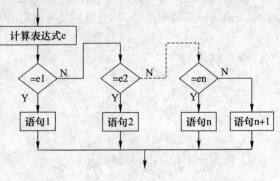

图 A-1　switch 语句实现多分支程序结构

switch 语句先计算表达式 e，如果其值是 e1，执行语句 1，遇到 break 语句，switch 语句结束。若无 break 语句，继续执行语句 2。如果其值是 e2，执行语句 2；依次类推。如果表达式 e 与 e1、e2、…，en 都不相等，执行语句 n + 1。使用 switch 语句应注意以下几点：

1）switch 后表达式的数据类型可以是 int、char 或枚举型；

2）case 后的语句组可以加 "｛｝"，也可以不加 "｛｝"；

3）各个 case 后的常量表达式不能包含变量，且其值必须各不相同；

4）多个 case 子句可以共用一个语句；例如：

```
switch (a)
{
 case 1:
 case 2 : c = b +2 ; break ;
 case 3 : b = c +2 ;
}
```

当变量 a = 1 或者 2 时，执行 "c = b + 2 ;" 语句，当变量 a = 3 时，执行 "b = c + 2 ;" 语句。

5）case 和 default 子句如果带有 break 子句，它们之间的顺序变化不影响执行结果；

6）switch 语句可以嵌套；

7）考虑到 C51 在 51 单片机上执行，程序和数据存储器都不够充裕；switch 语句编译后程序结构较为复杂，采用 C51 编写程序时，尽量采用 if 语句替代 switch 语句。

5. while 循环语句

用 while 语句实现的循环程序结构如图 A-2 所示。

while 语句一般形式如下：

```
while (<表达式 e>)
    <语句 1 >
```

while 语句先计算表达式 e，其值为真，执行语句 1，再计算表达式 e，直至表达式 e 的值为假。使用 while 语句应注意以下几点：

1）若 while 语句循环体有多条执行语句，应用 ｛｝ 括起来；

2）for 语句适用于循环次数预先确定的循环结构，while 语句适用于循环次数预先难以确定的循环结构；

3）while 语句的循环初始化在 while 语句前进行，<表达式 e> 是循环结束判断，循环变量在循环体中修改。

6. do-while 循环语句

用 do-while 语句实现的循环程序的结构如图 A-3 所示。

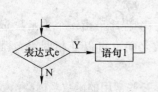

图 A-2 用 while 语句实现循环程序结构

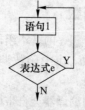

图 A-3 用 do-while 语句实现的循环程序结构

do-while 语句一般形式如下：

```
do
<语句1>
While <表达式e>
```

do-while 语句先执行语句1，再判断表达式 e 是否为真，若为真继续执行语句1，再判断表达式 e，依此类推，直至表达式 e 不成立。do-while 语句与 while 语句的差别是：while 语句先判断执行条件，再执行循环体；do-while 语句先执行循环体，再判断循环条件，do-while 语句至少执行一次循环体。do-while 语句的注意事项与 while 语句基本相同。

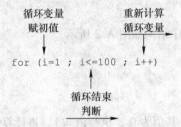

图 A-4　用 for 语句实现的循环程序结构

7. for 循环语句

在 C 语言中，for 循环语句使用最为灵活，它的功能也很强，凡是可用 while 能够完成的循环，用 for 循环都能实现。图 A-4 给出了用 for 语句实现的循环程序结构。

for 语句一般格式如下：

```
for (<表达式e1> ; <表达式e2> ; <表达式e3>)
<语句1>
```

表达式 e2 是逻辑表达式，表达式 e1 和表达式 e3 不是逻辑表达式，不能使用比较和逻辑运算符。for 语句先对表达式 e1 求值，判断表达式 e2 是否为真，若为真，执行语句1，计算表达式 e3，再回去判断表达式 e2，直至表达式 e2 为假，退出 for 语句。基本 for 语句循环示例如下：

```
         循环变量              重新计算
         赋初值                循环变量

        for (i=1 ; i<=100 ; i++)

                  循环结束
                  判断
```

示例中 i 是循环变量，执行 for 语句时首先做"i = 1;"，给循环变量 i 赋初值；接着判断循环是否结束"i <= 100"，若循环条件成立，执行循环体（示例中未给出），并重新计算循环变量"i ++ ;"，判断循环是否结束，依此类推，直至循环条件不成立，结束 for 语句。使用 for 语句应注意以下几点：

1）for 语句中 <表达式 e1>、<表达式 e2> 和 <表达式 e3> 可以省略，但分号不能省略，它们的功能必须在 for 语句之前或 for 语句的循环体中体现；

2）如果循环体是空语句，分号不能省略；如果循环体有多个语句组成，需要用 ｛｝ 括起来。

A. 4　C51 的函数

函数是 C 语言程序的基本组成部分。在 C 语言中，一个程序可由一个主函数 main() 和若干个其他函数构成。由主函数调用其他函数，其他函数之间也可以互相调用，程序最后在 main() 函数中结束。

通常 C 语言的编译器会自带标准的函数库，这些都是一些常用的函数。标准函数已由编译器软件生产商编写定义，使用者直接调用就行了，而无需定义。但是，标准的函数不足以满足使用者的特殊要求，因此 C 语言允许使用者根据需要编写特定功能的函数。函数定义的模式如下：

```
函数类型 函数名称(形式参数表)
{
函数体
}
```

函数类型是说明所定义函数返回值的类型。返回值其实就是一个变量，只要按变量类型来定义函数类型就行了。如函数不需要返回值，函数类型可写作"void"，表示该函数没有返回值。要注意的是，函数体返回值的类型一定要和函数类型一致，不然会造成错误。函数名称的定义在遵循 C 语言变量命名规则的同时，不能在同一程序中定义同名的函数，这将会造成编译错误（同一程序中允许有同名的变量，因为变量有全局和局部变量之分）。形式参数是指调用函数时要传入到函数体内参与运算的变量，它可以有一个、几个或没有，当不需要形式参数也就是无参函数，括号内为空或写入"void"表示，但括号不能少。函数体中可包含有局部变量的定义和程序语句，如函数要返回运算值则要使用 return 语句进行返回。在函数的 ¦¦ 号中也可以什么也不写，这就成了空函数，在一个程序中可写一些空函数，在以后的修改和升级中可方便地在这些空函数中进行功能扩充。

函数定义好以后，要被其他函数调用了才能执行。C 语言的函数是能相互调用的，但在调用函数前，必须对函数的类型进行说明，就算是标准库函数也不例外。标准库函数的说明会按功能分别写在不一样的头文件中，使用时只要在文件最前面用#include 预处理语句引入相应的头文件。如 printf 函数说明就是放在文件名为 stdio.h 的头文件中。调用就是指一个函数体中引用另一个已定义的函数来实现所需要的功能，这个时候函数体称为主调用函数，函数体中所引用的函数称为被调用函数。一个函数体中能调用数个其他的函数，这些被调用的函数同样也能调用其他函数，也能嵌套调用。调用函数的一般形式如下：

```
函数名 (实际参数表)
```

"函数名"就是指被调用的函数。实际参数表为零或多个参数，多个参数时要用逗号隔开，每个参数的类型、位置应与函数定义时的形式参数一一对应，它的作用就是把参数传到被调用函数中的形式参数，如果类型不对应就会产生一些错误。调用的函数是无参函数时不写参数，但不能省后面的括号。

1. 函数语句

例如：

```
printf ("Hello World!\n");
```

它以"Hello World!\n"为参数调用 printf 这个库函数。在这里把函数调用看做一条语句。

2. 函数参数

"函数参数"这种方式是指被调用函数的返回值当作另一个被调用函数的实际参数，例如

```
temp = StrToInt(CharB(16));
```

CharB 的返回值作为 StrToInt 函数的实际参数。

3. 中断函数

中断服务函数是编写单片机应用程序不可缺少的。中断服务函数只有在中断源请求响应中断时才会执行，这在处理突发事件和实时控制时是十分有效的。例如，电路中一个按钮，要求按钮按下后 LED 点亮，这个按钮何时会被按下是不可预知的，为了要捕获这个按钮的事件，

通常会用外部中断服务函数对按钮进行捕获。

在编写汇编语言中断应用程序时，经常会为出入堆栈的问题而苦恼。单片机 C 语言扩展了函数的定义，使它能直接编写中断服务函数，不必考虑出入堆栈的问题，从而提高了工作效率。扩展的关键字是 interrupt，它是函数定义时的一个选项，只要在一个函数定义后面加上这个选项，这个函数就变成了中断服务函数。

在后面还能加上一个选项 using，这个选项指定选用 51 芯片内部 4 组工作寄存器中的哪个组。定义中断服务函数时常用如下的形式。

```
函数类型   函数名 （形式参数） interrupt  n ［using  n］
```

interrupt 关键字是不可缺少的，由它告诉编译器该函数是中断服务函数，并由后面的 n 指明所使用的中断号。n 的取值范围为 0 ~ 31，但具体的中断号要取决于芯片的型号，像 AT89C51 实际上就使用 0 ~ 4 号中断。每个中断号都对应一个中断向量，中断响应后处理器会跳转到中断向量所处的地址执行程序，编译器会在这地址上产生一个无条件跳转语句，转到中断服务函数所在的地址执行程序。表 A-5 是 51 芯片的中断向量和中断号。

表 A-5　中断向量表

中断号	中断源	中断向量	中断号	中断源	中断向量
0	外部中断 0	0003H	3	定时器/计数器 1	001BH
1	定时器/计数器 0	000BH	4	串行口	0023H
2	外部中断 1	0013H			

使用中断服务函数时应注意：中断函数不能直接调用中断函数；不能通过形式参数传递参数；在中断函数中调用其他函数，两者所使用的寄存器组应相同。

附录 B MCS-51 单片机指令系统表

表 B-1 数据传送指令

助记符	十六进制代码	功能	标志位影响				字节数	晶振周期数
			P	OV	AC	CY		
MOV A,Rn	E8 ~ EF	A←Rn	√	×	×	×	1	12
MOV A,direct	E5	A←(direct)	√	×	×	×	2	12
MOV A,@Ri	E6, E7	A←(Ri)	√	×	×	×	1	12
MOV A,#data	74	A←data	√	×	×	×	2	12
MOV Rn,A	F8 ~ FF	Rn←A	×	×	×	×	1	12
MOV Rn,direct	A8 ~ AF	Rn←(direct)	×	×	×	×	2	24
MOV Rn,#data	78 ~7F	Rn←data	×	×	×	×	2	12
MOV direct,A	F5	direct←A	×	×	×	×	2	12
MOV direct,Rn	88 ~8F	direct←Rn	×	×	×	×	2	24
MOV direct1,direct2	85	direct1←(direct2)	×	×	×	×	3	24
MOV direct,@Ri	86, 87	direct←(Ri)	×	×	×	×	2	24
MOV direct,#data	75	direct←data	×	×	×	×	3	24
MOV @Ri,A	F6, F7	(Ri)←A	×	×	×	×	1	12
MOV @Ri,direct	A6, A7	(Ri)←(direct)	×	×	×	×	2	24
MOV @Ri,#data	76, 77	(Ri)←data	×	×	×	×	2	12
MOV DPTR,#data16	90	DPTR←data16	×	×	×	×	3	24
MOV C,bit	A2	CY←bit	×	×	×	×	2	12
MOV bit,C	92	bit←CY	×	×	×	×	2	24
MOVC A,@A + DPTR	93	A←(A + DPTR)	√	×	×	×	1	24
MOVC A,@A + PC	83	A←(A + PC)	√	×	×	×	1	24
MOVX A,@Ri	E2, E3	A←(P2 + Ri)	√	×	×	×	1	24
MOVX A,@DPTR	E0	A←(DPTR)	√	×	×	×	1	24
MOVX @Ri,A	F2, F3	(P2 + Ri)←A	×	×	×	×	1	24
MOVX @DPTR,A	F0	(DPTR)←A	×	×	×	×	1	24
PUSH direct	C0	SP←SP +1 (SP)←(direct)	×	×	×	×	2	24
POP direct	D0	direct←(SP) SP←SP -1	×	×	×	×	2	24
XCH A,Rn	C8 ~ CF	A↔Rn	√	×	×	×	1	12
XCH A,direct	C5	A↔(direct)	√	×	×	×	2	12
XCH A,@Ri	C6, C7	A↔(Ri)P	√	×	×	×	1	12
XCHD A,@Ri	C6, D7	A3 ~0↔(Ri)3 ~0	√	×	×	×	1	12

表 B-2 算术运算类指令

助记符	十六进制代码	功能	标志位影响				字节数	晶振周期数
			P	OV	AC	CY		
ADD A,Rn	28~2F	A←A+Rn	√	√	√	√	1	12
ADD A,direct	25	A←A+(direct)	√	√	√	√	2	12
ADD A,@Ri	26, 27	A←A+(Ri)	√	√	√	√	1	12
ADD A,#data	24	A←A+data	√	√	√	√	2	12
ADDC A,Rn	38~3F	A←A+Rn+CY	√	√	√	√	1	12
ADDC A,direct	35	A←A+(direct)+CY	√	√	√	√	2	12
ADDC A,@Ri	36, 37	A←A+(Ri)+CY	√	√	√	√	1	12
ADDC A,#data	34	A←A+data+CY	√	√	√	√	2	12
SUBB A,Rn	98~9F	A←A-Rn-CY	√	√	√	√	1	12
SUBB A,direct	95	A←A-(direct)-CY	√	√	√	√	2	12
SUBB A,@Ri	96, 97	A←A-(Ri)-CY	√	√	√	√	1	12
SUBB A,#data	94	A←A-data-CY	√	√	√	√	2	12
INC A	04	A←A+1	√	×	×	×	1	12
INC Rn	08~0F	Rn←Rn+1	×	×	×	×	1	12
INC direct	05	direct←(direct)+1	×	×	×	×	2	12
INC @Ri	06, 07	(Ri)←(Ri)+1	×	×	×	×	1	12
INC DPTR	A3	DPTR←DPTR+1	×	×	×	×	1	24
DEC A	14	A←A-1	√	×	×	×	1	12
DEC Rn	18~1F	Rn←Rn-1	×	×	×	×	1	12
DEC direct	15	direct←(direct)-1	×	×	×	×	2	12
DEC @Ri	16, 17	(Ri)←(Ri)-1	×	×	×	×	1	12
MUL AB	A4	A,B←A×B	√	√	×	√	1	48
DIV AB	84	A,B←A÷B	√	√	×	√	1	48
DA A	D4	对A进行十进制调整	√	√	√	√	1	12

表 B-3 逻辑运算类指令

助记符	十六进制代码	功能	标志位影响				字节数	晶振周期数
			P	OV	AC	CY		
ANL A,Rn	58~5F	A←A∧Rn	√	×	×	×	1	12
ANL A,direct	55	A←A∧(direct)	√	×	×	×	2	12
ANL A,@Ri	56, 57	A←A∧(Ri)	√	×	×	×	1	12
ANL A,#data	54	A←A∧data	√	×	×	×	2	12
ANL direct,A	52	direct←(direct)∧A	×	×	×	×	2	12
ANL direct,#data	53	direct←(direct)∧data	×	×	×	×	3	24
ORL A,Rn	48~4F	A←A∨Rn	√	×	×	×	1	12
ORL A,direct	45	A←A∨(direct)	√	×	×	×	2	12
ORL A,@Ri	46, 47	A←A∨(Ri)	√	×	×	×	1	12
ORL A,#data	44	A←A∨data	√	×	×	×	2	12
ORL direct,A	42	direct←(direct)∨A	×	×	×	×	2	12
ORL direct,#data	43	direct←(direct)∨data	×	×	×	×	3	24

（续）

助记符	十六进制代码	功能	标志位影响				字节数	晶振周期数
			P	OV	AC	CY		
XRL　A,Rn	68 ~ 6f	A←A ⊕ Rn	√	×	×	×	1	12
XRL　A,direct	65	A←A ⊕ (direct)	√	×	×	×	2	12
XRL　A,@Ri	66, 67	A←A ⊕ (Ri)	√	×	×	×	1	12
XRL　A,#data	64	A←A ⊕ data	√	×	×	×	2	12
XRL　direct,A	62	direct←(direct) ⊕ A	×	×	×	×	2	12
XRL　direct,#data	63	direct←(direct) ⊕ data	×	×	×	×	3	24
CLR　A	E4	A←0	√	×	×	×	1	12
CPL　A	F4	A←/A	×	×	×	×	1	12
RL　A	23	A 循环左移一位	×	×	×	×	1	12
RLC　A	33	A,CY 循环左移一位	√	×	×	√	1	12
RR　A	03	A 循环右移一位	×	×	×	×	1	12
RRC　A	13	A,CY 循环右移一位	√	×	×	√	1	12
SWAP A	C4	A 半字节交换	×	×	×	×	1	12
CLR　C	C3	CY←0	×	×	×	√	1	12
CLR　bit	C2	Bit←0	×	×	×	×	2	12
SETB C	D3	CY←1	×	×	×	√	1	12
SETB bit	D5	Bit←1	×	×	×	×	2	12
CPL　C	B3	CY←/CY	×	×	×	√	1	12
CPL　bit	B2	bit←(bit)	×	×	×	×	2	12
ANL　C,bit	82	CY←CY ∧ (bit)	×	×	×	√	2	24
ANL　C,/bit	B0	CY←CY ∧ $\overline{(bit)}$	×	×	×	√	2	24
ORL　C,bit	72	CY←CY ∨ (bit)	×	×	×	√	2	24
ORL　C,/bit	A0	CY←CY ∨ $\overline{(bit)}$	×	×	×	√	2	24

表 B-4　控制转移类指令

助记符	十六进制代码	功能	标志位影响				字节数	晶振周期数
			P	OV	AC	CY		
PC10 ~ 0←addr11	Y1[①]	PC←PC + 2 PC10 ~ 0←addr11	×[③]	×	×	×	2	24
LJMP addr16	02	PC←addr16	×	×	×	×	3	24
SJMP rel	80	PC←PC + 2 PC←PC + rel	×	×	×	×	2	24
JMP　@A + DPTR	73	PC←A + DPTR	×	×	×	×	1	24
JZ　rel	60	PC←PC + 2 若 A = 0,则 PC←PC + rel	×	×	×	×	2	24
JNZ　rel	70	PC←PC + 2 若 (A) ≠ 0,则 PC←PC + rel	×	×	×	×	2	24

（续）

助记符	十六进制代码	功能	标志位影响				字节数	晶振周期数
			P	OV	AC	CY		
JC rel	40	PC←PC+2 若CY=1,则 PC←PC+rel	×	×	×	×	2	24
JNC rel	50	PC←PC+2 若CY=0,则 PC←PC+rel	×	×	×	×	2	24
JB bit,rel	20	PC←PC+3 若bit=1,则 PC←PC+rel	×	×	×	×	3	24
JNB bit,rel	30	PC←PC+3 若bit=0,则 PC←PC+rel	×	×	×	×	3	24
JBC bit,rel	10	PC←PC+3 若bit=1,则bit←0 PC←PC+rel	×	×	×	×	3	24
CJNE A,direct,rel	B5	PC←PC+3 若A>(direct),则 PC←PC+rel,CY←0 若A<(direct),则 PC←PC+rel,CY←1	×	×	×	√[④]	3	24
CJNE A,#data,rel	B4	PC←PC+3 若A>data,则 PC←PC+rel,CY←0 若A<data,则 PC←PC+rel,CY←1	×	×	×	√	3	24
CJNE Rn,#data,rel	B8~BF	PC←PC+3 若Rn>data,则 PC←PC+rel,CY←0 若Rn<data,则 PC←PC+rel,CY←1	×	×	×	√	3	24
CJNE @Ri,#data,rel	B6,B7	PC←PC+3 若(Ri)>data,则 PC←PC+rel,CY←0 若(Ri)<data,则 PC←PC+rel,CY←1	×	×	×	√	3	24
DJNZ Rn,rel	D8~DF	PC←PC+2 Rn←Rn-1 若Rn≠0,则 PC←PC+rel	×	×	×	×	2	24
DJNZ direct,rel	D5	PC←PC+3 direct←(direct)-1 若(direct)≠0,则 PC←PC+rel	×	×	×	×	3	24

（续）

助记符	十六进制代码	功能	标志位影响				字节数	晶振周期数
			P	OV	AC	CY		
ACALL addr11	Y2[2]	PC←PC + 2 SP←SP + 1 (SP)←PCL SP←SP + 1 (SP)←PCH PC10 ~ 0←addr11	×	×	×	×	2	24
LCALL addr16	12	PC←PC + 3 SP←SP + 1 (SP)←PCL SP←SP + 1 (SP)←PCH PC←addr16	×	×	×	×	3	24
RET	22	PCH←(SP) SP←SP - 1 PCL←(SP) SP←SP - 1	×	×	×	×	1	24
RETI	32	PCH←(SP) SP←SP - 1 PCL←(SP) SP←SP - 1 从中断返回	×	×	×	×	1	24
NOP	00	PC←PC + 1,空操作	×	×	×	×	1	12

①Y1 = A10A9A80001A7 ~ A0。
②Y2 = A10A9A81001A7 ~ A0。
③× 表示不受影响。
④√ 表示受影响。

附录 C ASCII（美国标准信息交换码）表

列	位 654 ↓ → 3210	0 000	1 001	2 010	3 011	4 100	5 101	6 110	7 111
行									
0	0000	NUL	DLE	SP	0	@	P	`	p
1	0001	SOH	DC1	!	1	A	Q	a	q
2	0010	STX	DC2	"	2	B	R	b	r
3	0011	ETX	DC3	#	3	C	S	c	s
4	0100	EOT	DC4	$	4	D	T	d	t
5	0101	ENQ	NAK	%	5	E	U	e	u
6	0110	ACK	SYN	&	6	F	V	f	v
7	0111	BEL	ETB	'	7	G	W	g	w
8	1000	BS	CAN	(	8	H	X	h	x
9	1001	HT	EM	)	9	I	Y	i	y
A	1010	LF	SUB	*	:	J	Z	j	z
B	1011	VT	ESC	+	;	K	[	k	{
C	1100	FF	FS	,	<	L	\	l		
D	1101	CR	GS	−	=	M	]	m	}
E	1110	SO	RS	.	>	N	Ω	n	~
F	1111	SI	US	/	?	O	−	o	DEL

注：

NUL	空	DLE	数据通信换码字符
SOH	标题开始	DC1	设备控制1
STX	正文结束	DC2	设备控制2
ETX	本文结束	DC3	设备控制3
EOT	传输结束	DC4	设备控制4
ENQ	询问	NAK	否定
ACK	承认	SYN	空转同步
BEL	报警符（可听见的信号）	ETB	信息组传送结束
BS	退一格	CAN	作废
HT	横向列表（穿孔卡片指令）	EM	纸尽
LF	换行	SUB	减
VT	垂直制表	ESC	换码
FF	走纸控制	FS	文字分隔符
CR	回车	GS	组分隔符
SO	移位输出	RS	记录分隔符
SI	移位输入	US	单元分隔符
SP	空格符	DEL	作废

参 考 文 献

[1] 喻萍，郭文川. 单片机原理与接口技术 [M]. 北京：化学工业出版社，2006.

[2] 张义和，陈敌北. 例说 8051 [M]. 北京：人民邮电出版社，2006.

[3] 雷思孝，冯育才. 单片机系统设计及工程应用 [M]. 西安：西安电子科技大学出版社，2005.

[4] 蒋力培. 单片微机系统实用教程 [M]. 北京：机械工业出版社，2004.

[5] 张俊谟. 单片机中级教程 [M]. 北京：北京航空航天大学出版社，2002.

[6] 刘迎春. MCS-51 单片机原理及应用教程 [M]. 北京：清华大学出版社，2005.

[7] 毛谦敏. 单片机原理及应用系统设计 [M]. 北京：国防工业出版社，2005.

[8] 龙泽明，顾立志，王桂莲. MCS-51 单片机原理及工程应用 [M]. 北京：国防工业出版社，2005.

[9] 佟云峰. 单片机原理及应用. http://jpkc. kmyz. cn/dpj/top/kcjs. html.

[10] 丁元杰. 单片微机原理及应用. 3 版. [M]. 北京：机械工业出版社，2005.

[11] 崔华，蔡炎光. 单片机实用技术 [M]. 北京：清华大学出版社，2004.

[12] 张毅刚，刘杰. 单片机原理及应用 [M]. 哈尔滨：哈尔滨工业大学出版社，2004.

[13] 姜志海. 单片机原理及应用 [M]. 北京：电子工业出版社，2005.

[14] 薛晓书. 单片微型计算机原理及应用 [M]. 西安：西安交通大学出版社，2004.

[15] 李建忠. 单片机原理及应用 [M]. 西安：西安电子科技大学出版社，2002.

[16] 徐新民. 单片机原理与应用 [M]. 杭州：浙江大学出版社，2006.

[17] 陈明荧. 8051 单片机课程设计实训教材 [M]. 北京：清华大学出版社，2004.

[18] 张大明. 单片微机控制应用技术 [M]. 北京：机械工业出版社，2006.

[19] http://www. zymeu. com.

[20] http://www. mcu51. com.

[21] http://www. mcufan. com.

推荐阅读

电路基础（英文版·第5版）

作者：（美）Charles K. Alexander 等　于歆杰 注释　ISBN: 978-7-111-41184-0　定价: 129.00元

　　本书是电类各专业"电路"课程的一本经典教材，被美国众多名校采用，是美国最有影响力的"电路"课程教材之一。本书每章开始增加了中文"导读"，适合用做高校"电路"课程双语授课或英文授课的教材。本书前4版获得了极大的成功，第5版以更清晰、更容易理解的方式阐述了电路的基础知识和电路分析方法，并反映了电路领域的最新技术进展。全书总共包括2447道例题和各类习题，并在书后给出了部分习题答案。

交直流电路基础：系统方法

作者：（美）Thomas L. Floyd　译者：殷瑞祥 等　ISBN: 978-7-111-45360-4　定价: 99.00元

　　本书是知名作者Folyd的最新力作，在国外被广泛使用。本书系统介绍了直流和交流电路理论，强调直流/交流电路基本概念在实际系统中的应用。全书丰富的实例，有助于学生的理解系统模块、接口和输入/输出信号之间的关系。书中实例使用Multisim进行仿真，并提出在模拟电路与系统和排除故障中存在的问题及解决方法。本书可作为电子信息、电气工程、自动化等电类专业的电路课程教材。

应用电路分析（英文版）

作者：（美）Matthew N. O. Sadiku 等　ISBN: 978-7-111-41781-1　定价: 89.00元
　　　　中文版 预计出版时间：2014年8月

　　本书可作为高等院校电类专业"电路分析"双语课的教材，以更清晰、生动、易于理解的方式来阐述电路分析的方法。全书分为两部分，第一部分包括第1~10章，主要介绍直流电路；第二部分包括第11~19章，主要介绍交流电路。本书可以作为大学两学期或三学期的教材，授课教师也可选择适当的章节，将其用作一学期课程的教材。

推荐阅读

电路原理（第2版）

作者：吴建华 等　ISBN：978-7-111-43671-1　出版时间：2013年8月　定价：49.00元

本书自第1版出版以来，经过了几年的教学实践检验。为了进一步提高教材质量，作者在保持原有特色的基础上对教材予以修订：在教材内容的选取上，考虑到需加强非线性电路分析方法的学习，增加了分段线性化方法的内容，考虑到各章节内容的紧密联系及后续课程的教学安排，删减了磁路部分内容；在章节内容的安排上，对部分章节的内容和标题进行了调整，使内容安排更紧凑、更系统，便于了解电路理论的整体脉络；在例题的选取上，适当地增加了有实际应用背景的例题，并突出了部分内容的实际应用背景及与后续课程的联系。

电路分析

作者：劳五一 等　ISBN：978-7-111-45241-6　出版时间：2014年1月　定价：30.00元

本书是高等院校电类专业的电路课程教材，全书共10章，主要内容有：电路的基本概念与基本定律、电路的等效变换、电路的基本分析方法、电路定理、正弦稳态电路、耦合电感和理想变压器、三相电路、一阶电路和二阶电路、二端口网络和非线性电阻电路分析。本书可作为高等院校电类专业本、专科生的电路教材，也可作为相关教学研究人员和工程技术人员的电路参考书。本书的特点是注重知识点的整合与衔接，注重仿真软件辅助理论分析，注重电路分析结合电路设计。

综合电子实验教程

作者：吴建平 等　ISBN：978-7-111-41851-1　出版时间：2013年5月　定价：35.00元

本书是针对测控技术与仪器、电气自动化、数控技术、机电自动化、机电一体化等相关专业编写的实践指导教程。本书将相关的专业课程实验内容及电子课程设计部分内容统一编写，有利于实验教材的规范和实验教学的管理。书中的实验内容结合工程对象和应用实例进行设计，基本实验根据教学大纲要求，结合课程的重点进行实验项目的编排，内容由简到难、逐渐深入。根据专业特点，本书实验给出了实验原理、实验设备、实验步骤、实验条件、实验注意事项，主要的硬件电路和软件编程实验都是作者多年实验课程实践和验证的结果。

推荐阅读

模拟电子电路基础

作者：堵国樑 吴建辉 等 ISBN：978-7-111-45504-2 出版时间：2014年1月 定价：45.00元

　　本书是在多年教学改革的基础上编写而成的，其基本原则为"以电路分析为主线，以设计应用为目的"。编写思路采用了从宏观到微观，从对集成器件外特性的了解、应用，引导到对内电路研究学习的兴趣；以单元电路的分析为铺垫，强调电子系统设计的思路；以工程教育理念为导向，理论联系实际，教材内容落实到具体的工程项目应用中。本书主要从应用角度介绍器件、集成电路以及电子电路的基本概念、基本原理、性质与特点，通过电子电路具体分析方法的介绍，培养电子电路的设计能力。本书共分11章，内容包括：绪论，运算放大器及其线性应用，运算放大器的非线性应用，半导体器件概述，基本放大电路，负反馈放大电路，集成运算放大器，正弦波产生电路，功率电路，应用电路设计分析，门电路。

信号与系统：使用变换方法和MATLAB分析（原书第2版）

作者：（美）M. J. Roberts 译者：胡剑凌 等 ISBN：978-7-111-42188-7 出版时间：2013年6月 定价：89.00元

　　信号与系统课程是数字信号处理和控制理论等课程的基础课程，本书以主要涵盖傅里叶变换、傅里变换分析、拉普拉斯变换、拉普拉斯变换分析、离散时间系统的z变换、z变换分析等。书中给出了大量的例子，并介绍实现分析方法的MATLAB函数和运算。可作为电子信息类相关专业的本科生教材。

数字信号处理：系统分析与设计（原书第2版）

作者：（巴西）Paulo S. R. Diniz 等 译者：张太镒 等 ISBN：978-7-111-41475-9 出版时间：2013年4月 定价：85.00元

　　本书全面、系统地阐述了数字信号处理的基本理论和分析方法，详细介绍了离散时间信号及系统、傅里叶变换、z变换、小波分析和数字滤波器设计的确定性数字信号处理，以及多重速率数字信号处理系统、线性预测、时频分析和谱估计等随机数字信号处理，使读者深刻理解数字信号处理的理论和设计方法。本书不仅可以作为高等院校电子、通信、电气工程与自动化、机械电子工程和机电一体化等专业本科生或研究生教材，还可作为工程技术人员DSP设计方面的参考书。